职业教育
农林牧渔大类
系列教材

农业农村部"十四五"规划教材

猪生产

ZHUSHENGCHAN

第二版

鄂禄祥 吕丹娜 主编

化学工业出版社

·北京·

内 容 简 介

《猪生产》(第二版)依据课程项目化教学改革的思路,以规模化养猪生产工艺流程组织项目内容,更贴近于现代化养猪生产实际;在内容选取上,充分吸纳了养猪行业发展的新知识、新技术、新工艺和新方法。按照猪生产的工作过程,全书内容分为猪场建设、猪种资源及选择利用、猪的繁殖技术、种猪饲养管理、仔猪培育、生长育肥猪的饲养管理、猪群保健防疫和猪场经营管理八大项目。根据工作环节,将八大项目分解成若干个任务,每个任务均具有较强的实践操作性,可解决生产中的具体问题。本书配有《学习实践技能训练工作手册》,并将课程思政融入教材中,扫描二维码可学习参考数字资源,电子课件可从www.cipedu.com.cn下载。

本教材可供高职高专院校畜牧兽医类专业学生使用,也可以作为中等职业技术学校相关教师和广大养猪生产经营者及爱好者的参考用书。

图书在版编目(CIP)数据

猪生产/鄂禄祥,吕丹娜主编 . —2 版 . —北京:化学工业出版社,2023.3
ISBN 978-7-122-42849-3

Ⅰ.①猪… Ⅱ.①鄂…②吕… Ⅲ.①养猪学-高等职业教育-教材 Ⅳ.①S828

中国国家版本馆 CIP 数据核字(2023)第 018576 号

责任编辑:张雨璐 迟 蕾 李植峰　　　　　　　装帧设计:王晓宇
责任校对:宋 玮

出版发行:化学工业出版社(北京市东城区青年湖南街 13 号　邮政编码 100011)
印　　装:三河市延风印装有限公司
787mm×1092mm　1/16　印张 17　字数 443 千字　　2023 年 8 月北京第 2 版第 1 次印刷

购书咨询:010-64518888　　　　　　　售后服务:010-64518899
网　　址:http://www.cip.com.cn
凡购买本书,如有缺损质量问题,本社销售中心负责调换。

定　价:49.80 元

《猪生产》（第二版）编审人员

主　编　鄂禄祥　吕丹娜

副 主 编　俞美子　刘正伟　孙淑琴　王景春　李艳丽

编写人员　（按姓名汉语拼音排列）：

陈殿杰　沈阳喜加喜种猪有限公司

鄂禄祥　辽宁农业职业技术学院

范　强　辽宁农业职业技术学院

耿　昱　阜新蒙古族自治县职业教育中心

吉尚雷　辽宁农业职业技术学院

何　阳　阜新高等专科学校

贺永明　辽宁农业职业技术学院

霍春光　辽宁职业学院

黎　丽　凌海市职业教育中心

李桂伶　辽宁水利职业学院

李艳丽　阜新蒙古族自治县职业教育中心

刘正伟　辽宁农业职业技术学院

吕丹娜　辽宁农业职业技术学院

孙家明　辽宁农业职业技术学院

孙淑琴　辽宁农业职业技术学院

王景春　辽宁农业职业技术学院

俞美子　辽宁农业职业技术学院

赵　阳　辽宁农业职业技术学院

赵宝凯　沈阳伟嘉公司

左士峰　康平新望农牧有限公司

主　审　宋连喜　辽宁农业职业技术学院

顾洪娟　辽宁农业职业技术学院

 前言

改革开放 40 多年来，我国畜牧业生产保持持续快速发展的势头，养猪业也保持稳定的增长。生猪生产始终是我国畜牧业的重头戏，我国生猪存栏数量超过了世界总存栏量的一半，肉猪出栏量和猪肉产量占到世界总量的一半。尽管我国养猪生产在数量上占优势，但生产水平与欧美等发达国家相比，仍有一定的差距，主要体现在多数地区规模化猪场的设备老化，结构不合理，无法提供生猪所需的良好环境，更无法发挥其生长潜能；猪场对养猪实用技术的应用还比较欠缺，对先进技术的应用也只局限在少数规模化猪场；多数猪场经营管理不善，环保压力日益加大，再加上缺少严密规范的防疫体系，导致受疫病的威胁日趋加大，猪场可持续发展能力不强。因此，猪生产科学技术的推广、高级实用型人才的培养任重道远。

本教材的编写是根据《教育部关于加强高职高专教育人才培养工作的意见》《教育部关于以就业为导向深化高等职业教育改革的若干意见》《关于全面提高高等职业教育教学质量的若干意见》及《关于加强高职高专教育教材建设的若干意见》的有关精神，以培养面向生产、建设、服务和管理第一线需要的高技能人才为目标，确保教材内容与生产实践相结合。

教材在设计上以分析专业岗位为起点，按照"基于工作过程"的思路，从典型的职业活动出发，整合了理论知识和实践技能；在内容安排上，以项目化的形式组合内容，项目的编排以猪生产过程为主线；教材内容的选取针对岗位需求，力求解决生产中的具体问题，培养学生的职业能力和可持续发展能力。本书（第二版）在第一版的基础上修订，更新了前沿的规模化养猪技术，同时增加了思政素养目标，帮助学生增强职业道德观念，弘扬从业的工匠精神，引导学生树立正确的人生观和价值观。此外，结合生产实际和岗位实际问题，以数字资源丰富了理论内容，可扫描书中二维码观看。另外，本书配有《学习实践技能训练工作手册》。

本教材的编写提纲由鄂禄祥主编提出，经编委会讨论通过后正式分工编写。项目一由俞美子和陈殿杰共同编写，项目二由孙家明和刘正伟、霍春光共同编写，项目三由范强、王景春负责编写，项目四由吕丹娜和孙淑琴负责编写，项目五由孙淑琴、李桂伶和赵宝凯、左士峰共同编写，项目六由赵阳、刘正伟、黎丽负责编写，项目七由鄂禄祥、吕丹娜和贺永明共同编写，项目八由李艳丽、吉尚雷、何阳共同编写，书中插图由刘正伟负责编写和描绘。书稿形成后，由鄂禄祥、吕丹娜负责统稿。辽宁农业职业技术学院宋连喜、顾洪娟担任了本书的主审。

本教材编写过程中，参阅了大量的国内外相关文献，很多来自养猪生产一线的技术及管理专家参与了教材的设计与编写，在此对这些专家学者表示衷心感谢！同时，本教材的编写和出版工作也得到了辽宁农业职业技术学院和化学工业出版社的大力支持和各参编单位的热心帮助，在此一并表示诚挚的谢意。

由于编写时间较紧，加之编者业务水平和经验有限，不尽完善及疏漏之处，敬请大家批评指正。

编者

目录

项目一　猪场建设

📖 知识目标

- 了解场址选择应考虑的自然条件和社会条件。
- 了解猪场的经营类型和生产工艺流程。
- 能正确选择并规划猪舍建设，合理选择场址、设施和设备。

💮 技能目标

- 能够科学选择猪场场址，并依此提出意见和建议。
- 能根据猪场性质、规模确定工艺流程及建设规划意见。
- 能合理提出选择设备方案及环境调控方案。

📑 思政与职业素养目标

- 使学生在学习的过程中了解畜牧业，热爱畜牧业，增强专业责任感，获取利于畜牧业发展的知识和理念，着力于我国畜牧业振兴。
- 具备良好的团队协作的精神和组织能力。
- 树立生态、环保、节约的职业精神。
- 探索新技术、新方法的创新精神。

现代养猪业已普遍采用现代科学技术和生产方式，体现出生产专业化、品种专门化、产品上市均衡化及生产过程自动化的特点。在这种规模化生产过程中，只有采用现代的环境管理技术，从猪生长发育不同阶段对温湿度、空气质量、光照、社会环境以及动物福利等需求出发，对猪舍环境进行合理调控，才能生产出优质合格的畜产品，获得最佳的生产效益。猪场的科学规划设计，要体现选址的科学，布局的合理，生产流程的通畅，猪舍建设与配套设备设施投资回报的合理，利于猪场可持续发展，利于猪场生产潜力能最大限度地发挥。猪场建设内容可归结为猪场设计与建设和猪场环境控制两个方面。

❖ 项目说明

■ 项目概述

养猪生产的效果不仅取决于猪只本身的遗传潜力，还与猪只所处的环境条件密切相关。只有通过合理选择场址，规范饲养工艺流程和猪舍类型，合理规划布局猪场建筑，科学设计建造猪舍，做好猪场（舍）环境控制，科学处理与利用废弃物，为猪只的生存和生产创造适宜的环境条件，保证猪群健康高产，才能提高经济效益、社会效益和环境效益。

■ 项目载体

猪场规划与设计仿真软件、猪场规划与设计仿真实验室、规模化养猪场、猪场内实训室（配有多媒体）。

■ 技术流程

任务一　猪场设计与建设

➤ 任务描述

效益好的猪场离不开科学选址、合理布局，这样不仅可以有效地节约用地，而且能提高劳动生产效率，减少场内疫病发生，满足生猪最大生长潜能需要，提高猪场长期的经济效益。猪场设计与建设是进行猪生产的基础，主要包括选择猪场场址、确定猪场性质和规模、确定生产工艺流程、场地规划布局、设计猪舍及选择配套设备等。

➤ 任务分析

学习本任务要密切联系前导课程畜牧场规划与设计，了解猪的生活习性，根据猪场性质与规模确定猪场的生产工艺；并结合猪场生产工艺选择场址，进行猪场的设计与建造，在此基础上，要掌握控制猪场环境的主要技术措施。

➤ 任务资讯

一、养猪场场址的选择

猪场用地应符合土地利用发展规划和村镇建设发展规划，满足建设工程需要的水文和工程地质条件。猪场选址应根据猪场的性质、规模，当地的地形地势、水源、土壤、当地气候条件、饲料及能源供应、交通运输、产品销售以及与周围工厂、居民点及其他畜禽场的距离等有效防疫条件要求，结合当地农业生产、猪场粪污消纳能力等环保条件的要求，进行全面调查，综合分析后再做出决定。

视频：养猪场场址的选择

1. 地形地势

猪场地形需开阔、整齐，有足够的使用面积。猪场生产区面积一般可按繁殖母猪每头 $45 \sim 50 \mathrm{m}^2$ 或上市商品育肥猪每头 $3 \sim 4 \mathrm{m}^2$ 考虑，猪场生活区、行政管理区、隔离区另行考虑，并需留有发展余地。一般一个自繁自育，年出栏 1 万头猪的大型商品猪猪场，占地面积以 $30000 \mathrm{m}^2$ 为宜。

猪场地势应高燥、平坦，地势低洼的场地容易积水而潮湿泥泞，且夏季通风不良、空气闷热，会造成蚊蝇和微生物孳生，而冬季则显阴冷。猪场应节约用地，不占或少占耕地，在丘陵山地建场时应尽量选择阳坡，坡度不超过 $20°$。坡度过大，不但在施工中需要大量填挖土方，增加工程投资，而且在建成投产后也会给场内运输及管理工作造成不便。

土壤要求透气性好，易渗水，热容量大，以沙壤土为宜。土壤一旦被污染则多年具有危害性，选择场址时应避免在旧猪场或其他畜牧场场地上重建或改建。以下地区或地段的土地不宜征用：①规定的自然保护区、生活饮用水水源保护区、风景旅游区；②受洪水或山洪威胁及泥石流、滑坡等自然灾害多发地带；③自然环境污染严重的地区。

2. 水源

猪场水源要求水量充足，水质良好，便于取用和进行卫生防护，并易于净化和消毒。水质要清洁，不含细菌、寄生虫卵及矿物毒物。NY 5027—2008《无公害食品　畜禽饮用水水质》、NY 5028—2008《无公害食品　畜禽产品加工用水水质》中明确规定了无公害畜牧生产中的水质要求。水源不符合饮用水卫生标准时，必须经净化消毒处理，达到标准后方能饮用。水源水量必须能满足场内生活用水、猪只饮用及饲养管理用水（如调制饲料、冲洗猪舍、清洗机具和用具等）的要求。水源的建设还要给猪场今后的生产发展留有余地。一个万头猪场日用水量达 150～250t，猪只参考需水量见表 1-1，供选择水源时参考。

表 1-1　猪只需水量参考值

类别	总需水量/[L/(头·天)]	饮用量/[L/(头·天)]
种公猪	40	10
空怀及妊娠母猪	40	12
带仔母猪	75	20
断奶仔猪	5	2
育肥猪	15	6

3. 交通

猪场要求交通便利，特别是大型集约化的商品场，饲料、产品、粪污废弃物运输量很大，为了减少运输成本，在防疫条件允许的情况下，场址应保证便利的交通条件。交通干线又往往是疫病传播的途径，因此选择场址时既要考虑交通方便，又要使猪场与交通干线保持适当的距离。按照猪场建设标准，要求距离国道、省际公路 500m 以上；距离省道、区际公路 300m 以上；距离一般道路 100m 以上。猪场要修建专用道路与主要公路相连，以保证饲料的就近供应、产品的就近销售及粪污和废弃物的就地利用和处理等，以降低生产成本和防止污染周围环境。

4. 电力

距电源近，节省输变电开支。供电应稳定，少停电。机械化猪场有成套的机电设备，包括供水、保温、通风、饲料加工、饲料运输、饲料输送、清洁、消毒、冲洗等设备，用电量较大，加上生活用电，如一个万头猪场装机容量（除饲料加工外）达 70～100kW。当电网供电不能稳定供给时，猪场应自备小型发电机组，以应付临时停电。

5. 卫生防疫要求

为了保持良好的卫生防疫和安静的环境，猪场应远离居民区、兽医机构、屠宰场、公路、铁路干线（1000m 以上），并根据当地常年主导风向，使猪场位于居民点的下风向和地势较低处，但要避开居民点的污水排出口。与其他畜牧场应保持足够距离，一般畜牧场应不少于 150～300m，大型畜牧场间应不少于 1000～1500m。另外，猪场会产生大量的粪便及污水，如果能把养猪与养鱼、种植蔬菜和水果或其他农作物结合起来，则会变废为宝，综合利用，保持生态平衡，保护环境。

二、确定猪场的性质和规模

养猪场根据生产任务一般可分为选育场（原种场）、种猪繁殖场（祖代场或父母代场）、商品猪场和供精站。猪场规模的大小，一般以基础母猪群数量或年上市猪（种猪和育肥猪）数量来表示。规模化养猪场类型的划分因采用的标准不同而异。根据养猪场年出栏商品肉猪的生产规模，规模化猪场可分为三种基本类型：年出栏 10000 头以上商品肉猪的为大型规模化猪场，年出栏 3000～10000 头商品肉猪的为中型规模化猪场，年出栏 3000 头以下的为小型规模化猪场。确定养猪场的经营类型，应以提高养猪场的经济效益为出发点和落脚点，应充分发挥本地区的资源优势，根据市场需求和本场的实际情况来确定。

1. 种猪场

种猪场以饲养种猪为主，主要包括两种类型。一是以繁殖推广优良种猪为主的专业场，当前全国各地的种猪场多属于这种类型。另一类是以繁殖二元母猪的母猪专业场，饲养的种猪应具有高的繁殖力，这种母猪多数为杂种一代，通过三元杂交生产出售仔猪供应育肥猪场和市场。目前单纯以生产优质仔猪的母猪专业场在全国范围内并不多见。

2. 自繁自养专业场

自繁自养专业场即母猪和肉猪在同一个猪场集约饲养，自己解决仔猪来源，以生产商品猪为主，在一个生产区培育仔猪，在另一个生产区进行育肥，我国大型、中型规模化商品猪场大多采取这种经营方式。种猪应是繁殖性能优良、符合杂交方案要求的纯种或杂种，如培育品种（系）或外种猪及其杂种，来源于经过严格选育的种猪繁殖场；杂交用的种公猪，最好来源于育种场核心群或者经种猪性能测定中心测定的优秀个体。仔猪来源于本场种猪，不受仔猪市场的影响，稳定性好；在严格的疾病控制措施和标准化饲养条件下，仔猪不易发病，规格整齐，为实现"全进全出"的生产管理提供了有效保证，且产品规范。

3. 商品猪场

商品猪场专门从事肉猪育肥，是以生产肉猪为经营目的。目前，我国商品猪场包括两种形式，也是代表两种技术水平，反映了商品猪场的发展过程。一种是以专业户为代表的数量扩张型，此类型是规模化养殖的初级类型，在广大农村普遍存在。另一种类型是拥有较大规模的资金、技术和设备的养猪经营形式，是规模化养猪的最高形式，这种形式有的称之为现代化密集型。它改变了传统的饲养方式，饲养的是优质瘦肉型猪，采用的是先进的饲养管理技术，具备现代营销手段，并能根据市场变化规律合理组织生产；猪场生产不仅规模扩大，而且产品质量也明显提高，并采用了一定的机械设备，生产水平和生产效率高，生产稳定，竞争力强。

4. 公猪站

公猪站专门从事种公猪的饲养，目的在于为养猪生产提供量多质优的精液。公猪饲养场往往与人工授精站联系在一起，由于人工授精技术的推广与应用，进一步扩大了种公猪的利用率，种公猪精液质量的好坏，直接关系到养猪生产的水平，为此，种公猪必须性能优良，必须来源于经种猪性能测定站性能测定的优秀个体或育种场核心群（没有种猪性能测定站的地区）的优秀个体。饲养的种公猪包括长白猪、大约克夏猪、杜洛克猪等主要引进品种和培育品种（系），饲养数量取决于当地繁殖母猪的数量，如繁殖母猪数量为 50000 头，按每头公猪年承担 400 头母猪的配种任务，则需种公猪 125 头，公猪年淘汰更新率如为 30%，还需饲养后备公猪 40 头，因此，该地区公猪的饲养规模为 165 头。人工授精技术水平高，饲养公猪数可酌情减少。建场数量既要考虑方便配种，又要避免种公猪饲养数量过多导致浪费。

适宜的养猪规模应根据猪群、劳动力、资金、设备等生产要素在养猪生产经营单位中的聚集程度，再结合当地条件及个人的实际情况来确定，以便从最佳产出率中获得最佳经济效益。

养猪规模不同，经济效益也不同。现代规模化养猪生产，总的来说必须具备一定的规模，才便于组织生产；提高猪舍及机械化设备的利用率，才会产生较好的经济效益。但并不是规模越大越好，规模扩大后在饲料供应、疫病控制、粪污处理等方面就会出现一系列问题，特别是投资大、投资周期长，要求管理技术水平高。因此，养猪场规模大小要根据实际条件而定。

三、确定生产工艺流程

现代化养猪的目的是要摆脱分散的、传统的、季节性的生产方式，建立工厂化、程序化、常年均衡的养猪生产体系，从而达到生产的高水平和经营的高效益。现代化养猪生产一般采用分段饲养、全进全出饲养工艺，应根据猪场的饲养规模、技术水平及不同猪群的生理要求选择不同的生产工艺类型。

视频：生产
工艺流程

1. 两点或三点生产工艺

鉴于一点一线生产工艺存在的卫生防疫问题及其对猪生产性能的限制，1993年以后美国养猪界开始采用一种新的养猪工艺，英文名为Segregated Early Weaning，简称SEW，即早期隔离断奶。这种生产工艺是指仔猪在较小的日龄即实施断奶，然后转到较远的另一个猪场中饲养。它的最大特点是防止病原的积累和传染，实行仔猪早期断奶和隔离饲养相结合。它又可分为两点式生产和三点式生产。

（1）两点式生产工艺　其工艺流程如图1-1所示。

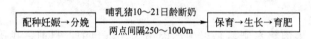

图1-1　两点式生产工艺流程

（2）三点式生产工艺　其工艺流程如图1-2所示。

图1-2　三点式生产工艺流程

2. 一点一线生产工艺

一点一线生产工艺是指在同一个地方，一个生产场按配种、妊娠、分娩、保育、生长、肥育生产流程组成一条生产线。根据商品猪生长发育不同阶段饲养管理方式的差异，又分成5种常用的生产工艺。

（1）三段式生产工艺　三段式生产工艺指分三段饲养（空怀及妊娠期、哺乳期、生长育肥期）二次转群，三段式生产工艺流程如图1-3所示。

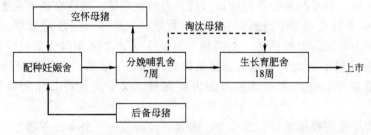

图1-3　三段式生产工艺流程

三段饲养是比较简单的生产工艺流程，它应用于规模较小的养猪企业，其特点是简单、转群次数少、猪舍类型少、节约维修费用，还可以重点采取措施。例如分娩哺乳期可以采用好的环境控制措施，满足仔猪生长的条件，提高成活率，进而提高生产水平。

（2）四段式生产工艺　四段式生产工艺指分四段饲养（空怀及妊娠期、哺乳期、仔猪保育期、生长育肥期）三次转群，四段式生产工艺流程如图1-4所示。

将仔猪保育阶段独立出来就是四段饲养三次转群工艺流程，保育期一般持续到第10周，

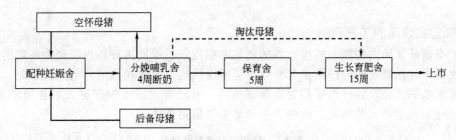

图 1-4　四段式生产工艺流程

猪的体重达 25kg，转入生长育肥舍。断奶仔猪比生长育肥猪对环境条件要求高，这样便于采取措施提高成活率。在生长肥育舍饲养 15～16 周，体重达 90～110kg 出栏。

该工艺的主要特点是：①妊娠母猪单栏限位密集饲养，便于饲养管理，母猪不会争吃打斗，避免损伤和其他应激，减少流产，而且比妊娠母猪小群饲养节约猪舍建筑面积 500～600m^2（以万头猪场计）。②产仔栏按 7 周设计，妊娠母猪可在产前 1 周进入分娩哺乳舍，仔猪 4 周断奶后，立即转走母猪，而仔猪再留养 1 周后转入保育舍，即可对产仔栏进行彻底清洁消毒，空栏 1 周，有利于卫生和防疫。③保育栏也按 6 周设计，饲养 5 周，空栏清洁消毒 1 周，给生产周转留有一定余地。④仔猪出生后按哺乳、保育、生长和肥育四段饲养，比三段（生长和育肥合二为一）饲养可节约猪舍建筑面积 300m^2 左右（以万头猪场计）。

四段式生产工艺还有一种形式叫半限位生产工艺。它的特点是空怀和早期妊娠母猪采用每栏 4～5 头的小群饲养，产前 5 周为了便于喂料和避免打斗流产，又转入单栏限位饲养。采用这种工艺，哺乳母猪断奶后回到配种妊娠舍内小群饲养，母猪活动增加，对增强母猪体质和延长母猪利用年限有一定好处，设计投资可减少一些，所以有些猪场也采用这种饲养工艺。缺点是小群饲养期饲养管理比较麻烦，有时母猪争食打斗会增加应激，猪舍面积也有所增加。

（3）五段式生产工艺　分为空怀配种期、妊娠期、哺乳期、仔猪保育期、生长育肥期五个阶段。如图 1-5 所示为五段式生产工艺流程图。

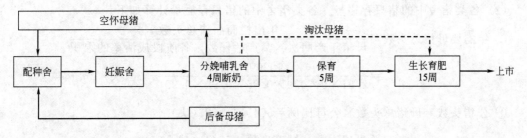

图 1-5　五段式生产工艺流程

五段饲养四次转群与四段饲养工艺流程相比，是把空怀待配母猪和妊娠母猪分开，单独组群，有利于配种，提高繁殖率。空怀母猪配种后观察 21 天，确认妊娠后转入妊娠舍饲养至产前 7 天转入分娩哺乳舍。这种工艺的优点是断奶母猪复膘快、发情集中、便于发情鉴定，容易把握适时配种。

四、确定各阶段猪舍数量

确定猪舍的种类和数量，是养猪场规划设计的基本程序。可根据生产工艺流程、饲养方式、饲养密度、猪栏占用时间、劳动定额综合考虑场地、设备等情况确定猪舍的种类和数量。

1. 确定各阶段的工艺参数

为了准确计算场内各期、各生产群的猪只存栏数量，据此再计算出各猪舍所需的猪栏位数量，就必须首先确定各阶段的工艺参数。应根据当地（或本场猪群）的遗传基础、生产力水平、技术水平、经营管理水平和物质保证条件以及已有的历史生产记录和各项信息资料，实事求是地确定生产工艺参数。猪场工艺参数参考值见表1-2。

表 1-2　猪场工艺参数参考值

项目	参数	项目	参数
妊娠期	114 天	哺乳仔猪成活率	90%
哺乳期	30 天	断奶仔猪成活率	95%
保育期	35 天	生长期、育肥期成活率	99%
生长（育成）期	56 天	每头母猪年产活仔数	20 头
育肥期	56 天	公母猪年更新率	33%
空怀期	14 天	母猪情期受胎率	85%
繁殖周期	158 天	公母比例	1∶25
母猪年产胎次	2.31 胎	圈舍冲洗消毒时间	7 天
母猪窝产仔数	10 头	繁殖节律	7 天
窝产活仔数	9 头	母猪临产前进产房时间	7 天
		母猪配种后原圈观察时间	21 天

2. 确定各类猪舍中的猪只存栏量

一旦确定了生产工艺流程，就表示确定了需要建设的猪舍种类。各类猪舍中的猪只存栏量可依据生产规模和采用的饲养工艺进行估测。下面以年出栏1万头商品猪场采用六阶段饲养工艺（分空怀配种期、妊娠期、哺乳期、保育期、育成期、育肥期），各阶段工艺参数按表1-2执行为例说明估算方法。

（1）所需猪舍的种类　根据生产工艺流程可知，所需猪舍的种类有种公猪舍、空怀母猪舍、妊娠母猪舍、分娩哺乳舍、断奶仔猪保育舍、生长猪舍、肉猪育肥舍等。

（2）各类猪舍中的猪只存栏量　各类猪舍中的猪只存栏量计算如下。

① 年需要母猪总头数 $= \dfrac{\text{年出栏商品猪总头数}}{\text{母猪年产胎次} \times \text{窝产活仔数} \times \text{各阶段成活率的乘积}}$

$$= \dfrac{10000}{2.31 \times 9 \times 0.9 \times 0.95 \times 0.99 \times 0.99} \approx 574(\text{头})$$

② 公猪头数 $=$ 母猪总头数 $\times$ 公母比例 $= 574 \times \dfrac{1}{25} \approx 23(\text{头})$

③ 空怀舍母猪头数 $= \dfrac{\text{总母猪头数} \times \text{饲养日数}}{\text{繁殖周期}} = \dfrac{574 \times (14+21)}{158} \approx 128(\text{头})$

④ 妊娠舍母猪头数 $= \dfrac{\text{总母猪头数} \times \text{饲养日数}}{\text{繁殖周期}} = \dfrac{574 \times (114-21-7)}{158} \approx 313(\text{头})$

⑤ 分娩哺乳舍母猪头数 $= \dfrac{\text{总母猪头数} \times \text{饲养日数}}{\text{繁殖周期}} = \dfrac{574 \times (7+28)}{158} \approx 128(\text{头})$

⑥ 分娩哺乳舍哺乳仔猪头数 $= \dfrac{\text{总母猪头数} \times \text{母猪年产胎次} \times \text{窝产活仔数} \times \text{饲养日数}}{365}$

$$= \dfrac{574 \times 2.31 \times 9 \times 35}{365} \approx 1145(\text{头})$$

⑦ 断奶仔猪保育舍仔猪头数

$$= \frac{总母猪头数 \times 年产胎次 \times 窝产活仔数 \times 哺乳期成活率 \times 饲养日数}{365}$$

$$= \frac{574 \times 2.31 \times 9 \times 0.9 \times 35}{365} \approx 1030（头）$$

⑧ 生产猪舍育成猪头数

$$= \frac{总母猪头数 \times 年产胎次 \times 窝产活仔数 \times 哺乳期成活率 \times 保育期成活率 \times 饲养日数}{365}$$

$$= \frac{574 \times 2.31 \times 9 \times 0.9 \times 0.95 \times 56}{365} \approx 1566（头）$$

⑨ 肉猪育肥舍育肥猪头数 $= \dfrac{\begin{array}{c}总母猪头数 \times 年产胎次 \times 窝产活仔数 \times 哺乳期成活率 \times \\ 保育期成活率 \times 生长期成活率 \times 饲养日数\end{array}}{365}$

$$= \frac{574 \times 2.31 \times 9 \times 0.9 \times 0.95 \times 0.99 \times 56}{365} \approx 1550（头）$$

3. 确定各类猪舍的数量

（1）确定繁殖节律　组建起哺乳母猪群的时间间隔（天数）叫做繁殖节律。严格合理的繁殖节律是实现流水式生产工艺的前提，也是均衡生产商品肉猪、有计划利用猪舍和合理组织劳动管理的保证。繁殖节律按间隔天数可分为1日制、2日制、7日制或14日制等，视集约化程度和饲养规模而定。一般年产30000头以上商品肉猪的大型猪场多实行1日制或2日制，即每日（或每2日）有一批猪配种、产仔、断奶、仔猪育成和肉猪出栏；年产5000～30000头商品肉猪的猪场多实行7日制，规模较小的养猪场所采用的繁殖节律较长。本例采用7天制。

（2）确定生产群的群数　用各生产群的猪只在每个工艺阶段的饲养日数除以繁殖节律即为应组建的生产群的群数，再用每个工艺阶段猪群的总头数除以群数即可得到每群的头数。本例计算结果见表1-3。

表1-3　应组建的猪生产群数及每群的头数

猪群	饲养日数/天	总头数/头	繁殖节律/天	猪群数/群	每群猪的头数/头
空怀母猪	35	127	7	5	26
妊娠母猪	86	312	7	12	26
分娩哺乳母猪	42	153	7	6	26
保育仔猪（断奶仔猪）	35	1030	7	5	206
生长育成猪	56	1566	7	8	196
育肥猪	56	1550	7	8	194

（3）估算各类猪舍的栋数

① 分娩哺乳猪舍　按繁殖节律组建的分娩哺乳母猪群各占一栋猪舍，再加上猪舍的冲洗消毒时间（一般为7天），则分娩哺乳母猪舍的栋数为：

$$分娩哺乳母猪舍的栋数 = \frac{饲养日数 + 猪舍冲洗消毒时间}{繁殖节律} = \frac{42+7}{7} = 7（栋）$$

② 断奶仔猪保育舍　按繁殖节律组建的断奶仔猪群各占一栋猪舍，再加上猪舍的冲洗消毒时间（一般为7天），则断奶仔猪保育舍的栋数为：

$$断奶仔猪保育舍的栋数 = \frac{饲养日数 + 猪舍冲洗消毒时间}{繁殖节律} = \frac{35+7}{7} = 6（栋）$$

③ 生长育成猪舍　如果按每一个生产群占一栋猪舍来计算，再加上冲洗消毒的时间，

则需要 9 栋。为了便于管理，减少猪舍栋数，生产上多将几个生产猪群占用同一栋猪舍。本例中如果 4 个生产群占一栋猪舍，考虑消毒需要再加 1 栋，则建造 3 栋生长猪舍即可满足生产需要。

④ 育肥猪　同生长猪舍一样，共需建造 3 栋肉猪育肥舍才能满足生产需要。

⑤ 妊娠母猪舍　与生长育成猪舍相同，也是 4 个生产群共同占用一栋猪舍，考虑冲洗消毒再加 1 栋，共建 4 栋妊娠母猪舍就能保证生产。

⑥ 空怀待配母猪舍　按照以上思路，如果将 5 个生产群占一栋猪舍，考虑消毒需要加 1 栋，则空怀母猪舍的总栋数为 2 栋。

⑦ 公猪舍　如采用自然交配，需要养 24 头种公猪，建 1 栋公猪舍就能满足需要。如采用人工授精，从外单位购买精液，则可不必饲养公猪，也就不需建造种公猪舍。

五、猪场规划布局

规划猪场的目的在于合理利用场地，便于卫生防疫、组织生产，从而提高劳动生产率。

1. 猪场场地规划

视频：猪场
规划布局

猪场的功能分区是指将功能相同或相似的建筑物集中在场地一定范围内。猪场的功能分区是否合理，各区建筑物布局是否恰当，不仅影响基建投资、经营管理、组织生产、劳动生产率和经济效益，而且影响场区的环境状况和防疫。因此，认真做好猪场的分区规划和确定场区各种建筑物的合理布局，十分重要。如图 1-6 所示为按地势、风向做好的分区规划图。

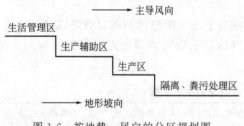

图 1-6　按地势、风向的分区规划图

（1）生活管理区　猪场管理区主要包括办公室、接待室、会议室、技术资料室、化验室、食堂餐厅、职工值班宿舍、厕所、传达室、警卫值班室、围墙和大门，以及外来人员第一次更衣消毒室和车辆消毒设施等办公管理用房和生活用房。有家属宿舍时，应单设于生活区。生活区包括文化娱乐室、职工宿舍、食堂等。此区应设在猪场大门外面。生活区设在上风向或偏风向且地势较高的地方，同时其位置应便于与外界联系。

（2）生产辅助区　生产辅助区包括猪场生产管理必需的附属建筑物，如饲料加工车间、饲料仓库、修理车间、变电所、锅炉房、水泵房等。它们和日常的饲养工作有着密切的关系，所以这个区应该与生产区毗邻建立。

（3）生产区　生产区包括各类猪舍和生产设施（各种生产猪舍、隔离舍、消毒室、兽医室、药房、值班室、饲料间），也是猪场的最主要区域，严禁外来车辆进入生产区，也禁止生产区车辆外出。

生产区应独立、封闭和隔离，与生活区和管理区保持一定的距离（最好超过 100m），并用围墙或铁丝网封闭起来，围墙外最好用鱼塘、水沟或果林绿化带与生活区和管理区隔离。

生产区是猪场中的主要建筑区，一般建筑面积占全场总建筑面积的 70%～80%。

生产区最好只设一个大门，并设车辆消毒室、人员清洗消毒室和值班室等。

种猪舍要求与其他猪舍隔开，形成种猪区。种猪区应设在人流较少和猪场的上风向，种公猪在种猪区的上风向，防止母猪的气味对公猪形成不良刺激，同时可利用公猪的气味刺激母猪发情。分娩舍既要靠近妊娠舍，又要接近培育猪舍。育肥猪舍应设在下风向，且离出猪台较近。出猪台和集粪池应设置在围墙边，外来运猪、运粪车不必进入生产区即可操作。在设计时，使猪舍方向与当地夏季主导风向成30°～60°，并使每排猪舍在夏季得到最佳的通风条件。

在生产区的入口处，应设专门的消毒间或消毒池，以便进入生产区的人员和车辆进行严格消毒。

兽医室应设在生产区内，只对区内开门，为便于病猪处理，通常设在下风方向。

若饲料厂不在生产区，可在生产区围墙边设饲料间，外来饲料车在生产区外将饲料卸到饲料间，再由生产区自用饲料车将饲料从饲料间送至各栋猪舍。饲料厂与生产区相连，则只允许饲料厂的成品仓库一端与生产区相通，以便于区内自用饲料车运料。

总之，应根据当地的自然条件，充分利用有利因素，从而在布局上做到对生产最为有利。

（4）隔离区　隔离区包括兽医诊疗室、病畜隔离舍、尸体解剖室、病尸高压灭菌或焚烧处理设备及粪便和污水储存与处理设施。该区应尽量远离生产猪舍，设在整个猪场的下风或偏风方向、地势较低处，以避免疫病传播和环境污染，该区是卫生防疫和环境保护的重点。

2. 场区布局

对猪场的建筑物进行布局时需考虑各建筑物间的功能关系、卫生防疫、通风、采光、防火、节约占地等。

生活区和生产管理区与场外联系密切，为保障猪群防疫，宜设在猪场大门附近，门口分别设置行人和车辆消毒池，两侧设值班室和更衣室。管理区还包括办公室、畜牧技术室、会计及出纳室、接待室、会议室、食堂、宿舍、场大门、配电室、水塔、车库、杂品库、饲料加工间及饲料库、厕所等。一般猪场的建筑设施见表1-4。

表1-4　猪场建筑设施

生产建筑设施	辅助生产建筑设施	生活与管理建筑
配种、妊娠舍 分娩哺乳舍 仔猪培育舍 育肥猪舍 病猪隔离舍 病死猪无害化处理设施 装卸猪台	消毒沐浴室、兽医化验室、急宰间和焚烧间、饲料加工间、饲料库、汽车库、修理间、变配电室、发电机房、水塔、蓄水池和压力罐、水泵房、物料库、污水及粪便处理设施	办公用房、食堂、宿舍、文化娱乐用房、围墙、大门、门卫室、厕所、场区其他工程

生产区各猪舍的位置需考虑配种、转群等联系方便，并注意卫生防疫，种猪舍、仔猪舍应置于上风向和地势较高处。配种猪舍、分娩舍应设置在位置较好的地方，分娩舍既要靠近配种猪舍，又要接近仔猪培育舍，育成猪舍靠近育肥猪舍，育肥猪舍设在下风向。商品猪置于离场门或围墙靠近处，围墙内侧设装卸猪台，运输车辆停在墙外装车。因此各类猪舍按风向由上到下的排列顺序依次是：配种舍、妊娠舍、分娩哺乳舍、断奶仔猪舍、生长舍、育肥舍等。若当地全年主风向为西北风且北面地势高，均由北向南顺序安排配种舍、妊娠舍、产房、培育舍。在围墙东南和西南角各设装卸猪台一个，场外运猪车在东西围墙外由装卸猪台装猪，生产区东、西污道均需设栏杆或密植绿篱，作转群或售猪的赶猪通道。

病猪隔离舍和粪污处理区应置于全场最下风向和地势最低处，距生产区宜保持至少50m的距离。

炎热地区，应根据当地夏季主风向安排猪舍朝向，以加强通风效果，避免太阳辐射。寒冷地区，应根据当地冬季主导风向确定朝向，减少冷风渗透量，增加热辐射，一般以冬季或夏季主风向与猪舍长轴成 30°~60°的夹角为宜，应避免主风方向与猪舍长轴垂直或平行。

场内道路应分设净道、污道，且互不交叉。净道专用于运送饲料、健康猪及饲养员行走等，污道则专运粪污、病猪、死猪等。生产区不宜设直通场外的道路，以利于卫生防疫，而生产管理区和隔离区应分别设置通向场外的道路。

猪场内排水应设置明道与暗道，注意把雨水和污水严格分开，尽量减少污水处理量，保持污水处理工程正常运转。如果有足够面积，应充分考虑远期发展规划。

六、猪舍设计

1. 确定猪舍类型

按猪舍封闭程度可分为开放式、半开放式和密闭式猪舍。其中密闭式猪舍按窗户有无又可分为有窗式和无窗式密闭猪舍。

（1）无窗密闭式猪舍　猪舍四面设墙，与有窗猪舍不同的是墙上只设应急窗，仅供停电时急用，不作采光和通风之用。该种猪舍与外界自然环境隔绝程度较高，舍内的通风、光照、采暖等全靠人工设备调控，能给猪提供适宜的环境条件，有利于猪的生长发育，能够充分发挥猪的生长潜力，提高猪的生产性能和劳动生产率。其缺点是猪舍建筑、设备等投资大，能耗和设备维修费用高。因而在我国的应用还不是十分普遍，主要用于对环境条件要求较高的猪，如产房、仔猪培育舍等。

（2）有窗密闭式猪舍　猪舍四面设墙，多在纵墙上设窗，窗的大小、数量和结构可依当地气候条件来定。寒冷地区可适当少设窗户，而且南窗宜大、北窗宜小，以利保温。夏季炎热地区可在两纵墙上设地窗，屋顶设通风管或天窗。这种猪舍的优点是猪舍与外界环境隔绝程度较高，猪舍保温隔热性能较好，不同季节可根据环境温度启闭窗户以调节通风量和保温，使用效果较好，特别是防寒效果较好；缺点是造价较高。此类型猪舍适合于我国大部分地区，特别是北方地区。适用于分娩舍、保育舍（图1-7）。

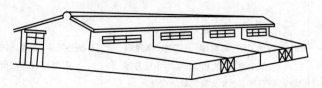

图1-7　有窗密闭式猪舍

（3）开放式猪舍　开放式猪舍三面设墙、一面无墙，通常是在南面不设墙。开放式猪舍结构简单，造价低廉，通风采光均好，但是受外界环境影响大，尤其是冬季的防寒难于解决。开放式猪舍适用于农村小型养猪场和养猪专业户，如在冬季加设塑料薄膜可改善保温效果（图1-8）。

（4）半开放式猪舍　半开放式猪舍三面设墙、一面设半截墙。其优缺点及使用效果与开放式猪舍接近，只是保温性能略好，冬季在开敞部分加设草帘或塑料薄膜等遮挡物形成密封状态，能明显提高保温性能。

猪舍的作用是为猪只提供一个适宜的环境，不同类型的猪舍，一方面影响舍内小气候，如温度、湿度、通风、光照等；另一方面影响猪舍环境改善的程度和控制能力，如开放式猪舍的小环境条件受到舍外自然环境条件的影响很大，不利于采用环境控制设施和手段。因此，根据猪的需求和当地的气候条件，同时考虑场内外其他因素，来确定适宜的猪舍类型十

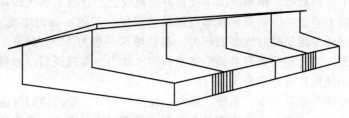

图 1-8 开放式猪舍

分重要。猪舍类型的选择可参考表 1-5。

表 1-5 我国畜舍建筑气候分区及房舍类型

气候区域	1月份平均气温/℃	7月份平均气温/℃	平均湿度/%	建筑要求	建议选择的畜舍类型
Ⅰ区	−30～−10	5～26	—	防寒、保温、供暖	密闭式
Ⅱ区	−10～−5	17～29	50～70	冬季保温、夏季通风	半开放式或密闭式
Ⅲ区	−2～11	27～30	70～87	夏季降温、通风防潮	开放式、半开放式或有窗式
Ⅳ区	10 以上	27 以上	75～80	夏季降温、通风、遮阳隔热	开放式、半开放式或有窗式
Ⅴ区	5 以上	18～28	70～80	冬暖夏凉	开放式、半开放式或有窗式
Ⅵ区	−20～−5	6～18	60	防寒	密闭式
Ⅶ区	−29～−6	6～26	30～55	防寒	密闭式

2. 猪舍基本结构设计

一个猪舍的基本结构包括地基与基础、地面、墙壁、屋顶、门窗等，其中地面、墙壁、屋顶、门窗等又统称为猪舍的外围护结构。猪舍的小气候状况在很大程度上取决于猪舍基本结构尤其是外围护结构的性能（图 1-9）。

图 1-9 畜舍的主要结构

1—屋架；2—屋面；3—圈梁；4—吊顶；5—墙裙；6—钢筋砖过梁；
7—勒脚；8—地面；9—踢脚；10—散水；11—地基；12—基础

（1）地基 猪舍的坚固性、耐久性和安全性与地基和基础有很大的关系，因此要求地基与基础必须具备足够大的强度和稳定性，以防止猪舍因沉降（下沉）过大或产生不均匀沉降而引起裂缝和倾斜，导致猪舍的整体结构受到影响。

支持整个建筑物的土层叫地基，可分为天然地基和人工地基。一般猪舍多直接建筑于天然地基上。天然地基的土层要求结实、土质一致、有足够的厚度、压缩性小、地下水位在 2m 以下。通常以一定厚度的沙壤土层或碎石土层较好。黏土、黄土、沙土以及富含有机质和水分及膨胀性大的土层不宜用作地基。

（2）基础 基础是猪舍地面以下承载猪舍各种荷载并将其传给地基的构件，它的作用是将猪舍自重及舍内固定在地面和墙上的设备、屋顶积雪等荷载传给地基。基础埋置深度因猪舍自重大小、地下水位高低、地质状况不同而异。混凝土、条石、黏土砖均可作基础。为防止水通过毛细管向上渗透，一般基础顶部应铺设防潮层。基础一般比墙宽 $10\sim20cm$，并成梯形或阶梯形，以减少建筑物对地基的压力。基础埋深一般为 $50\sim70cm$，要求埋置在土层最大冻结深度之下，同时还要加强基础的防潮和防水能力。实践证明，加强基础的防潮和保温，对改善舍内小气候具有重要意义。

（3）地面　地面是猪只采食、趴卧、活动、排泄的地方，要求地面保暖、坚实、平整不滑、不透水、便于清扫消毒。土质地面具有保温、富有弹性、柔软、造价低等特点，但易于渗尿、渗水，很容易被猪拱坏，难于保持平整，清扫消毒困难。故应做混凝土地面或用碎砖铺底、水泥砂浆抹面层地面。水泥砂浆面层应做拉毛处理，禁止压光，以利防滑。地面自趴卧区向排泄区应有 $2\%\sim3\%$ 的坡度。目前大多数猪舍地面为水泥地面，为增加保温，可在地面下层铺设孔隙较大的材料如炉灰渣、空心砖等。为防止雨水倒灌入舍内，一般舍内地面高出舍外 30cm 左右。

（4）墙壁　墙壁是将猪舍与外部空间隔开的主要外围护结构。对墙壁的要求是坚固耐久和保暖性能良好。不同的材料决定了墙壁的坚固性和保暖性能的差异。石料墙壁的优点是坚固耐久，缺点是导热性强、保温性能差和易于在墙壁凝结水汽，补救的办法是在内墙用砖砌筑，或在外墙壁上附加一层 $5\sim10cm$ 厚的泥墙皮，以增加其保温防潮性能。砖墙具有较好的保温性能、防潮性能和坚固性，但应达到一定的厚度。为提高保温性能可砌筑空心墙或内夹保温板的复合墙体。

（5）屋顶　屋顶的作用是防止漏水和保温隔热。屋顶的保温与隔热作用比墙大，它是猪舍散热最多的部位，也是夏季吸收太阳能最多的部位，因而要求结构简单，经久耐用，保温性能好。

按猪舍屋顶的结构形式可分为单坡式、双坡式、联合式、平顶式、拱顶式、钟楼式、半钟楼式等类型（图 1-10）。各种样式屋顶结构特点见表 1-6。

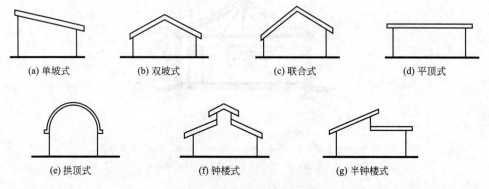

(a) 单坡式　　(b) 双坡式　　(c) 联合式　　(d) 平顶式

(e) 拱顶式　　(f) 钟楼式　　(g) 半钟楼式

图 1-10　不同形式的猪舍屋顶

表 1-6　不同样式屋顶特点

屋顶类型	结构特点	优点	缺点	适用范围
单坡式屋顶	以山墙承重，屋顶只有一个坡向，跨度较小，一般为南墙高而北墙低	结构简单，造价低廉，既可保证采光，又缩小了北墙面积和舍内容积，有利于保温	净高较低不便于工人在舍内操作，前面易刮进风雪	适用于单列舍和较小规模的猪群
双坡式屋顶	是最基本的畜舍屋顶形式，屋顶两个坡向，适用于大跨度畜舍	结构合理，同时有利保温和通风且易于修建，比较经济	如设天棚，则保温隔热效果更好	适用于较大跨度的猪舍和各种规模的不同猪群

续表

屋顶类型	结构特点	优点	缺点	适用范围
联合式屋顶	与单坡式基本相同,但在前缘增加一个短椽,起挡风避雨作用	保温能力比单坡式屋顶大大提高	采光略差于单坡式屋顶畜舍	适用于跨度较小的猪舍
平屋顶	屋顶是平的	可充分利用屋顶平台,节省木材	防水问题比较难解决	可用于任何跨度的畜猪
拱顶式屋顶	有单曲拱与双曲拱之分,后者比较坚固。小跨度畜舍可做单曲拱,大跨度畜舍可做双曲拱	省木料、省钢材,造价较低	屋顶保温隔热效果差,在环境温度高达30℃以上时,舍内闷热,畜禽焦躁不安	一般适用于跨度较小的猪舍
钟楼式和半钟楼式屋顶	在双坡式屋顶上增设双侧或单侧天窗	加强了通风和防暑	屋架结构复杂,用料特别是料投资较大,造价较高,不利于防寒	多在跨度较大的猪舍采用。适用于气候炎热或温暖地区

天棚又称顶棚或天花板,是将猪舍与屋顶下空间隔开的结构。

天棚的功能在于加强畜舍冬季的保温和夏季的隔热。天棚应保温,不透气,不透水,坚固耐久,结构轻便简单。天棚上铺设足够厚度的保温层是天棚能否起到保温隔热作用的关键,而结构严密(不透水、不透气)是重要保证。保温层材料可因地制宜地选用珍珠岩、锯末、亚麻屑等。

(6)门窗 人、猪出入猪舍及运送饲料、粪污等均需经过门。因此,门应坚固耐用,并能保持舍内温度和便于人、猪的出入。门可以设在端墙上,也可以设在纵墙上,但一般不设北门或西门。双列猪舍门的宽度不小于1.5m、高度1.0m,单列猪舍要求宽度不小于1.1m、高1.8~2.0m。猪舍门应向外开。在寒冷地区,通常设门斗以防止冷空气侵入,并缓和舍内热能的外流。门斗的深度应不小于2.0m,宽度应比门大0.5~1.0m。

封闭式猪舍,均应设窗户,以保证舍内的光照充足、通风良好。窗户距地面1.1~1.2m起,顶距屋檐40~50cm,两窗间隔为窗宽度的2倍左右。在寒冷地区,应兼顾采光与保温,在保证采光系数的前提下尽量少设窗户,并多设南窗、少设北窗。窗户的大小以有效采光面积对舍内地面面积之比即采光系数来计算,一般种猪舍为1:(10~12)、育肥猪舍为1:(12~15)。炎热地区南北窗的面积之比应保持在(1~2):1,寒冷地区则保持在(2~4):1。

3.确定猪栏排列方式

按猪栏的排列方式可分为单列式、双列式和多列式猪舍(图1-11)。

图1-11 单列式、双列式及多列式猪舍示意

(1)单列式猪舍 单列式猪舍的跨度较小,猪栏排成一列,一般靠北墙设饲喂走道,舍外可设或不设运动场。其优点是结构简单,对建筑材料要求较低,通风采光良好,空气清新;缺点是土地及建筑面积利用率不高,冬季保温能力差。这种猪舍适合于专业户养猪和饲养种猪。

(2)双列式猪舍 双列式猪舍的猪栏排成两列,中间设一走道,有的还在两边再各设一条清粪通道，优点是保温性能好，土地及建筑面积利用率较高，管理方便，便于机械化作业，但是北侧猪栏自然采光差，圈舍易潮湿，建造比较复杂，投资较大。这种猪舍适用于规模化养猪场和饲养育肥猪。

（3）多列式猪舍　多列式猪舍的跨度较大，一般在 10m 以上，猪栏排列成三列、四列或更多列。多列式猪舍的猪栏集中，管理方便，土地及建筑面积利用率高，保温性能好；缺点是构造复杂，采光通风差，圈舍阴暗潮湿，空气差，容易传染疾病，一般应辅以机械强制通风，投资和运行费用较高。这种猪舍一般情况下不宜采用，主要用于大群饲养肥育猪。

4. 各类猪舍设计

不同年龄、不同性别和不同生理阶段的猪只对环境条件的要求各不相同，根据猪的生理特点和生物学、行为学特性，设计建造不同用途的猪舍，大体划分为五类，即种猪舍、空怀与妊娠母猪舍、泌乳母猪舍（分娩舍、产房）、仔猪保育舍和生长育肥猪舍。不同猪舍的结构、样式、大小以及保温隔热性能等均有所不同。

（1）种猪舍　种公猪均为单圈饲养，种猪舍多采用带运动场的单列式。种公猪栏要求比母猪和育肥猪栏宽，高度为 1.2～1.4m，每栏面积一般为 7～9m²。种猪舍应配置运动场，以保证种公猪有充足的运动，防止猪只过肥，保证健康，从而提高精液品质，延长利用年限。

（2）空怀及妊娠母猪舍　空怀和妊娠母猪舍可设计成单列式、双列式或多列式，一般小规模猪场可采用带运动场的单列式，现代化猪场则多采用双列式或多列式。空怀和妊娠母猪可采用群养，也可单养。群养时，通常每圈饲养空怀母猪 4～5 头或妊娠母猪 2～4 头。群养可提高猪舍的利用率，使空怀母猪间相互诱导发情，但母猪发情不容易检查，妊娠母猪常常因争食、咬架而导致死胎、流产等。单养（单体限位栏饲养，每个限位栏长 2.1m、宽 0.65～0.7m）便于发情鉴定、配种和定量饲喂，但母猪的运动量小，受胎率有下降的趋向，难产和肢蹄病增多，降低母猪的利用年限。妊娠母猪亦可采用隔栏定位采食，采食时猪只进入小隔栏，平时则在大栏内自由活动，这样可以增加活动量，减少肢蹄病和难产，延长母猪利用年限。

（3）泌乳母猪舍　泌乳母猪舍供母猪分娩、哺育仔猪用，其设计既要满足母猪需要，也要兼顾仔猪的要求。常采用三过道双列式的有窗密闭猪舍，舍内配置分娩栏，分设母猪限位区和仔猪活动栏两部分。

（4）仔猪保育舍　仔猪保育舍也称仔猪培育舍，常采用密闭式猪舍。仔猪断奶后就原窝转入仔猪保育舍。仔猪因身体功能发育不完全，怕冷，抵抗力、免疫力差，易感染疾病，因此，保育舍要提供温暖、清洁的环境，配备专门的供暖设备。仔猪培育常采用地面或网上群养，每群 8～12 头。

（5）生长育肥猪舍　生长育肥猪身体功能发育日趋完善，对不良环境条件具有较强的抵抗力，因此，可采用多种形式的圈舍饲养。生长育肥猪舍可设计成单列式、双列式或多列式。生长育肥猪可划分为育成和育肥两个阶段，生产中为了减少猪群的转群次数，往往把这两个阶段合并成一个阶段饲养，多采用实体地面、部分漏缝地板或全部漏缝地板的地面群养，每群 10～20 头，每头猪占地面（栏底）面积 0.8～1.0m²，采食宽度 35～40cm。

七、配套设备选择

养猪场的设备延伸了饲养人员的管理能力，是合理提高饲养密度、调控舍内环境、做好卫生防疫和防止环境污染的重要保证。合理配置养猪设备，可以提高劳动生产率、改善猪只福利、提高生产性能和产品的质量，从而提高到养猪场的效益。

养猪场的主要设备包括各种限位饲养栏，漏缝地板，供水系统，饲料加工、储存、运送及饲养设备，供暖通风设备，粪尿处理设备，卫生防疫、检测器具和运输工具等。

1. 猪栏

猪栏是限制猪的活动范围和防护的设施（备），为猪只的活动、生长发育提供了场所，也便于饲养人员的管理。猪舍的隔栏一般有砖砌隔栏、金属隔栏和综合式隔栏三种。砖砌隔栏坚固耐用，耐酸碱，且造价低廉，但却有影响舍内空气流通的缺点；金属隔栏一般用 25～30mm 的钢管焊接而成，其优点是通风、透光，便于清扫和消毒，缺点是造价高，且容易被水分和酸碱所腐蚀；综合式隔栏是将上述两种形式融合在一起，使两者互为补充。猪栏一般分为种猪栏、配种栏、妊娠栏、分娩栏、保育栏、生长育肥栏等。猪栏的基本结构和基本参数应符合 GB/T 17824.3 的规定。一般各类猪群需圈栏面积见表 1-7，具体介绍如下所述。

表 1-7　各类猪群需圈栏面积

猪只类别	单饲	群饲	
	每头需要面积/m²	每头需要面积/m²	每栏头数
成公猪	7～9	—	—
小公猪	—	2～3	5～8
妊娠前期母猪	—	1～2	3～4
妊娠后期母猪	4～6	2～3	2～3
分娩哺乳母猪	4～6	—	—
断奶仔猪	—	0.3～0.4	10～20
生长育肥猪	—	0.4～0.8	10～20
后备猪、育肥猪	—	0.5～0.8	10～20

（1）种猪栏　种猪栏面积一般为 7～9m²，栏高 1.2～1.4m，每栏饲养 1 头公猪，栅栏可以是金属结构，也可以是混凝土结构，栏门均采用金属结构。

（2）配种栏　配种栏有两种：一种是采用种猪栏，将公、母猪驱赶到栏中进行配种。另一种是由 4 个饲养空怀待配母猪的单体限位栏与 1 个公猪栏组成的一个配种单元，公猪饲养在空怀母猪后面的栏中。这种配种栏公、母猪饲养在一起，具有利用公猪诱导空怀母猪提前发情、缩短空怀期、便于配种、不必专设配种栏的优点。

（3）母猪栏　集约化和工厂化养猪多采用母猪单体限位栏，用钢管焊接而成，由两侧栏架和前门、后门组成，前门处安装食槽和饮水器，栏长 2.1m、宽 0.6m、高 0.96m。饲养空怀及妊娠母猪，与群养相比，其优点是便于观察发情，及时配种，避免母猪采食争斗，易掌握喂量、控制膘情、预防流产；缺点是限制母猪运动，容易出现四肢软弱或肢蹄病，繁殖性能有降低的趋势。母猪单体限位栏如图 1-12 所示。

（4）分娩栏　分娩栏是一种单体栏，是母猪分娩、哺乳和仔猪活动的场所。分娩栏的中间为母猪限位架，母猪限位架一般采用圆钢管和铝合金制成，长 2.0～2.1m、宽 0.6～0.7m、高 1.0m；两侧是仔猪围栏，用于隔离仔猪，仔猪在围栏内采食、饮水、取暖和活动。分娩栏一般长 2.1～2.3m、宽 1.65～2.0m，仔猪围栏高 0.4～0.5m。

高床分娩栏是将金属编织漏缝地板铺设在粪沟的上面，再在金属地板网上安装母猪限位架、仔猪围栏、仔猪保温箱等（图 1-13）。

（5）仔猪保育栏　现代化猪场多采用高床网上保育栏，主要由金属编织漏缝地板网、围

图 1-12　普通型母猪单体限位栏

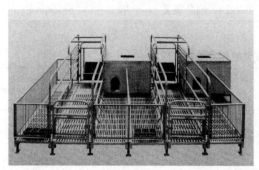

图 1-13　高床分娩栏

栏、自动食槽、连接卡、支腿等部分组成，相邻两栏在间隔处设有一个双面自动食槽，供两栏仔猪自由采食，每栏各安装一个自动饮水器。常用仔猪保育栏长 2m、宽 1.7m、高 0.7m，侧栏间隙 5.5cm，离地面高度 0.25～0.30m，可饲养 10～25kg 体重的仔猪 10～12 头（图 1-14）。

图 1-14　仔猪保育栏

（6）生长育肥猪栏　生长育肥猪栏常用的有以下两种：一种是采用全金属栅栏加水泥漏缝地板条，也就是全金属栅栏架安装在钢筋混凝土板条地面上，相邻两栏在间隔栏处设有一个双面自动饲槽，供两栏内的猪自由采食，每栏各安装一个自动饮水器；另一种是采用实体隔墙加金属栏门，地面为水泥地面，后部设有 0.8～1.0m 宽的水泥漏缝地板，下面为粪尿沟。实体隔墙可采用水泥抹面的砖砌结构，也可采用混凝土预制件，高度一般为 1.0～1.2m。几种猪栏（栏栅式）的主要技术参数见表 1-8。

表 1-8　几种猪栏（栏栅式）的主要技术参数　　　　　　　　　单位：mm

猪栏类别	长	宽	高	隔条间距	备注
种猪栏	3000	2400	1200	100～110	
后备母猪栏	3000	2400	1000	100	
培育栏 1	1800～2000	1600～1700	700	≤70	饲养 1 窝猪
培育栏 2	2500～3000	2400～3500	700	≤70	饲养 20～30 头猪
生长栏 1	2700～3000	1900～2100	800	≤100	饲养 1 窝猪
生长栏 2	3200～4800	3000～3500	800	≤100	饲养 20～30 头猪
育肥栏	3000～3200	2400～2500	900	100	饲养 1 窝猪

注：在采用小群饲养的情况下，空怀母猪、妊娠母猪栏的结构与尺寸和后备母猪栏相同。

2. 饲喂设备

猪场喂料方式可分为机械喂料和人工喂料两种。机械喂料是将经饲料加工厂加工好的全价配合饲料，用饲料散装运输车直接送到猪场的饲料储存塔中，然后用输送机送到猪舍内的自动食槽或限量食槽内进行饲喂。这种饲喂方法，饲料新鲜，不受污染，减少包装、装卸和散漏损失，还实现了机械化、自动化，节省劳力，提高了劳动生产率。但设备造价高，成本大，对电力的依赖性大。因此，只在少数现代化猪场采用。

目前，大多数猪场以人工喂料为主，由人工将饲料投到自动饲槽或限量食槽。人工喂料劳动强度大，劳动生产率低，饲料装卸、运送损失大，又易污染，但所需设备较少，投资小，适宜运送各种形态的饲料；且不需要电力，任何地方都可采用。

猪舍的喂料设备可分为普通食槽和自动食槽两类。普通食槽根据其使用材料可分为水泥食槽和金属食槽。水泥食槽坚固耐用，价格低廉，既适合喂干料也适合喂湿料，同时还可兼顾做水槽，其缺点是不易清扫；金属食槽易于清扫，但只适合饲喂干料。自动食槽也称自动采食箱，一般由饲料箱和食槽两部分组成。

无论采用哪种喂料方式，都必须使用食槽。根据饲喂制度（自由采食和限量饲喂）的不同，把食槽分为自动食（饲）槽和限量食槽两种。

（1）自动饲槽　自动饲槽就是在饲槽的顶部装有饲料储存箱，储存一定量的饲料，当猪吃完饲槽中的饲料时，储料箱中的饲料在重力的作用下自动落入饲槽内。自动饲槽可用钢板制造，也可以用水泥预制件拼装，有双面和单面两种形式。双面自动饲槽供两个猪栏共用，单面自动饲槽供一个猪栏用（图 1-15）。自动饲槽适用于培育、生长和育肥阶段的猪。猪各类自动饲槽的主要结构参数见表 1-9。

(a) 双面自动饲槽　　　　　　(b) 斗式自动饲槽

图 1-15　自动饲槽

表 1-9　猪各类自动饲槽的主要结构参数　　　　　　　　单位：mm

猪的类别	高度（H）	前缘高度（Y）	最大宽度（L）	采食间隙（b）
仔猪	400	100	400	140
幼猪	600	120	600	180
生长猪	800	160	650	230
育肥猪	900	180	800	330

图 1-16　母猪铸铁限量食槽

（2）限量食槽　限量食槽（图 1-16）用于公猪、母猪等需要限量饲喂的猪群，一般用水泥制成，其造价低廉，坚固耐用，也可用钢板或其他材料制成。每头猪所需要的食槽长度大约等于猪肩部的宽度，具体见表 1-10。

表 1-10　每头猪采食所需要的食槽长度

猪的类别	体重/kg	每头猪采食所需要的食槽长度/mm
仔猪	≤15	180
幼猪	≤30	200
生长猪	≤40	230
育肥猪	≤60	270
育肥猪	≤75	280
育肥猪	≤100	330
繁殖猪	≤100	330
繁殖猪	≥100	500

3. 供水饮水设备

猪场的供水饮水设备是现代化猪场必不可少的设备，主要有供水设备、自动饮水器等。

（1）供水设备　猪场供水设备主要包括水的提取、贮存、调节、输送、分配等部分。现代化猪场的供水一般都是采用压力供水，水塔或无塔供水设备是供水系统中的重要组成部分，要有适当的容积和压力，容积应能保证猪场 2 天左右的用水量。

（2）自动饮水器　猪用自动饮水器的种类很多，有鸭嘴式、乳头式、杯式等（图 1-17、图 1-18），应用最为普遍的是鸭嘴式自动饮水器。鸭嘴式自动饮水器结构简单，耐腐蚀，寿命长，密封性能好，不漏水，流速较低，符合猪饮水的要求。

除上述猪栏、饲喂设备和供水饮水设备外，现代化养猪场的设备还有供热保温与通风降温设备、清洗消毒设备、粪便处理设备、运输设备、检测仪器以及标记用具与套口器等。

➤ 任务实施与评价

详见《学习实践技能训练工作手册》。

图 1-17　碗式自动饮水器

图 1-18　猪用自动饮水器

➤ 任务拓展

家猪的行为学特性

一、采食

家猪的采食行为包括吃食和饮水。拱土觅食的采食行为是猪与生俱有的一个突出特征，鼻子是猪高度发育的器官，在拱土觅食时，嗅觉起着决定性作用。猪的采食具有选择性，特别喜爱甜食。颗粒料与粉料相比，猪爱吃颗粒料；干料与湿料相比，猪爱吃湿料，且花费时间也少。

猪的采食有竞争性，群饲的猪比单饲的猪吃得多、快，增重也高。尽管在现代化猪舍内，饲以良好的平衡日粮，但猪还是表现拱地觅食的特征。喂食时每次猪都力图占据饲槽有利的位置，有时将两前肢踏在饲槽中采食，站立饲槽的一角，就像野猪拱地觅食一样，以吻突沿着饲槽拱动，将饲料搅弄出来，抛洒一地。猪白天采食 6～8 次，比夜间多 1～3 次，每次采食持续时间 10～20min，限饲时少于 10min。自由采食不仅采食时间长，而且能表现每头猪的嗜好和个性。仔猪每昼夜吸吮次数因日龄不同而异，约在 15～25 次，占昼夜总时间的 10%～20%，大猪的采食量和摄食频率随体重增加而增加。

在多数情况下，饮水与采食同时进行，猪的饮水量是相当大的，仔猪初生后就需要饮水，主要是来自母乳中的水分，仔猪吃料时，饮水量约为干料的 2 倍，即料水比为1∶2。成年猪的饮水量除饲料组成外，很大程度取决于环境温度。吃混合料的猪，每昼夜饮水 9～10 次，吃湿料时平均 2～3 次，吃干料时每次采食后需要立即饮水，自由采食时通常采食与饮水交替进行，直到满意为止，限制饲喂的猪则在吃完料后才饮水。

根据猪的采食行为，生产上经常采用群养、喂颗粒料以及在饲料中添加带甜味和乳香味的添加剂，提高仔猪的采食量。另外，当母猪产后食欲不强时也可以改喂干料为喂湿料，改粉料为颗粒料，增强母猪食欲。

二、排泄

猪不在吃睡的地方排泄粪尿，这是猪的本性。野猪不在窝边排泄粪尿，可以避免被敌兽发现。

猪爱清洁，猪能保持睡窝干燥清洁，能在猪栏内远离窝床的一个固定地点排泄粪尿。猪排粪尿有一定的时间和区域，一般多在采食、饮水后或起卧时，选择阴暗潮湿或污浊的角落排粪尿，且受邻近猪的影响。据观察，猪饮食后约 5min 开始排粪 1～2 次，多为先排粪后排尿，在饲喂前也有排泄的，但多为先排尿后排粪，在两次饲喂的间隔时间里，猪多排尿而很少排粪，夜间一般排粪2～3次，早晨的排泄量最大。但在饲养密度过大或管理不当时，排泄行为就会混乱，猪舍难以保持卫生，不利于猪的健康生长。

根据以上特性，在组织猪群时每栏或每舍一定要控制数量，控制饲养密度。猪转群时要设法让猪的第一次排泄在猪栏内规定的地方进行。

三、性行为

母猪临近发情时外阴红肿，在行为方面表现神经过敏，轻微的声音便能被惊起，这个时期虽然接受同群母猪的爬跨，但却不接受公猪的爬跨；在圈内，好闻同群母猪的阴部，有时爬跨，行动不安，食欲下降。发情的母猪行动愈发不安，夜间尤甚。跑出圈外的发情母猪，能靠嗅觉到很远的地方去寻找公猪；有的对过去配种时所走过的路途记忆犹新。当臀部受到按压时，总是表现出如同接受交配的站立不动姿态，立耳品种同时把两耳竖立后贴，这种“不动反应”称“静立反射”，静立反射是母猪发情的一个关键行为。性欲高度强烈时期的母猪，当公猪接近时，调其臀部靠近公猪，闻公猪的头、肛门和阴茎包皮，紧贴公猪不走，甚至爬跨公猪，最后站立不动，接受公猪爬跨。

公猪一旦接触母猪，会追逐母猪，嗅母猪的体侧、肷部、外阴部，把嘴插到母猪两后腿之间，突然往上拱动母猪的臀部。当公猪性兴奋时，还出现有节奏的排尿。公猪的爬跨次数与母猪的稳定程度有关，射精时间大约为3～20min，有的公猪射精后并不跳下而进入睡眠状态。

在生产实际中，经常用公猪对发情征状不十分明显，特别是对没有静立反应但会接受公猪爬跨的母猪进行试情，确保发情期内配种。另外生产上还常用公猪来诱情，具体方法可以每天早晚用公猪追逐或爬跨母猪，每次20～30min，也可把不发情的母猪关在公猪圈内混养等。通过公猪分泌的外激素气味和爬跨、声音等，刺激母猪神经反射，引起脑下垂体前叶分泌促卵泡素，促使母猪发情排卵。也可利用公猪求偶声的录音磁带，模拟生物学刺激，一日进行数次，连续数日，效果很好。

四、母性行为

母性行为主要是分娩前后母猪的一系列行为，如絮窝、哺乳及其抚育和保护仔猪的行为。

母猪在分娩前1～2天，通常衔取干草或树叶等造窝的材料，如果栏内是水泥地面而无垫草，只好用蹄子扒地来表示。当小猪吸吮母乳时，母猪四肢伸直亮开乳头，让初生仔猪吃乳。母猪整个分娩过程中不停地发出哼哼的声音。母猪分娩后以充分暴露乳房的姿势躺卧，引诱仔猪挨着母猪乳房躺下。哺乳时常采取左倒卧或右倒卧姿势，一次哺乳中间不转身，母仔双方都能主动引起哺乳行为，母猪以低度有节奏的哼叫声呼唤仔猪哺乳，有时是仔猪以它的召唤声和持续地轻触母猪乳房以刺激放乳，一头母猪哺乳时母仔的叫声，常会引起同舍内其他母猪也哺乳。

正常的母仔关系，一般维持到断奶为止。母猪非常注意保护自己的仔猪，在行走、躺卧时十分谨慎，不致踩伤、压死仔猪。

生产上，为了使仔猪寄养操作成功，经常将寄入仔猪与本窝仔猪混味，让母猪像爱护自己的仔猪一样来爱护寄入的仔猪。生产上也经常利用母猪的母性行为进行哺乳和抵抗其它动物的侵害。

五、群居行为

猪在进化过程中形成定居漫游习性，猪的群体行为是指猪群中个体之间发生的各种交互作用。结对是一种突出的交往活动，猪群体表现出更多的身体接触和保持听觉的信息传递。仔猪同窝出生，过群居生活，合群性较好。在同一群内，个体依据体重、性情等有明显的群体位次，既有合群性，也有大欺小、强欺弱和竞争好斗的习性。稳定的猪群，是按优势序列原则，组成有等级制的社群结构，个体之间保持熟悉，和睦相处；当重新组群时，稳定的社群结构发生变化，进而发生激烈的争斗，直至重新组成新的社群结构。

所以，在实际生产中，要控制猪群的饲养密度，并根据猪的品种、类别、性别、性情、体重等进行分群饲养，防止以大欺小、以强欺弱，影响猪群整齐度和正常生长。

六、后效行为

猪的行为有些是生以来就有的，如觅食、母猪哺乳和性行为；有的是后天获得的行为，即条件反射行为或后效行为。后效行为是猪出生后对新鲜事物的熟悉而逐渐建立起来的，猪对吃、喝的记忆力强，对饲喂的有关工具、食槽、饮水槽及其方位等最容易建立起条件反射。例如，小猪在人工哺乳时，每天定时饲喂，只要按时给以笛声、铃声或饲喂用具的敲打声，训练几次，即可听从信号指挥，到指定地点吃食。

七、异常行为

异常行为是指超出正常范围的行为。恶癖就是对人、畜造成危害或带来经济损失的异常行为。它的产生多与动物所处的环境中的有害刺激有关。如长期圈禁或随活动范围受限程度的增加，则咬栏柱的频率和强度增加，攻击行为也增加。口舌多动的猪常将舌尖卷起，不停地在嘴里伸缩动作，有的还会出现拱癖和空嚼癖。

同类相残是另一种有害恶癖。如神经质的母猪在产后出现食仔现象；在拥挤圈养条件下或无聊环境中常发生咬尾异常行为。

动物的行为习性部分由先天性的遗传因素所决定，部分取决于后天的调教、训练等外部因素。先天遗传与后天学习相互作用控制动物的行为反应。当前的集约化养猪多采用全舍饲、高密度、机械化、流水线生产的模式，这种生产方式不同程度地妨碍了猪的正常行为习性，猪与环境间不断发生矛盾，容易引起猪的应激反应。生产上为避免异常行为的发生，要合理控制饲养密度，保持猪舍内外的空气交换，注意仔猪断奶前后的饲养管理，注意日粮中微量元素的平衡。异常行为一旦发生则难以根除，重在预防。

任务二 猪场环境控制

➤ 任务描述

猪舍的环境控制是养猪安全生产的重要内容，是养猪业可持续发展不可缺少的重要技术环节。无害化处理废弃物的目的就是要确保养猪生产安全，确保养猪业的可持续发展和养殖业与其他行业的和谐发展。控制猪场环境的有效措施，主要包括两大方面，一是控制好猪舍内环境，二是加强猪场废弃物处置。

➤ 任务分析

猪舍环境控制，主要是从气温、气湿、通风、光照、噪声以及有害气体控制等方面来实施；猪场废弃物处置主要针对粪污处置和病死猪处置。国家对畜禽养殖场的养殖污染防治力度在不断加大，畜禽养殖场养殖污染的防控问题将是未来养殖场必须解决的一项事宜。

➤ 任务资讯

环境控制的目的是为猪创造适宜的生长环境，因此了解猪生长过程中对各种环境因子的要求，是实施环境控制的先决条件。

一、猪舍环境的控制措施

1. 养猪的环境要求

环境因素包括空气、水域、土壤和群体四个方面，其中又有其物理、化学和生物方面的因素。物理因素包括温度、湿度、光照、噪声、地形地势、畜舍等；化学因素包括空气、有害气体、水以及土壤中的化学成分等；生物因素包括环境中的寄生虫、微生物、媒介生物及其它动物等；群体关系包括人们所给予猪只的饲养管理、调教、利用，以及猪场、猪舍和猪只群体内的相互关系等。猪舍环境指标要求见表1-11～表1-14。

表 1-11　猪舍内空气温度和相对湿度

猪舍类别	空气温度/℃			相对湿度/%		
	舒适范围	高临界	低临界	舒适范围	高临界	低临界
种公猪舍	10～20	25	13	60～70	85	50
空怀妊娠母猪舍	15～20	27	13	60～70	85	50
哺乳母猪舍	18～22	27	16	60～70	80	50
哺乳仔猪保温箱	28～32	35	27	60～70	80	50
保育猪舍	20～25	28	16	60～70	80	50
生长育肥猪舍	15～23	27	13	65～75	85	50

注：1. 表中哺乳仔猪保温箱的温度是仔猪1周龄以内的临界范围，2～4周龄时下限温度可分别降至24～26℃。表中数值指猪床上0.7m高处的温度或湿度。

2. 表中高低临界值指生产临界范围，过高或过低都会影响猪的生长性能和健康状况，生长育肥猪舍的温度在月份平均气温高于28℃时，允许将上线提高1～3℃，月份平均气温低于−5℃的地区，允许将下限降低1～5℃。

3. 在密闭式有采暖设备的猪舍，其适宜的相对湿度比上述数值要低5%～8%。

4. 摘自GB/T 17824.3—2008《规模猪场环境参数及环境管理》。

表 1-12　猪舍通风

猪群类别	通风量/[m³/(h·kg)]			风速/(m/s)	
	冬季	春秋季	夏季	冬季	夏季
种公猪舍	0.35	0.55	0.70	0.30	1.00
空怀妊娠母猪舍	0.30	0.45	0.60	0.30	1.00

续表

猪群类别	通风量/[m³/(h·kg)]			风速/(m/s)	
	冬季	春秋季	夏季	冬季	夏季
哺乳母猪舍	0.30	0.45	0.60	0.20	0.60
保育猪舍	0.35	0.45	0.60	0.20	0.60
生长育肥猪舍	0.35	0.50	0.65	0.30	1.00

注：1. 通风量是指每千克活猪每小时需要的空气量。

2. 风速是指猪只所在位置的夏季适宜温度和冬季最大值。

3. 在月份平均温度大于 28℃ 的炎热季节，应采取降温措施。

4. 摘自 GB/T 17824.3—2008《规模猪场环境参数及环境管理》。

表 1-13 猪舍采光

猪群类别	自然光照		人工照明	
	窗地比	辅助照明/lx	光照强度/lx	光照时间/h
种公猪舍	1：(10~12)	50~75	50~100	10~12
空怀妊娠母猪舍	1：(12~15)	50~75	50~100	10~12
哺乳母猪舍	1：(10~12)	50~75	50~100	10~12
保育猪舍	1：10	50~75	50~100	14~18
生长育肥猪舍	1：(12~15)	50~75	30~50	8~12

注：1. 窗地比是以猪舍门窗等透光构件的有效透光面积为 1，与舍内地面面积之比；辅助照明是指自然光照猪舍设置人工照明以备夜晚工作照明用。

2. 摘自 GB/T 17824.3—2008《规模猪场环境参数及环境管理》。

表 1-14 猪舍空气卫生要求

猪群类别	氨/(mg/m³)	硫化氢/(mg/m³)	二氧化碳/(mg/m³)	细菌总数/(万个/m³)	粉尘/(mg/m³)
种公猪舍	25	10	1500	6	1.5
空怀妊娠母猪舍	25	10	1500	6	1.5
哺乳母猪舍	20	8	1300	4	1.2
保育猪舍	20	8	1300	4	1.2
生长育肥猪舍	25	10	1500	6	1.5

注：1. 猪舍空气中的氨、硫化氢、二氧化碳、细菌总数和粉尘不宜超过表中的数值。

2. 摘自 GB/T 17824.3—2008《中、小型集约化养猪场环境参数及环境管理》。

2. 猪舍环境控制

根据当地自然环境条件和养猪场具体情况，通过建造有利于猪只生存和生产的不同类型猪舍及环境设施，来克服自然气候因素对养猪生产的不良影响，称为猪舍的环境控制。猪舍的环境控制主要有下列几个方面。

（1）猪舍内温度的控制 猪舍内小气候环境的控制要取得好的效果的前提是猪舍围护结构具有较好的保温隔热性能。因此，首先应从提高猪舍建筑维护结构保温隔热性能入手来讨论环境控制问题。

① 猪舍的保温隔热 通过保温隔热设计，选用热导率小、总传热系数小、热阻大的建筑材料建设猪舍，通过猪舍的外围护结构，在寒冷季节，将猪舍内的热能保存下来，防止向舍外散失；在炎热的季节，隔断太阳辐射热传入舍内，防止舍内温度升高，从而控制舍内环境。

在猪舍的外围护结构中，屋顶面积大，冬季散热和夏季吸热最多，因此，必须选用导热性小的材料建造屋顶，并且要求有一定的厚度。在屋顶铺设保温层和进行吊顶，可明显增强保温隔热效果。

墙壁应选用热阻大的建筑材料，利用空心砖或空心墙体，并在其中填充隔热材料，可明显提高墙壁的热阻，取得更好的保温隔热效果。夏热地区墙壁的隔热意义不大，应选择开放式或半开放式猪舍类型。

在寒冷地区应在满足采光和夏季通风的前提下，尽量少设门窗，尤其是地窗和北窗，加设门斗，窗户设双层，气温低的月份挂草帘或棉帘保暖。

在冬季，地面的散热也很大，可在猪舍不同部位采用不同材料的地面以加强保温。猪床用保温性能好、富有弹性、质地柔软的材料，其他部位用坚实、不透水、易消毒、导热性小的材料。

减小外围护结构的表面积，可明显提高保温效果。在以防寒为主的地区，在不影响饲养管理的前提下，应适当降低猪舍的高度，以檐高 2.2～2.5m 为宜。在炎热地区，应适当增加猪舍的高度，采用钟楼式屋顶有利于防暑。

② 猪舍的防暑降温　炎热夏季，太阳辐射强度大，气温高，昼夜温差小，持续时间长，采取有效的防暑降温措施降低猪舍的温度十分重要。防暑降温方法很多，采用机械制冷的方法效果最好，但设备和运行费用高，经济上不合算，一般不采用。常用的防暑降温方法如下所述。

a. 通风降温：通风分为自然通风和机械强制通风两种，夏季多开门窗，增设地窗，使猪舍内形成穿堂风。炎热气候和跨度较大的猪舍，应采用机械强制通风，形成较强气流，增强降温效果。

b. 蒸发降温：向屋顶、地面、猪体上喷洒冷水，靠水分蒸发吸热而降低舍内温度。但会使舍内的湿度增大，应间歇喷洒。在高湿气候条件下，水分蒸发有限，故降温效果不佳。

c. 湿帘-风机降温系统：这是一种生产性降温设备，由湿帘、风机、循环水路及控制装置组成，主要是靠蒸发降温，也有通风降温的作用，降温效果十分明显。

另外，常用的其他降温措施还有在猪舍外搭设遮阳棚、屋顶墙壁涂白、搞好场区绿化、降低饲养密度以及供应清凉、洁净、充足的饮水等。

③ 猪舍的防寒保温　寒冷季节，通过猪舍外围护结构的保温不能使舍内温度达到要求时，就应该采取人工供热措施，尤其是仔猪舍和产房。人工供热可分为集中采暖和局部采暖两种形式，集中采暖是用同一热源，采用暖气、热风炉、火炉、火墙等供暖设备来提高整个猪舍的温度；局部采暖是用红外线灯、电热板、火炕、保育箱、热水袋等局部采暖设备对舍内局部区域供暖，主要应用在产仔母猪舍的仔猪活动区。

（2）猪舍内湿度、通风与有害气体的控制　猪舍内的湿度与有害气体可通过通风来控制。湿度很少出现较低的情况，如果出现可通过地面洒水或结合带猪喷雾消毒来提高湿度。湿度高时通过通风可排出多余的水汽，同时排出有害气体。通风分自然通风和机械通风两种方式。

① 自然通风　自然通风是靠舍内外的温差和气压差实现的。猪舍内气温高于舍外，舍外空气从猪舍下部的窗户、通风口和墙壁缝隙进入舍内，舍内的热空气上升，从猪舍上部的通风口、窗户和缝隙排出舍外，这称为"热压通风"。舍外刮风时，风从迎风面的门、窗户、洞口和墙壁缝隙进入舍内，从背风面和两侧墙的门、窗或洞口排出，这称为"风压通风"。

② 机械通风　猪舍的机械通风分为以下三种方式。

a. 负压通风：用风机把猪舍内污浊的空气抽到舍外，使舍内的气压低于舍外而形成负压，舍外的空气从门窗或进风口进入舍内。

b. 正压通风：用风机将风强制送入猪舍内，使舍内气压高于舍外，从而使舍内污浊空气被压出舍外。

c. 联合通风：同时利用风机送风和利用风机排风。

冬季通风与保温是相互影响的，不能为保温而忽视通风，一般情况下，冬季通风以舍温下降不超过 2℃ 为宜。

（3）猪舍内光照的控制 光照按光源分为自然光照和人工光照。自然光照是利用阳光照射采光，节约能源，但光照时间、强度和照度均匀度难于控制，特别是在跨度较大的猪舍。当自然光照不能满足需要时，或者是在无窗猪舍，必须采用人工光照。

自然采光猪舍设计建造时，应保证适宜的采光系数（门窗等透光构件的有效透光面积与猪舍地面面积之比），一般成年母猪舍和育肥猪舍为 1∶(12～15)，哺乳母猪舍、种公猪舍和哺乳仔猪舍为 1∶(10～12)，培育仔猪舍为 1∶10；还要保证自然光入射角 α 不小于 25°、透光角 β 不小于 5°（图 1-19）。人工光照多采用白炽灯或荧光灯作光源，要求照度均匀，能满足猪只对光照的需求。

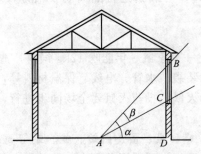

图 1-19 猪舍自然光光照入射角和透光角

（4）有害生物的控制 养猪场有害生物控制的有效方法是建立生物安全体系。生物安全体系是指采取必要的措施，最大限度地减少各种物理性、化学性和生物性致病因子对动物造成危害的一种生产体系。其总体目标是防止有害生物以任何方式侵袭动物，保持动物处于最佳的生产状态，以获得最大的经济效益。

生物安全体系是目前最经济、最有效的传染病控制方法，同时也是所有传染病预防的前提。它将疾病的综合性防制作为一项系统工程，在空间上重视整个生产系统中各部分的联系，在时间上将最佳的饲养管理条件和传染病综合防制措施贯彻于动物养殖生产的全过程，强调了不同生产环节之间的联系及其对动物健康的影响。该体系集饲养管理和疾病预防为一体，通过阻止各种致病因子的侵入，防止动物群受到疾病的危害，不仅对疾病的综合性防制具有重要意义，而且对提高动物的生长性能，保证其处于最佳生长状态也是必不可少的。因此，它是动物传染病综合防制措施在集约化养殖条件下的发展和完善。

生物安全体系的内容主要包括动物及其养殖环境的隔离、人员物品流动控制以及疫病控制等，即用以切断病原体传入途径的所有措施。就特种动物生产而言，包括特养场的选址与规划布局、环境的隔离、生产制度确定、消毒、人员物品流动的控制、免疫程序、主要传染病的监测和废弃物的管理等。

有害生物控制最基本的措施如下。

① 搞好猪场的卫生管理

a. 保持舍内干燥清洁，每天清扫卫生，清理生产垃圾，清除粪便，清洗刷拭地面、猪栏及用具。

b. 保持饲料及饲喂用具的卫生，不喂发霉变质及来路不明的饲料，定期对饲喂用具进行清洗消毒。

c. 在保持舍内温暖干燥的同时，适时通风换气，排出猪舍内有害气体，保持舍内空气新鲜。

② 做好猪场的防疫管理

a. 建立健全并严格执行卫生防疫制度，认真贯彻落实"以防为主、防治结合"的基本原则。

b. 认真贯彻落实严格检疫、封锁隔离的制度。

c. 建立健全并严格执行消毒制度。消毒可分为终端消毒、即时消毒和日常消毒，门口设立消毒池，定期更换消毒液，交替更换使用几种广谱、高效、低毒的消毒药物进行环境、栏舍、用具及猪体消毒。

d. 建立科学的免疫程序，选用优质疫（菌）苗进行切实的免疫接种。

③ 做好药物保健工作　正确选择并交替使用保健药物，采用科学的投药方法，严格控制药物的剂量。

④ 严格处理病死猪的尸体　对病猪进行隔离观察治疗，对病死猪的尸体进行无害化处理。

⑤ 消灭老鼠等媒介生物

a. 灭鼠。老鼠偷吃饲料，一只家鼠一年能吃12kg饲料，造成巨大的饲料浪费。老鼠还可传播病原微生物，并咬坏包装袋、水管、电线、保温材料等，因此必须做好灭鼠工作。常用对人、畜低毒的灭鼠药进行灭鼠，投药灭鼠要全场同步进行，合理分布投药点，并及时进行无害化处理鼠尸。

b. 消灭蚊、蝇、蠓、蜱、螨、虱、蚤、白蛉、虻、蚋等寄生虫和吸血昆虫，减少或防止媒介生物对猪的侵袭和传播疾病。可选用敌百虫、敌敌畏、倍硫磷等杀虫药物杀灭媒介生物，使用时应注意对人、猪的防护，防止引起中毒。另外，在猪舍门、窗上安装纱网，可有效防止蚊、蝇的袭扰。

c. 控制其它动物。猪场内不得饲养犬、猫等动物，以免传播弓形虫病，还要防止其它动物入侵猪场。

二、猪场废弃物处理

目前，我国的养猪生产正在由小规模分散、农牧结合方式快速向集约化、规模化、工厂化生产方式转变，每年产生大量的粪尿（表1-15）与污水等废弃物，如果处理不当，很容易对周围环境造成严重污染。因此，加强猪场的环境保护，合理利用废弃物，减少对环境的污染，是养猪生产必须解决的问题。目前，国内外治理猪场污染主要分为产前、产中和产后治理与利用。

表1-15　不同阶段猪群的粪尿产量（鲜量）

种类	体重/kg	每头每天排泄量/kg			平均每头每年排泄量/t		
		粪	尿	粪尿合计	粪	尿	粪尿合计
种公猪	200～300	2.0～3.0	4.0～7.0	6.0～10.0	0.9	2.0	2.9
空怀、妊娠母猪	160～300	2.1～2.8	4.0～7.0	6.1～9.8	0.9	2.0	2.9
哺乳母猪	—	2.5～4.2	4.0～7.0	6.5～11.2	1.2	2.0	3.2
培育仔猪	30	1.1～1.6	1.0～3.0	2.1～4.6	0.5	0.7	1.2
育成猪	60	1.9～2.7	2.0～5.0	3.9～7.7	0.8	1.3	2.1
育肥猪	90	2.3～3.2	3.0～7.0	5.3～10.2	1.0	1.8	2.8

1. 产前控制饲养规模

猪场污染物的排放量与生产规模成正比，规划猪场时，必须充分考虑污染物的处理能力，做到生产规模与处理能力相适应，保证全部污染物得到及时有效的处理。

发达国家对养猪场污染物的治理主要采用源头控制的对策，因为即使是在对农民有巨额补贴的欧洲国家，能够采用污水处理设备的养猪场也很少，为此养猪场的面源控制，主要通过制定养猪场农田最低配置（指养猪场饲养量必须与周边可蓄纳猪粪便的农田面积相匹配）、养猪场化粪池容量、密封性等方面的规定进行。在日本、欧洲等大部分国家和地区，强制要求单位面积的养猪数量，使养猪数量与地表的植物及自净能力相适应。

借鉴国外的经验，我国在新建养猪场时，应进行合理的规划，以环境容量来控制养猪场的总量规模，调整养猪场布局，划定禁养区、限养区和适养区，同时应加强对新建场的严格审批制度，新建场一般都要设置隔离或绿化带，并执行新建项目的环境影响评价制度和污染治理设施建设的"三同时"（养猪场建设应与污染物的综合利用、处理与处置同时设计、同时施工和同时投入使用）制度，还可以借鉴工业污染治理中的经验，从制定工艺标准、购买设备补贴以及提高水价等方面推行节水型畜牧生产工艺，从源头上控制集约化养猪场污水量。

2. 产中科学治理

按猪的饲养标准科学配制日粮，加强饲养管理，提高饲料转化率，不仅能够减少饲料浪费，还能减少排泄物中的养分含量，这是降低猪粪尿对环境造成污染的根本措施。

（1）采取营养性环保措施

① 按照"理想蛋白质模式"，配制平衡日粮，合理添加人工合成的氨基酸，适当降低饲料中蛋白质的含量，可提高饲料蛋白质的利用率，使粪尿中氮的排泄量减少 30%～45%。

② 应用有机微量元素代替无机微量元素，提高微量元素的利用效率，降低微量元素的排出量，减少微量元素对环境的污染。

③ 应用酶制剂，提高猪对蛋白质、矿物微量元素的利用率。大量的研究结果证明，在日粮中添加植酸酶可显著提高植物性饲料中植酸磷的利用效率，使猪粪中磷的含量减少50%以上，被公认为降低磷排泄量最有效的方法。饲料中添加纤维素酶和蛋白酶等消化酶，可以减少粪便排放量和粪中的含氮量。

④ 应用微生态制剂，在猪体内创造有利于其生长的微生态环境，维持肠道正常生理功能，促进动物肠道内营养物质的消化和吸收，提高饲料利用率，同时，还能抑制腐败菌的繁殖，降低肠道和血液中内毒素及尿素酶的含量，有效减少有害气体产生。

⑤ 在饲料中合理添加脂肪，提高能量水平，可显著降低粪便的排泄量。

（2）多阶段饲喂 多阶段饲喂法可提高饲料转化率，猪在肥育后期，采用二阶段饲喂比采用一阶段饲喂法的氮排泄量减少8.5%。饲喂阶段分得越细，不同营养水平日粮种类分得越多，越有利于减少氮的排泄。

（3）强化管理 推广猪场清洁生产技术，采用科学的房舍结构、生产工艺，实现固体和液体、粪与尿、雨水和污水三分离，降低污水产生量和降低污水氨、氮浓度。通过对生产过程中的主要产生污染环节实行全程控制，达到控制和防治畜禽养殖可能对环境产生的污染。

3. 产后处理与利用

猪场粪尿及污水的合理利用，既可以防止环境污染，又能变废为宝，利用方法主要是用作肥料、用作制沼气的原料、用作饲料和培养料等。

（1）粪便的无害化处理与利用

视频：粪便的
无害化处理
与利用

①　堆肥发酵　堆肥发酵是利用微生物分解物料中的有机质并产生 50～70℃ 的高温，杀死病原微生物、寄生虫及其虫卵和草籽等。腐熟后的物料无臭，复杂有机物被降解为易被植物吸收的简单化合物，变成高效有机肥料。

a. 自然堆肥：自然堆肥法为传统的堆肥方法，将物料堆成长、宽、高分别为 10～15m、2～4m、1.5～2m 的条垛，在气温 20℃ 左右需腐熟 15～20 天，其间需翻堆 1～2 次，以供氧、散热，使发酵均匀，此后需静置堆放 2～3 个月即可完全腐熟。为加快发酵速度，可在垛内埋秸秆束或垛底铺设通风管，在堆垛前 20 天如经常通风，则不必翻垛，温度可升至 60℃。此后在自然温度下堆放 2～4 个月即可完全腐熟。该方法无需设备和耗能，但占地面积大，腐熟慢，效率低。

b. 现代堆肥法：堆肥作为传统的生物处理技术经过多年的改良，现正朝着机械化、商品化方向发展，设备效率也日益提高。现代堆肥法是根据堆肥原理，利用发酵池、发酵罐（塔）等设备，为微生物活动提供必要条件，可提高效率 10 倍以上。堆肥要求物料含水率 60%～70%，碳氮比（25～30）：1，堆腐过程中要求通风供氧，天冷适当供温，腐熟后物料含水率约为 30%。为便于贮存和运输，需降低水分至 13% 左右，并粉碎、过筛、装袋。因此，堆肥发酵设备包括发酵前调整物料水分和碳氮比的预处理设备和腐熟后物料的干燥、粉碎等设备，可形成不同组合的成套设备。

c. 大棚式堆肥发酵：发酵棚可利用从玻璃钢或塑料棚顶透入的太阳能，保障低温季节的发酵。设在棚内的发酵槽为条形或环形地上槽，槽宽 4～6m，槽壁高 0.6～1.5m，槽壁上面设置轨道，与槽同宽的自走式搅拌机可沿轨道行走，速度为 2～5m/min。条形槽长 50～60m，每天将经过预处理（调整水分和碳氮比）的物料放入槽一端，搅拌机往复行走搅拌并将新料推进与原有的料混合，起充氧和细菌接种作用。环形槽总长度 100～150m，带盛料斗的搅拌机环槽行走，边撒布物料边搅拌。一般每平方米槽面积可处理 4 头猪的粪便，腐熟时间为 25 天左右。腐熟物料出槽时应存留 1/4～1/3，起接种和调整水分的作用。

②　生产沼气　沼气是有机物质在厌氧环境中，在适宜的温度、湿度、酸碱度、碳氮比等条件下，通过厌氧微生物发酵作用而产生的一种可燃气体。沼气可作为能源，沼渣、沼液可作为肥料，废物资源化程度较高。沼气经燃烧后能产生大量热能（$1m^3$ 的发热量为 20.9～27.17MJ），可作为生活、生产用燃料，也可用于发电。在沼气生产过程中，因厌氧发酵可杀灭病原微生物和寄生虫，发酵后的沼液、沼渣又是很好的肥料。但此处理系统的建设投资高，且运行管理难度大。该处理系统较适用于南方气候温暖地区，北方地区由于气温低，大部分沼气要回用于反应器升温，限制了推广应用。其主要设备为格栅、固液分离机、污水泵、贮气罐、沼气脱水/脱硫设备、沼气加压系统、沼气输送管道系统等。

生产沼气后产生的残余物——沼液和沼渣含水量高、数量大，且含有很高的 COD（耗氧量）值，若处理不当会引起二次环境污染，所以必须要采取适当的利用措施。常用的处理方法有以下几种。

a. 用作植物生产的有机肥料。在进行园艺植物无土栽培时，沼气生产后的残余物是良好的液体培养基。

b. 用作池塘水产养殖料。沼液是池塘河蚌育珠、滤食性鱼类养殖培育饵料生物的良好肥料，但一次性施用量不能过多，否则会引起水体富营养化而导致水中生物死亡。

c. 用作饲料。沼渣、沼液脱水后可以替代一部分鱼、猪、牛的饲料。但与畜粪饲料化一样，要注意重金属等有毒有害物质在畜产品和水产品中的残留问题，避免影响畜产品和水产品的实用安全性。

③　用作饲料　畜禽粪便中，最有价值的营养物质是含氮化合物。合理利用猪粪中的含

氮化合物，对解决蛋白质饲料资源不足问题有积极意义。目前，已有许多国家利用畜禽粪便加工饲料，猪粪也被用来喂牛、喂鱼、喂羊等，以此降低饲料成本。但要对粪便进行适当处理并控制其用量。

（2）死猪的处理　在养猪生产中，由于疾病或其他原因会导致猪死亡，猪尸体中含有较多的病原微生物，也容易分解腐败，散发恶臭，污染环境。特别是发生传染病的病死猪的尸体若处理不善，其病原微生物会污染大气、水源和土壤，造成疾病的传播与蔓延。因此，做好死猪处理是防止疾病流行的一项重要措施，坚决不能图私利而出售。对死猪的处理原则是：对因烈性传染病而死的猪必须进行焚烧火化处理；对其他伤病死的猪可用深埋法和高温分解法进行处理。

视频：死猪的处理

① 焚烧法　焚烧是一种较完善的方法，能彻底消灭致病菌，处理死猪迅速卫生，但不能利用产品，且成本高，故不常用。但对一些危害人、畜健康极为严重的传染病病猪的尸体，仍有必要采用此法。见图1-20。

图1-20　尸体焚烧炉

② 高温处理法　此法是将尸体放入特制的高温锅（温度达150℃）内或有盖的大铁锅内熬煮，达到彻底消毒的目的。一般用高温分解法处理死猪是在大型的高温高压蒸汽消毒机（湿化机）中进行的。高温高压的蒸汽使猪尸中的脂肪熔化、蛋白质凝固，同时杀灭致病菌和病毒。分离出的脂肪作为工业原料，其他可作为肥料。此法可保留一部分有价值的产品，但要注意熬煮的温度和时间，必须达到消毒的要求。这种方法投资大，适合于大型的养猪场，或大中型养猪场集中的地区及大中城市的卫生处理厂。

③ 深埋法　深埋法是传统的死猪处理方法，是利用土壤的自净作用使死猪尸体无害化。在小型养猪场或个体养猪户中，死猪数量少，对不是因为烈性传染病而死的猪可以采用深埋法进行处理。其优点是不需要专门的设备投资，简单易行；缺点是因其无害化过程缓慢，某些病原微生物能长期生存，从而污染土壤和地下水，并会造成二次污染，所以不是最彻底的无害化处理方法。因此，采用深埋法处理死猪时，一定要选择远离水源、居民区的地方并且要在猪场的下风向，离猪场有一定的距离。具体做法是，在远离猪场的地方挖2m以上的深坑，在坑底撒上一层生石灰，然后再放入死猪，在最上层死猪的上面再撒一层生石灰或洒上消毒药剂，最后用土埋实。

④ 发酵法　将尸体抛入尸坑内，利用生物热的方法进行发酵，从而起到消毒灭菌的作用。尸坑一般为井式，深达9～10m、直径2～3m，坑口有一个木盖，坑口高出地面30cm左右。将尸体投入坑内，堆到距坑口1.5m处，盖封木盖，经3～5个月发酵处理后，尸体即可完全腐败分解。

在处理尸体时，不论采用哪种方法，都必须将病猪的排泄物、各种废弃物等一并进行处理，以免造成环境污染。

（3）臭气的处理　臭气是猪场环境控制的另外一个重要问题。猪场的臭气来自猪的排泄、粪尿及污水中有机物的分解等，对人和猪都带来很大的危害。目前广泛使用的除臭剂，有的不仅能有效除臭，还能提高增重、预防疾病和改善猪肉品质。除臭灵可降低猪场空气中氨气含量的33.4%。另外，沸石、膨润土、蛭石等吸附剂也有吸附除臭、降低有害气体浓度的作用，硫酸亚铁能抑制粪便的发酵分解，过磷酸钙可消除粪便中的氨气等。

➤ 任务实施与评价

详见《学习实践技能训练手册》。

➤ 新技术链接

新型三段式红泥塑料污水处理沼气工程工艺

该系统是 20 世纪 80 年代初由我国台湾首先使用的，大多数养殖场应用均运行正常，大陆在 80 年代中期应用，因材料原因未能推广，后来经改进采用进口原料，使用台湾技术研发创新，开发成新型三段式红泥塑料污水处理沼气工艺工程（见图 1-21、图 1-22）。针对畜禽养殖及污水处理过程中产生的"粪便、污水、沼气、粪渣、污泥"具备了完整的处理方案和技术。已完成两百多项畜禽养殖污染治理工程，遍布广东、广西、浙江、湖北等二十几个省、自治区、直辖市。该工艺组成（见图 1-23）包括前处理系统、红泥塑料厌氧发酵系统、沼液后续处理系统，各系统互为关联，形成一个完整的污水处理系统。

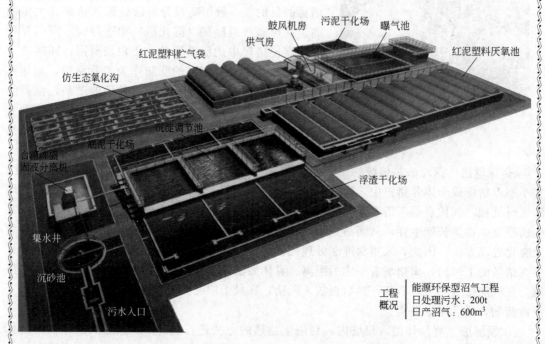

图 1-21　新型三段式红泥塑料污水处理沼气工程效果图

前处理系统（见图 1-24、图 1-25）是污水处理效果的保证，是采用物理方式对厌氧发酵前的鲜粪水进行分离、沉淀和预处理，为兼性、专性厌氧细菌的生长创造有利条件，达到提高厌氧生物处理效果的目的，以往畜禽养殖粪污水治理忽视前处理，造成后续处理设施负荷大，治理效果差。本工艺特别强调畜禽粪污水前处理阶段的充分减量化。通过设置沉砂、分离、沉淀等措施去除粪污水中的粪渣、沉渣、浮渣，均衡调节出水水质、水量，进入厌氧发酵装置的污水初步水解、酸化和充分减量化。

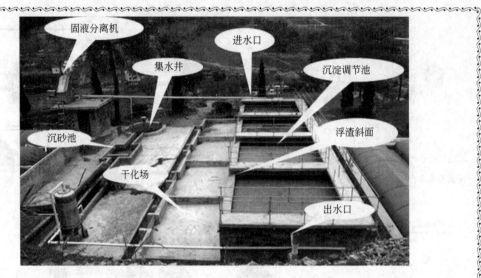

图 1-25　前处理系统

　　红泥塑料厌氧发酵阶段是畜禽粪污水处理的核心，目的是将第一阶段的出水进行高效厌氧发酵反应，降解有机质并产生沼气。国内外对厌氧发酵装置进行了大量的研究，采用新材料且在吸收了国内外先进工艺的基础上，成功研发了红泥塑料厌氧发酵装置（见图1-26、图1-27），该装置主要有以下特点：

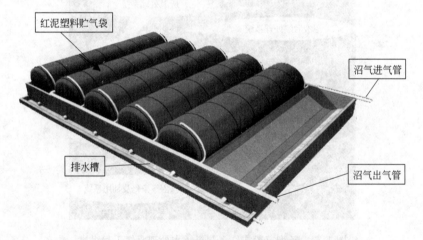

图 1-26　红泥塑料贮气袋安装 3D 图

图 1-27　红泥塑料厌氧发酵系统

① 采用进口材料，抗老化、耐腐蚀、阻燃，使用寿命长。

② 吸热性优，充分利用太阳能，提高发酵温度。

③ 采用现代加工技术，焊接牢固、安装方便、降低投资。

生物好氧净化是最终实现粪污水的无害化、资源化和再生利用的关键环节。

生物好氧净化是采用自然生态净化方式，对厌氧出水进行降解处理，通过多道溶解氧、升流式渗滤、污泥沉降和植物吸收，使污水中残余的有机物、营养素和其他污染物质进行多级转化、降解和去除。

生物好氧净化处理主要包含仿生态氧化沟工艺和三级生物氧化塘工艺。

① 仿生态氧化沟集传统氧化沟与人工湿地的优点，是一种模仿自然生态净化的系统。通过设置多道升流式渗滤屏和污泥回流沉井，利用自然溶解氧、氧化还原、植物净化等自然降解原理，被处理的污水通过浅层流动溶解氧、渗滤屏微生物吸附以及水生植物吸收等作用，降解去除有机物并进行脱氮、除磷。整个系统的动力都来源于自然水位落差，不需要任何设备，具有投资少、无能耗、效果好等优点，去除率为 40%～55%。

② 三级生物氧化塘经过设计施工，在自然条件下，通过藻菌共生系统，进一步净化水质，达到最终排放和利用的目的，每一级出水均采用升流式渗滤。去除率为 40%～55%。

➤ 行业标准链接

参见《病死及病害动物无害化处理技术规范》（农医发〔2017〕34号）。

➤ 学习自测

一、选择题

1. 目前规模化养猪场使用最多的饮水器是（　　）。

A. 乳头式饮水器　　　B. 吸吮式饮水器　　　C. 自流式饮水器　　　D. 杯式饮水器

2. 在猪舍中，毒性最强的恶臭气体是（　　）。

A. NH_3　　　　　　　B. H_2S　　　　　　　C. CO_2　　　　　　　D. CO

3. 在猪舍中，对猪的生产性能影响最大的气候因子是（　　）。

A. 气压　　　　　　　B. 温度　　　　　　　C. 湿度　　　　　　　D. 气流

4. 在养猪场常用高床全漏缝地板饲养的栏舍是（　　）。

A. 保育栏　　　　　　B. 种母猪妊娠栏　　　C. 肥育栏　　　　　　D. 配种栏

5. 目前一般采用网上（全漏缝）高床结构的猪栏是（　　）。

A. 公猪栏　　　　　　B. 育成栏　　　　　　C. 育肥栏　　　　　　D. 保育栏

6. 养猪场内为防止有害气体的滞留，常以测定以下哪个有害气体含量作为鉴定舍内空气污染程度的标准（　　）。

A. NH_3　　　　　　　B. H_2S　　　　　　　C. NO　　　　　　　D. CO_2

7. 养猪场应该建设在远离居民区及城市的地方，并不能建在河流和居民区的（　　）。

A. 下游、下风　　　　B. 上游、上风　　　　C. 下游、上风　　　　D. 上游、下风

8. 猪场的规划设计较合理的是其管理区应设在生产区的（　　）。

    A. 上风头上地势   B. 上风头下地势
    C. 下风头上地势   D. 下风头下地势

二、填空题

1. 一氧化碳本身（　　　　　　），但高浓度的一氧化碳可使空气中氧的含量下降而造成（　　　　），引起慢性中毒。

2. 一般认为，舍内气流速度小于（　　　　）m/s，说明畜舍的通风换气不良；大于（　　　　）m/s，表明舍内有风。

3. 一般猪舍都采用（　　　　　）通风方式，因它比较简单，投资少，管理费用较低。

4. 空气中的有害物质包括（　　　　　）、（　　　　　）、（　　　　）和（　　　　）。

5. 猪场场址选择应从（　　　　）、（　　　　）、（　　　　）和（　　　　）等几方面进行。

6. 猪场的位置选在居民点的（　　　　　　），地势低于居民点，但要离开（　　　　　　）。

7. 猪场通常分为（　　　　）、（　　　　）、（　　　　），隔离区应设置在全场下风向，地势最低处。

8. 猪场粪便利用方式有（　　　　　）、（　　　　）、（　　　　）和（　　　　）。

三、综合测试

1. 建设猪场时应如何选择场址？场区内的布局应如何规划？

2. 影响猪舍环境的主要因素有哪些？

3. 如何有效控制猪场废弃物对环境的污染？

4. 简述两点和三点式生产工艺及其优缺点。

5. 影响猪的环境因素有哪些？生产中各应控制在什么范围内？应如何进行控制？

6. 养猪场环境保护的主要措施有哪些？

7. 猪舍夏季防暑降温与冬季防寒保温的措施各有哪些？

项目二　猪种资源及选择利用

知识目标

- 了解我国猪种的种质资源情况。
- 了解猪外貌评定方法。
- 了解如何正确选种及引种。

技能目标

- 能根据猪的体型外貌识别猪的品种。
- 能根据气候条件和本场实际情况制定出引种方案。
- 能依据个体的体型外貌准确选择出理想的猪只。
- 掌握不同生长时期的选种方法。

思政与职业素养目标

- 保护和合理利用中国地方猪种的品种资源，发挥其优势，发扬光大我国的地方品种。
- 培养在学习的过程中树立认真、严谨的职业精神和职业素养。

❖ 项目说明

■ 项目概述

种猪是高产、优质、高效养猪的基础，应充分利用我国丰富的种猪资源，采取科学有效的选育方法，培育出适合多种市场需求的种猪，尽快建立并完善良种繁育体系，以适应市场经济和现代养猪业发展的良种产业化需求。

■ 项目载体

养猪场现有猪品种以及猪场内实训室（配有多媒体）。

■ 技术流程

任务一　品种识别

➤ 任务描述

　　养猪生产，品种是基础，品种好坏直接关系到猪的生长快慢、饲料报酬高低、生产成本多少，而且关系到肉的品质与市场竞争力，更是保证猪群有较高生产水平的不可忽视的环节。猪种的选择首先要识别品种，在此基础上进行选种和引种。

➤ 任务分析

　　每个品种猪都有各自独特的外貌特征，根据外貌特征对猪的经济类型和品种名称进行准确识别，并依据生产经营方向和当地的实际条件对理想猪品种做出正确的选择。

➤ 任务资讯

一、主要地方品种

1. 地方猪种介绍

(1) 民猪（图 2-1）

(a) 民猪(公)　　　　　　　(b) 民猪(母)　　　　　彩图：民猪

图 2-1　民猪

　　① 产地和分布　民猪产于东北和华北的部分地区。主要分布在河北的唐山、承德地区，辽宁的建昌、海城、瓦房店市和朝阳等地，以及吉林的桦甸、九站、通化，黑龙江的绥滨、北安、双城等地，还有内蒙古的部分地区饲养量较大。东北民猪分大、中、小三个类型，分别称为大民猪、二民猪、荷包猪。目前国内饲养的多为中型。

视频：地方猪品种

　　② 品种特征　民猪颜面直长，头中等大小，耳大下垂。额部窄，有纵行的皱褶。体躯扁平，背腰狭窄，腿臀部位欠丰满。四肢粗壮，全身黑色被毛，毛密而长，鬃毛较多，冬季有绒毛丛生。乳头 7～8 对。

　　③ 生产性能　具有较好的抗寒性，肉质良好，肌内脂肪为 5.22%，产仔数平均 13.5头，10 月龄体重 136kg，屠宰率 72%，体重 90kg 屠宰时瘦肉率为 46%，成年体重公猪 200kg、母猪 148kg。

　　④ 利用　民猪具有抗寒力强、体质强健、产仔数多、脂肪沉积能力强和肉质好的特点，适于放牧和较粗放的饲养管理，与其他品种猪进行二品种和三品种杂交，其杂种后代在繁殖

和育肥等性能上均表现出显著的杂种优势。以民猪为基础培育成的哈白猪、新金猪、三江白猪和天津白猪均能保留民猪的优点。民猪的缺点是脂肪率高，皮较厚，后腿肌肉不发达，增重较慢。

（2）太湖猪（图 2-2）

① 产地和分布　太湖猪主要分布于长江下游的江苏、浙江和上海交界的太湖流域。我国的许多省、市有引进，并输出到阿尔巴尼亚、法国、泰国及匈牙利等国。按照体型外貌和性能上的差异，太湖猪可以划分成几个地方类群，即二花脸、梅山、枫泾、嘉兴黑、横泾、米猪和沙乌头等。太湖猪逐渐形成了繁殖力高、肉质鲜美及凹背大肚、耳大下垂、性情温顺等特点。

② 品种特征　太湖猪的体型中等，各个类群之间有差异，以梅山猪较大，骨骼粗壮；米猪的骨骼比较细致；二花脸猪、枫泾猪、横泾猪和嘉兴黑猪介于两者之间；沙乌头猪体质比较紧凑。太湖猪的头大，额宽，额部皱褶多、深；耳大，软而下垂，耳尖和口裂对齐甚至超过口裂，扇形。全身被毛为黑色或青灰色，毛稀疏，毛丛密但间距大。腹部的皮肤多为紫红色，也有鼻端白色或尾尖白色的，梅山猪的四肢末端为白色。乳头多为 8～9 对。

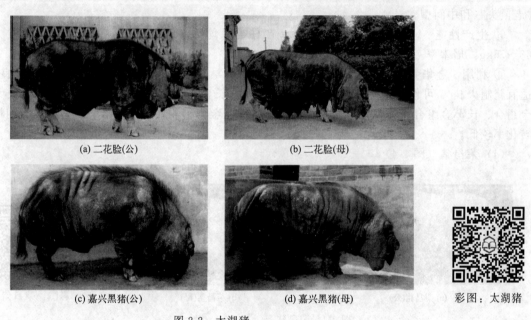

(a) 二花脸(公)　　　　(b) 二花脸(母)

(c) 嘉兴黑猪(公)　　　　(d) 嘉兴黑猪(母)　　　　彩图：太湖猪

图 2-2　太湖猪

③ 生产性能　繁殖率高，3 月龄即可达性成熟，产仔数平均 16 头，泌乳力强、哺育率高。生长速度较慢，6～9 月龄体重 65～90kg，屠宰率 65%～70%，瘦肉率 40%～45%。

④ 利用　太湖猪是当今世界上繁殖力、产仔力最高的品种之一，其分布广泛，品种内结构丰富，遗传基础多，肉质好，是一个不可多得的品种。和长白猪、大白猪、苏联白猪进行杂交，其杂种一代的日增重、胴体瘦肉率、饲料转化率、仔猪初生体重等均有较大程度的提高，在产仔数上略有下降。在太湖猪内部各个种群之间进行交配也可以产生一定的杂交优势。

（3）金华猪（图 2-3）

① 产地和分布　金华猪原产于浙江省金华地区的东阳市、义乌市和金华市等地，主要分布于东阳、浦江、义乌、金华、永康及武义等地。产区养猪历史悠久，因交通不便，猪肉不易外运，当地群众创造了肉品加工腌制方法，尤以加工火腿最为著名。以金华猪为原料加

工而成的"金华火腿"名誉全球。我国的许多省、市都有引进。

(a) 金华猪(公)　　　　　　　　(b) 金华猪(母)　　　　　　彩图：金华猪

图 2-3　金华猪

② 品种特征　金华猪的体型中等偏小。耳中等大小，下垂，但不过口角。额部有皱褶。颈短粗。背腰微凹，腹大微下垂。四肢细短，蹄呈玉色，蹄质结实。毛色为体躯中间白、两端黑的"两头乌"特征。但也有少数猪在背部有黑斑。乳头 8～9 对。头型分为"寿字头"、"老鼠头"和中间型。

③ 生产性能　一般 5 月龄左右配种，产仔数平均 13～14 头，8～9 月龄肉猪体重为65～75kg，屠宰率 72%，10 月龄瘦肉率为 43.46%。

④ 利用　金华猪是优良的地方品种。其性成熟早，繁殖力高，皮薄骨细，肉质优良，适宜腌制火腿。可作为杂交亲本。常见的组合有：长金组合、苏金组合、大金组合、长大金组合、长苏金组合、苏大金组合及大长金组合等。金华猪的缺点是肉猪后期生长慢，饲料转化率较低。

（4）荣昌猪（图 2-4）

(a) 荣昌猪(公)　　　　　　　　(b) 荣昌猪(母)　　　　　　彩图：荣昌猪

图 2-4　荣昌猪

① 产地和分布　荣昌猪产于重庆市荣昌区和四川省隆昌市等地区。

② 品种特征　荣昌猪是我国唯一毛色全白的地方猪种（除眼圈为黑色或头部有大小不等的黑斑外）。体型较大，面部微凹，耳中等稍下垂，体躯较长，背较平，腹大而深。鬃毛粗长、洁白刚韧，乳头 6～7 对。

③ 生产性能　每胎平均产仔 11.7 头；成年公猪平均体重 158.0kg，成年母猪平均体重144.2kg；在较好的饲养条件下不限量饲养肥育期日增重平均 623g，中等饲养条件下，肥育期日增重平均 488g，87kg 体重屠宰时屠宰率为 69%，胴体瘦肉率为 42%～46%。

④ 利用　荣昌猪有适应性强、瘦肉率较高、杂交配合力好和鬃质优良等特点。用国外瘦肉型猪作父本与荣昌猪母猪杂交，有一定的杂种优势，尤其是与长白猪的配合力较好。另外，以荣昌猪作父本，其杂交效果也较明显。

（5）香猪（图 2-5）

(a) 香猪(公)　　　　　　　　　(b) 香猪(母)　　　　　　　彩图：香猪

图 2-5　香猪

① 产地和分布　香猪是一种小体型的地方品种，主要产于贵州省从江的宰更、加鸠两区，三都县都江区的巫不，广西环江县的东兴等地，主要分布于黔、桂交界的榕江、荔波及融水等县。香猪形成有数百年的历史，其体型小而早熟易肥，哺乳仔猪或断奶仔猪宰食时，无奶腥味，故誉之为香猪。

② 品种特征　香猪体躯矮小。头较直，耳小而薄，略向两侧平伸或稍向下垂。背腰宽而微凹，腹大丰圆而触地，后躯较丰满，四肢细短，后肢多为卧系。皮薄肉细。被毛多为全身黑色，也有白色、"六白"、不完全"六白"或两头乌的颜色。乳头 5～6 对。

③ 生产性能　性成熟早，一般 3～4 月龄性成熟。产仔数少，平均 5～6 头。成年母猪体重 40kg 左右，成年公猪体重 45kg 左右。香猪早熟易肥，宜于早期屠宰，屠宰率为 65%，瘦肉率为 47%。

④ 利用　香猪的体型小，经济早熟，胴体瘦肉率较高，肉嫩味鲜，可以早期宰食，也可加工利用，尤其适宜于做烤乳猪。香猪还适宜于作实验动物。

2. 地方猪种的利用

一个品种就是一个特殊的基因库，汇集着各种各样的优良基因，它们能在一定环境和特定的历史时期发挥作用，从而使品种表现出为人类所需的优良特性。因此，认真保护和合理利用品种资源是一项长期重要的任务。

（1）作为经济杂交的母本　良好的繁殖性能，是杂交利用母本品种的必备条件。我国地方猪种普遍具有性成熟早、产仔多、母性强等优良特性，因此，可以作为经济杂交的母本品种使用。但是，我国地方猪种育肥性能和胴体性状均较差，主要表现为生长速度慢、饲料利用率低、胴体瘦肉率不高，故不宜作杂交父本品种使用。

（2）产品开发　部分地方猪种在某些方面具有独特的表现，可以开发出新的产品。香猪经济早熟、胴体瘦肉含量较高，肉嫩味鲜，断奶仔猪及乳猪无腥味，加工烤猪别有风味。又由于香猪是一种特有的小型猪，还宜作实验动物。又如金华猪，肉质细嫩，肥瘦适度，肉色鲜红，生产的金华火腿色、香、味俱佳，畅销世界。乌金猪生产的火腿（云腿）产量高、质量好，驰名中外。大猪幼小时开始积累脂肪，体重 8～10kg 的断奶仔猪、体重约 40kg 的中猪，都可作烤猪用。

（3）作为育成新品种（系）的原始素材　我国地方猪种大都具有对当地环境适应性强的特点，在育成新品种时，为使培育品种（系）对当地环境条件和饲养管理条件有良好的适应性，经常利用地方猪种与外来品种杂交。如培育新淮猪就是采用当地淮猪与大约克夏猪杂交。许多专门化母系培育都引用过太湖猪。

二、主要国外引入品种

1. 主要引入品种

（1）长白猪（图 2-6）

（a）长白猪(公)　　　　　　　　　（b）长白猪(母)　　　　彩图：长白猪

图 2-6　长白猪（兰德瑞斯猪）

① 产地　长白猪原产于丹麦，为世界著名的瘦肉型猪种，原名兰德瑞斯（Landrace）。1964 年由瑞典引入我国，目前是我国外来品种中数量最多的猪种。现已分布世界各地，尤其以欧洲各国分布最多。

② 体型外貌　全身被毛白色，头狭长，颜面直，耳大向前倾。背腰长，腹线平直而不松弛，体躯长，前躯窄、后躯宽呈流线形，肋骨 16～17 对，大腿丰满，蹄质坚实。

视频：引进品种

③ 繁殖性能　乳头 6～7 对，个别母猪可达 8 对。性成熟较晚，6 月龄开始出现性行为，9～10 月龄体重达 130～140kg 开始配种。排卵数 15 枚左右。初产母猪产仔数 9～10 头，经产母猪产仔数 10～11 头。

④ 生长肥育性能　在良好饲养条件下，公、母猪 6 月龄体重可达 85～90kg。育肥期生长速度快，屠宰率高，胴体瘦肉多。据丹麦（1983～1984 年）测定（411 头），日增重 793g，料肉比 2.68，胴体瘦肉率为 65.3%。

⑤ 引入与利用情况　20 世纪 80 年代首次从原产国丹麦引进长白猪，以后我国各地又相继从加拿大、英国、法国、丹麦、瑞典、美国引入新的长白猪种。经多年驯化，长白猪的易发生皮肤病、四肢软弱、发情不明显、不易受胎等缺点有所改善，适应性增强，性能接近国外测定水平。长白猪作为第一父本与地方品种或外来品种进行二元杂交或三元杂交，效果显著。

（2）约克夏猪（图 2-7）

（a）大白猪(公)　　　　　　　　　（b）大白猪(母)　　　　彩图：大白猪

图 2-7　大约克夏猪（大白猪）

① 产地　约克夏猪原产于英国北部的约克郡及其邻近地区。当地原有的猪种体型大而粗糙，毛色白，皮肤具有黑色或浅黄色斑点。其后用当地猪种作为母本，与引入的中国广东猪种和含有中国猪种血统的莱塞斯特猪杂交，1852 年正式确定为新品种，称约克夏猪，其

至少含有50%的中国猪血统。后逐渐分为大、中、小三个类型，大型属瘦肉型，又称大白猪，中型为兼用型，小型为脂肪型。

② 体型外貌 被毛白色（偶有黑斑），体格大，体型匀称，耳直立，背腰平直（有微弓），四肢较高，后躯丰满。

③ 繁殖性能 性成熟晚，母猪初情期在5月龄左右。大白猪繁殖力强，据四川、湖北、浙江等的研究所测定，初产母猪产仔数10头，经产母猪产仔数12头。平均乳头数14.5枚。

④ 生长育肥性能 后备猪6月龄体重可达100kg。育肥猪屠宰率高、膘薄、胴体瘦肉率高。据四川省养猪研究所测定，育肥期日增重682g，屠宰率73%，三点平均膘厚2.45cm，眼肌面积34.29cm^2，瘦肉率63.67%。

⑤ 引入与利用情况 大白猪引入我国后，经过多年培育驯化，已有了较好的适应性。在杂交配套生产体系中主要用作母系，也可作父本。大白猪通常利用的杂交方式是杜洛克×长×大或杜×大×长，即用长白公（母）猪与大白猪母（公）猪交配生产，杂交一代母猪再用杜洛克公猪（终端父本）杂交生产商品猪。这是目前世界上比较好的配合。我国用大白猪作父本与本地猪进行二元杂交或三元杂交，效果也很好，可在我国绝大部分地区饲养。

（3）杜洛克猪（图2-8）

(a) 杜洛克猪(公)　　　　　(b) 杜洛克猪(母)　　　　　彩图：杜洛克猪

图2-8　杜洛克猪

① 产地 杜洛克猪产于美国东北部的新泽西州等地。它的起源可追溯到1493年哥伦布远航美洲时，从原产于西非海岸几内亚等国带入美国的8头红毛猪。这些猪群不断扩大，19世纪上半叶，在美国已形成了三个猪群：一个是1820～1850年间产于新泽西州的新泽西红毛猪；另一个是1823年形成的纽约红毛猪，称Duroc；第三个是始于1830年的康涅狄格州的红毛巴克夏猪，1872年，前两个红毛猪协会举行联合会议，成立俱乐部，1883年这个组织改称为杜洛克-泽西登记协会，后人简称该猪为杜洛克猪。杜洛克猪体质健壮，抗逆性强。饲养条件比其他瘦肉型猪要求低，生长快，饲料利用率高，胴体瘦肉率高，肉质良好。

② 体型外貌 全身被毛呈金黄色或棕红色，色泽深浅不一。头小清秀，嘴短直。耳中等大，略向前倾，耳尖稍下垂。背腰平直或稍弓。体躯宽厚，全身肌肉丰满，后躯肌肉发达。四肢粗壮、结实，蹄呈黑色、多直立。

③ 繁殖性能 母猪6～7月龄开始发情。繁殖力稍低，初产母猪产仔数9头，经产母猪产仔数10头。乳头5～6对。

④ 生长育肥性能 杜洛克猪前期生长慢，后期生长快。据四川省畜牧兽医研究所测定，6月龄体重公猪90kg、母猪85kg，2～4月龄平均日增重440～480g，4～6月龄为730～760g。育肥期日增重692g，178天达90kg体重，耗料指数3.02，屠宰率72.7%，平均膘厚2.0cm，眼肌面积31.6cm^2，胴体瘦肉率64.3%。

⑤ 引入与利用情况 20世纪70年代后我国从英国引进瘦肉型杜洛克猪，以后陆续又由加拿大、美国、匈牙利、丹麦等国家引入该猪，现已遍及全国。引入的杜洛克猪能较好地适

应我国的条件，且具有增重快、饲料报酬高，胴体品质好、眼肌面积大、瘦肉率高等优点，已成为中国商品猪的主要杂交亲本之一，尤其是终端父本。但由于其繁殖能力不高、早期生产速度慢、母猪泌乳量不高等缺点，有些地区在与其他猪种进行二元杂交时，作父本不是很受欢迎，而往往将其作为三元杂交中的终端父本。

（4）汉普夏猪（图 2-9）

(a) 汉普夏猪(公)　　　　(b) 汉普夏猪(母)　　　　彩图：汉普夏猪

图 2-9　汉普夏猪

① 产地　原产于美国肯塔基州，它的起源可追溯到英国英格兰汉普夏州在 1825～1830 年饲养的一种白肩猪，1835 年输入美国，在早期，叫做薄皮猪，1904 年改名为汉普夏猪。其主要特点是胴体瘦肉率高，肉质好，生长发育快，繁殖性能良好，适应性较强。

② 体型外貌　被毛黑色，在肩颈结合处有一条白带围绕。头中等大，嘴较长而直，耳直立中等大小，体躯较长，背宽略呈弓形，体质强健，肌肉发达。

③ 繁殖性能　母性好，哺育率高，性成熟晚。母猪一般 6～7 月龄开始发情。初产母猪产仔数 7～8 头，经产母猪产仔数 8～9 头。

④ 生长育肥性能　在良好饲养条件下，6 月龄体重可达 90kg。每千克增重耗料 3.0kg 左右，育肥猪 90kg 屠宰率 72％～75％，眼肌面积 30cm^2 以上，胴体瘦肉率 60％以上。

⑤ 引入与利用情况　我国于 20 世纪 70 年代后开始成批引入，由于其具有背膘薄、胴体瘦肉率高的特点，以其为父本，地方猪或培育品种为母本，开展二元杂交或三元杂交，可获得较好的杂交效果。国外一般以汉普夏猪作为终端父本，以提高商品猪的胴体品质。

（5）皮特兰猪（图 2-10）　皮特兰猪原产于比利时，全身大部分为白色，上有黑块，呈花斑状。头中等大小，体型短矮，肌肉发达，特别是臀部丰满，繁殖性能较低。按照一般肉用型猪的饲养条件，皮特兰猪比杜洛克猪、长白猪、大白猪的生长速度慢，在适当提高饲粮蛋白质水平和钙、磷水平时，皮特兰猪才能够表现较快的生长速度。皮特兰猪瘦肉率很高，但肉质较差。其最大的缺点是容易发生应激，驱赶太急、打针、配种都可能引起应激反应，应激严重时可导致死亡。

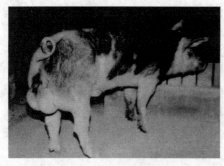

(a) 皮特兰猪(公)　　　　(b) 皮特兰猪(母)　　　　彩图：皮特兰猪

图 2-10　皮特兰猪

2. 引入猪种的利用

（1）作杂交父本　以地方猪种为母本进行二元杂交时，外引品种均可作为父本利用。利用较广泛的外引品种为长白猪和大白猪。

以地方猪种为母本进行三元杂交时，以长白猪或大白猪为第一父本、杜洛克猪为第二父本，杂交效果很好。这种模式 D♂×（Y♂或 L♂×C♀）的杂交仔猪毛色不一致，生产上不易推广。以长白猪为第一父本、大白猪为第二父本的杂交组合 Y♂×（L♂×C♀）也有良好的杂交效果，杂交仔猪多为白色（此处 D、Y、L、C 分别是杜洛克、大白猪、长白猪和本地猪的缩写）。

引入品种之间的杂交，二元杂交一般以长白猪或大白猪为母本，杜洛克猪或汉普夏猪为父本；三元杂交时，一般以长白猪为母本，大白猪为第一父本，终端父本为杜洛克猪或汉普夏猪，也有用大白猪作终端父本的。

（2）作为育种素材　在培育新品种（系）时，为提高培育品种的生长速度和胴体瘦肉率，大都把外引品种作为育种素材使用。我国培育新品种或专门化品系时，利用最多的是长白猪、大白猪等。

三、培育品种（系）

1. 培育品种（系)介绍

（1）哈白猪（图 2-11）

(a) 哈白猪(公)　　　　　　(b) 哈白猪(母)　　　　　　彩图：哈白猪

图 2-11　哈白猪

① 产地和分布　哈白猪产于黑龙江南部和中部地区，以哈尔滨市及其周围各县饲养最多，并广泛分布于滨州、滨绥、滨北及牡佳等铁路沿线。它是由哈尔滨本地猪与约克夏猪、巴克夏猪和从俄国引入的杂种猪经过复杂杂交后通过选育而成的一个培育品种。它是 1975年经省级鉴定，宣布为品种的。

② 体型外貌　体型较大，被毛全白，头中等大小，两耳直立，颜面微凹，背腰平直，腹稍大，不下垂，腿臀丰满。四肢强健，体质坚实，乳头 7 对以上。

③ 生产性能　一般生产条件下，成年公猪体重为 222kg、母猪体重为 176kg。产仔数平均为11～12 头。育肥猪 15～120kg 阶段，平均日增重 587g，屠宰率 74%，瘦肉率 45.05%。

④ 利用　哈白猪与民猪、三江白猪和东北花猪进行正反交，所得一代杂种猪，在日增重和饲料转化率上均有较强的杂种优势。以其为母本，与外来品种进行二元、三元杂交也可取得很好的效果。

（2）三江白猪（图 2-12）

① 产地和分布　三江白猪主要产于黑龙江东部合江地区的红兴隆农场管理局，主要分布于所属农场及其附近的市、县养猪场，是我国在特定条件下培育而成的国内第一个肉用型猪新品种。

(a) 三江白猪(公)　　　　　(b) 三江白猪(母)　　　　　彩图：三江白猪

图 2-12　三江白猪

　　② 体型外貌　三江白猪头轻嘴直，两耳下垂或稍前倾。背腰平直，腿臀丰满。四肢粗壮，蹄质坚实，被毛全白，毛丛稍密。乳头 7 对。

　　③ 生产性能　8 月龄公猪体重达 111.5kg、母猪 107.5kg。产仔数平均为 12 头。育肥猪在 20～90kg 体重阶段，日增重 600g，体重 90kg 时，胴体瘦肉率 59%。

　　④ 利用　三江白猪与外来品种或国内培育品种以及地方品种都有很高的杂交配合力，是肉猪生产中常用的亲本品种之一。在日增重方面尤其是以三江白猪为父本，以大白猪、苏联大白猪为母本的杂交组合的杂交优势明显。在饲料转化率方面，尤其以三江白猪与大白猪的组合杂交优势明显。在胴体瘦肉率方面，则杜洛克猪与三江白猪的组合杂交优势最为明显。

　　(3) 北京黑猪（图 2-13）

(a) 北京黑猪(公)　　　　　(b) 北京黑猪(母)　　　　　彩图：北京黑猪

图 2-13　北京黑猪

　　① 产地和分布　北京黑猪属于肉用型的配套母系品种猪。北京黑猪的中心产区是北京市国有北郊农场和双桥农场，分布于北京的昌平、顺义、通州等，并向河北、山西、河南等 25 个省、市输出。现品种内有两个选择方向，即为增加繁殖性能而设置的"多产系"和为提高瘦肉率而设置的"体长系"。

　　② 品种特征　北京黑猪全身被毛黑色，头清秀，两耳向前上方直立或平伸。面部微凹，额部较宽。嘴筒直，粗细适中，中等长，颈肩结合良好，背腰平直、宽，四肢健壮，腿臀丰满，腹部平。乳头 7 对以上。

　　③ 生产性能　成年公猪体重约 260kg，产仔数平均为 11～12 头。育肥猪 20～90kg 体重阶段，日增重 609g，屠宰率 72%，胴体瘦肉率 51.5%。

　　④ 利用　北京黑猪作为北京地区的当家品种，在猪的杂交繁育体系中具有广泛的优势，是一个较好的配套母系品种。与大白猪、长白猪或苏联大白猪进行杂交，可获得较好的杂交优势。杂种一代猪的日增重在 650g 以上，饲料转化率为 3.0～3.2，胴体瘦肉率达到 56%～58%。三元杂交的商品猪后代其胴体瘦肉率达到 58% 以上。

　　2. 培育品种（系）的利用

　　(1) 直接利用　我国新育成的品种大多具有较高的生产性能，或者在某一方面有突出的生产用途，它们对当地自然条件和饲养管理条件又有良好的适应性，因此可以直接利用生产畜产品。同时，还应继续加强培育品种的选育，提高其性能水平，更好地发挥培育品种的作用。

（2）开展品种（系）配套 我国培育的品种（系），其性能水平优于地方猪种，利用杜洛克猪、大白猪、长白猪、汉普夏猪等引进品种杂交配套，所生产的杂种后代，其生产性能也大大优于以地方猪种为母本的杂交猪。开展杂交配套研究，筛选出多种高效配套系，生产优质杂交猪，是培育品种（系）利用的重要途径。

➤ 任务实施与评价

详见《学习实践技能训练手册》。

➤ 任务拓展

一、中国养猪历史

中国养猪的历史可以追溯到新石器时代。广西桂林甑皮岩遗址中（距今约 9000 年）发现了家猪骨骼。浙江余姚河姆渡遗址（距今 7000～6000 年前）出土的动物骨骼中，家猪骨骼占很大比重，并有陶猪出土（图 2-14、图 2-17），说明家猪的饲养已有较大发展，又遗存猪骨中幼猪骨骼比重较大，反映了当时农业生产水平不高，宰杀幼猪还是补充粮食不足的一种手段。河南渑池仰韶村和陕西西安半坡村同属仰韶文化的遗址中也都发现很多猪骨。广东新石器时代早、中期的贝丘中发掘的兽骨，也以猪骨为多，可见养猪在中原和华南地区早已盛行。从以上考古学证据可以证明，我国的猪类驯化是多地起源的。目前我国最早的家猪骨骼标本出自河南省舞阳县。

(a) 猪头骨

(b) 河姆渡文化时期的黑陶纹钵

图 2-14 浙江余姚河姆渡遗址出土的猪头骨和黑陶纹钵

在远古原始部落，猪代表神圣。在商代，猪是祭祀用的主要祭品（图 2-15）。大约在商周时期，我国古人还发明了家猪阉割技术，它在提高猪种选育水平方面有着重要作用，这也是我国古代先民的一项伟大贡献。西周出现了青瓦台猪圈，是舍饲与放牧结合的形式。到了魏晋南北朝，发现阉割后的猪骨细多肉、早熟易肥。隋唐把猪号为"乌金"。明清时期，养猪已经成为产业。

封建社会用猪粪来积肥。猪圈在汉代称为溷（hùn），是一种猪舍与厕所合一的建筑形式。东汉的许慎在注解"溷"时说："溷，厕也"。汉代厕所和猪圈合二为一很普遍，以便养猪，积肥并重，是一种标准的生活方式（图 2-17）。

甲骨文中，"猪"字很早就进入到我们的祖先的文字记载（图 2-16）。在甲骨文中从最早的文字甲骨文来看，猪就像一只被箭射中的牲畜。

(a) 北方大耳猪　　　　　　　　　　(b) 南方小耳猪
(山西省曲沃县天马曲村晋侯墓地出土)　(湖南省湘潭县船形山出土)

图 2-15　商周时期青铜器中的家猪造型

籀文(大篆)　　说文(小篆)　　唐 沈傅师　　金 张天锡

宋 苏轼　　　宋 米芾　　　元 赵子昂　　明 董其昌

图 2-16　数例不同"猪"字的字形与字体

(a) 河南济源出土新莽时期陶猪圈

(b) 江苏徐州出土东汉陶猪圈

(c) 河南洛阳出土汉代陶猪圈

(d) 江苏南京出土六朝陶猪圈

图 2-17 不同历史时期出土的陶猪圈

此外汉代瓦砖上的有猪的刻饰，有吉祥富贵之意；我国古代剪纸艺术，名为"肥猪拱门"，象征"招财进宝"（图 2-18 和图 2-19）。

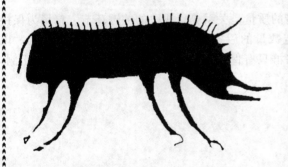

图 2-18 瓦砖上"猪"的刻饰 　　　　图 2-19 "猪"的剪纸

二、中国地方品种对世界养猪业的贡献

中国猪各具特色的品种本身就是一座天然的基因库，正是进行杂种优势利用和进一步培育高产品种的良好原始材料。我国劳动人民在猪的饲养、繁殖和选种上积累了丰富的经验，培育了许多品质优异的地方品种，对世界猪种的改良做出过重要贡献。在对世界著名猪种的形成也有重要的影响。

早在两千多年前，当时的罗马帝国就曾引进了我国的番禺猪，用来改良他们原有猪种晚熟和肉质差的缺点，进而育成了罗马猪。十九世纪英、美等国又引进我国猪种，在育成巴克夏、波中、大白等猪种的过程中都掺入了中国猪的血统。

东南亚各国，由华侨自粤、闽带去不少猪种，当地的猪种便是中国猪种的后裔。1979年法国曾引进我国太湖猪的两个类群——嘉兴黑猪和梅山猪；1987年英国通过种种途经，引进了我国的梅山猪，其目的是为了提高英国或欧洲猪种的产仔能力；1986年开始，日本连续引入了中国猪达110头之多，其中梅山猪就有104头；美国1989年引进中国猪种140头，其中梅山猪95头，枫泾猪24头，民猪21头，主要目的是将中国猪的高繁殖力的性能引入到美国猪种中。

一个品种就是一个特殊的基因库，汇集着各种各样的优良基因，中国猪种能在一定环境和特定的历史时期发挥作用，从而使品种表现出为人类所需的优良特性。因此，我们应该认真保护和合理利用中国猪的品种资源，发挥其优势，发扬光大我国的地方品种。

任务二 选种及引种

➤ 任务描述

选种是按照预定的生产和育种目标，根据系谱、生长发育、体型外貌和生产性能等情况，从猪群中选择优良个体作为种猪的过程。不同饲养阶段选种的方法都不同，需依据生产经营方向和当地的实际条件对理想猪品种做出正确的选择。

➤ 任务分析

良种是提高养猪效益的首要因素，种猪的质量是关系养猪成败的关键环节。猪场为保持高效的生产能力，每年都会选留或引入一定数量的后备猪，约占种猪群的25%～30%，以替代老弱病残及繁殖性能降低的种猪。种猪群只有保持以青壮年优秀种猪为主的结构比例，才能提高生猪生产水平和经济效益。

➤ 任务资讯

一、选种

在猪育种中，可以从不同的角度对选种方法进行分类。体质外貌是人们进行选种的直观依据。因为体质外貌是品种特征、生长发育的外在表现，又和生产性能有一定的关系，所以，把体质外貌作为选种不可忽视的依据之一。

视频：选种

选种是繁育工作的第一步，只有选择优秀的种猪，才能保证繁殖计划的顺利进行和完成。种猪应具有品种应有的外形特征、优秀的生产性能、高繁殖力，同时早熟性好、健康、适应性强、遗传性稳定。

1. 生长发育

猪的生长发育与生产性能和体质外形密切相关，特别是与生产性能关系极大。一般来说，生长发育快的猪，育肥期日增重多，饲料报酬高。对个体生长发育的评定，一般是定期称取猪只的体重和测量体尺。测定时期一般在断奶、6月龄和24月龄（成年）三个时期进行。断奶时只测体重，后两个时期加测体尺。测定项目包括：

（1）体重　指测定时称取猪的活重。在早饲前空腹称重，单位用 kg 表示。

（2）体长　从两耳根连线的中点，沿背线至尾根的长度，单位 cm。测量时要求猪下颌、颈部和胸部呈一条直线，用软尺测量。

（3）体高　从鬐甲最高点至地面的垂直距离，单位 cm。用测杖或硬尺测量。

（4）胸围　用以表示猪胸部的发育状况，即是用软尺沿肩胛后角绕胸一周的周径。测量时，皮尺要紧贴体表，勿过松或过紧，以将被毛压贴于体表为度。

（5）腿臀围　从左侧膝关节前缘，经肛门绕至右侧膝关节前缘的距离。用皮尺量取。腿臀围反映了猪后腿和臀部的发育状况，它与胴体后腿比例有关，在瘦肉型猪的选育中颇受重视。

2. 外貌评定

（1）种公猪

① 整体评定　在观看猪的整体时，需将猪赶至一个平坦、干净且光线良好的场地上，保持与被选猪一定的距离，对猪的整体结构、健康状态、生殖器官、品种特征等进行感官鉴定。

总体要求：猪体质结实，结构匀称，各部结合良好。头部清秀，毛色、耳型符合品种要求，眼明有神，反应灵敏，具有本品种的典型雄性特征。体躯长，背腰平直或呈弓形，肋骨开张良好，腹部容积大而充实，腹底成直线，大腿丰满，臀部发育良好，尾根附着要高。四肢端正，骨骼结实，着地稳健，步态轻快。被毛短、稀而富有光泽，皮薄而富有弹性。阴囊和睾丸发育良好。

② 关键部位评定　头具有本品种的典型特征；种公猪头颈粗壮短厚，雄性特征明显。头中等大小，额部稍宽，嘴鼻长短适中，上下腭吻合良好，光滑整洁，口角较深，无肥腮，颈长中等，皮肤以细薄为好。肩宽而平坦，肩胛骨角度适中，肌肉附着良好，肩背结合良好；胸宽且深，发育良好。前胸肌肉丰满，鬐甲平宽无凹陷。背腰平直宽广，不能有凹背或凸背。腹部大而不下垂，欣窝明显，种公猪切忌草肚垂腹。臀部宽广，肌肉丰满，大腿丰厚，肌肉结实，载肉量多。四肢高而端正，肢势正确，肢蹄结实，系部有力，无内外八字形，无卧系、蹄裂现象。

种公猪生殖器官发育良好，睾丸左右对称，大小匀称，轮廓明显，没有单睾、隐睾或疝，包皮适中，包皮无积尿。

③ 评分　经过上述鉴定后，依据猪品种的外貌评定标准，对供测猪进行外貌评分，并将鉴定结果做好记录。记录评分表见表 2-1。

表 2-1　猪外貌鉴定评分表

猪号_____　品种_____　年龄_____　性别_____　体重_____

体长_____　体高_____　胸围_____　腿臀围_____　营养状况_____

等级_____

序号	鉴定项目	评语	标准评分	实际得分
1	一般外貌		25	
2	头颈		5	
3	前躯		15	
4	中躯		20	
5	后躯		20	
6	乳房、生殖器		5	
7	肢蹄		10	
	合计		100	

④ 定级　根据评定结果，参照表 2-2 确定等级。

表 2-2　猪外貌鉴定等级表

性别	等级			
	特等	一等	二等	三等
公猪	≥90	≥85	≥80	≥70
母猪	≥90	≥80	≥70	≥60

鉴定地点＿＿＿＿＿　鉴定员＿＿＿＿＿　鉴定日期＿＿＿＿＿

（2）种母猪

① 整体评定　种母猪评定时，人与被评定个体间保持一定距离，从正面、侧面和后面，进行系列的观测和评定，再根据观测所得到的总体印象进行综合分析并评定优劣。评定时种母猪个体需具有本品种的典型特征。其外貌与毛色符合本品种要求，体质结实，身体匀称，眼亮有神，腹宽大不下垂，骨骼结实，四肢结构合理、强健有力、蹄系结实。皮肤柔软、强韧、均匀光滑、富有弹性。乳房和乳头是母猪的重要特征表现，要求具有该品种所应有的乳头数，且排列整齐；外生殖器发育正常。

② 关键部位评定　头颈结合良好，与整个体躯的比例匀称。头具有本品种的典型特征；额部稍宽，嘴鼻长短适中，上下腭吻合良好，口角较深，腮、颈长中等。头形轻小的母猪多数母性良好，故宜选择头颈清秀的个体留作种用。

肩部宽平、肩胛角度适中、丰满，与颈结合良好，平滑而不露痕迹。鬐甲平宽无凹陷。胸部宽、深和开阔。胸宽则胸部发达，内脏器官发育好，相关机能旺盛，食欲较强。背部要宽、平、直且长。背部窄、突起，以及凹背都不好。腰部宜宽、平、直且强壮，长度适中，肌肉充实。胸侧要宽平、强壮、长而深，外观平整、平滑。肋骨开张而圆弓，外形无皱纹。母猪腹部大小适中、结实而有弹性，不下垂、不卷缩，切忌背腰单薄和乳房拖地。臀和大腿是最主要的产肉部位，总体要求宽广而丰满。后躯宽阔的母猪，骨盆腔发达，便于保胎多产，减少难产。尾巴长短因品种不同而要求不同，一般不宜过飞节，超过飞节是晚熟的特征。

四肢正直，长短适中、左右距离大、无内外八字形等不正常肢势，行走时前后两肢在一条直线上，不宜左右摆动。

种母猪有效乳头数不少于 6 对，无假乳头、瞎乳头、副乳头或凹乳头。乳头分布均匀，前后间隔稍远，左右间隔要宽，最后一对乳头要分开，以免哺乳时过于拥挤。乳头总体对称排列或平行排列。阴户充盈，发育良好，外阴过小预示生殖器发育不好和内分泌功能不强，容易造成繁殖障碍。

③ 评分、定级　参考公猪的评分、定级表，对母猪外貌进行评分、定级。

3. 生产性能测定

生产性能是猪只最重要的经济性状，包括繁殖性状、育肥性状、胴体性状。

（1）繁殖性状

① 产仔数　总产仔数是包括死胎、木乃伊胎和畸形胎在内的出生时仔猪的总头数。产活仔猪数则指出生时存活的仔猪数，包括衰弱即将死亡的仔猪在内。产仔数的遗传力较低，平均在 0.10 左右，主要受环境条件的影响。母猪的年龄、胎次、营养状况、排卵数、卵子成活率、配种时间和配种方法、公猪的精液品质和管理方法等因素都直接影响产仔数。

② 初生重　仔猪的初生重包括初生个体重和初生窝重两个方面。仔猪初生个体重指在出生后 12h 以内，未吃初乳前测定，只测出生时存活仔猪的体重。全窝仔猪总重量为初生窝重（不包括死胎在内）。仔猪的初生重的遗传力为 0.10 左右，初生窝重的遗传力为 0.24～0.42。

③ 泌乳力　母猪泌乳力的高低直接影响哺乳仔猪的生长发育状况，属重要的繁殖性状

之一。现在常用仔猪 20 日龄的全窝重量来代表，包括寄养过来的仔猪在内，但寄养出去的仔猪体重不得计入。泌乳力的遗传力较低，为 0.1 左右。

④ 断奶性状 断奶性状包括断奶个体重、断奶窝重、断奶头数等。断奶个体重指断奶时仔猪的个体重量。断奶窝重是断奶时全窝仔猪的总重量，包括寄养仔猪在内。断奶个体重的遗传力低于断奶窝重的遗传力。在实践中一般把断奶窝重作为选择性状，它与初生产仔数、仔猪初生重、断奶仔猪数、断奶成活率、哺乳期增重和断奶个体重等性状都呈显著正相关，是评定母猪繁殖性状的一个最好指标。

（2）育肥性状

① 平均日增重 平均日增重通常指整个育肥期间猪（种猪为断奶或测定开始到 180 日龄）平均每天体重的增长量或用达到一定目标体重（100kg）的日龄来表示。目前多用 20～90kg 或 25～90kg 期间平均每天的增重来表示。品种类型、营养水平和管理方法直接影响日增重。日增重与单位增重所消耗的饲料量无论是在表型相关上，还是在遗传相关上均呈强负相关。也就是说，日增重越高，则每单位所消耗的饲料量越少。因此，在选种实践中，对日增重性状的选择，必将带来饲料利用率的改进。

② 饲料利用率 一般指生长育肥期内育肥猪每增加 1kg 活重的饲料消耗量，即消耗饲料（kg）/增长活重（kg）之比值，亦称料重比。饲料利用率属中等的遗传力，为 0.3～0.48。由于饲料采食量决定了生长速度，故生长快的猪通常饲料利用率高。

③ 采食量 猪的采食量是度量食欲的性状。在不限食条件下，猪的平均日采食饲料量称为饲料采食能力或随意采食量，是近年来猪育种方案中日益受到重视的性状。

$$采食量 = 肥育期饲料消耗量 \div 肥育天数$$

采食量难以准确测量，但通过控制采食量可以控制脂肪沉积是生产中常用的手段。

（3）胴体性状 猪的胴体性状主要有屠宰率、胴体瘦肉率、背膘厚、眼肌面积、胴体长等。然而，这些性状受猪的品种、年龄和发育阶段所影响。所以，研究这些性状的遗传和对这些性状的选择，都必须在相对稳定的环境条件下，针对相同的生长育肥阶段来进行此项工作。

① 屠宰率

a. 宰前重。育肥猪达到适宜屠宰体重后，经 24h 的停食（不停水）休息，称得的空腹活重为宰前重。

b. 胴体重。育肥猪经放血、去毛、切除头（寰枕关节处）、蹄（前肢腕关节，后肢飞节以下）和尾后，开膛除去内脏（保留肾脏和板油）的躯体重量为胴体重。

c. 屠宰率。指胴体重占宰前重的百分率。屠宰率高的说明产肉量高，一般屠宰率应不低于 70%，高的可达 80%。

$$屠宰率(\%) = (胴体重 \div 宰前重) \times 100\%$$

② 胴体瘦肉率 胴体瘦肉率指将左半胴体进行组织剥离，分为骨骼、皮肤、肌肉和脂肪四种组织。瘦肉量和脂肪量占四种组织总量的百分率即是胴体瘦肉率和脂肪率。公式如下：

$$胴体瘦肉率(\%) = 瘦肉量 \div (瘦肉量 + 脂肪量 + 皮重 + 骨重) \times 100\%$$
$$胴体脂肪率(\%) = 脂肪量 \div (瘦肉量 + 脂肪量 + 皮重 + 骨重) \times 100\%$$

③ 背膘厚 采用屠体测定时，一般在第六和第七胸椎接合处测定垂直于背部的皮下脂肪层厚度，不包括皮厚。平均背膘厚共测定三点：肩部最厚处；胸腰椎联合处；腰荐椎结合处；最后以三个部位平均值表示。而活体测定，是用超声波测膘仪（A 超或 B 超）进行活体测量，一般在距离背中线 4～6cm 处，取肩胛骨后缘、最后肋骨和髋结节（腰角）前缘三点的平均值，如果只测一点，以最后肋骨处最容易准确触摸，测值最准确。背膘厚度的遗传力较高，为 0.4～0.7 之间。

④ 眼肌面积 眼肌面积即胴体胸腰椎结合处背最长肌横截面面积。于最后肋骨处垂直切断背最长肌（简称眼肌），用硫酸纸描下眼肌断面，用求积仪求之；也可用游标卡尺度量眼肌的最大高度和宽度，按下列公式计算：

$$眼肌面积(cm^2)=眼肌高度(cm)×眼肌宽度(cm)×0.7$$

优良品种的眼肌面积可达 $34\sim36cm^2$。眼肌面积的遗传力是在 0.4～0.7 之间，增加眼肌面积将同时增加胴体的瘦肉率，降低背膘厚和提高饲料利用率。眼肌是胴体中最有价值的部位，因此，它是评定胴体产肉能力的重要指标。

⑤ 胴体长 胴体长分体斜长和体直长两种。从耻骨联合前缘中心点至第一肋骨与胸骨接合处中心点的长度（在吊挂时测量），称为胴体斜长；从耻骨联合前缘中心点至第一颈椎底部前缘的长度，则称为胴体直长。胴体长与瘦肉率呈正相关。所以该性状是反映胴体品质的重要指标之一。

4. 选择

种猪生产以生产种猪或二元繁殖母猪以及公猪的精液为主要产品，其核心工作是通过遗传育种的手段，生产优质的种猪资源。种猪的遗传改良是提高种猪质量的核心技术，种猪的现场选择是种猪改良的重要手段。

现代种猪场的育种工作已经是一项日常工作，融入了现代养猪场生产工艺流程中。种猪选育工作是养猪生产流程：配种、妊娠、分娩、保育以及生长育成等生产环节中的一项日常工作。

种猪的现场选择主要技术指标包括：种猪的品种特征、总体的体型结构以及乳头数量和结构、生殖器结构、肢蹄结构以及有无遗传缺陷。

（1）品种特征 种猪生产主要是进行纯种生产，所以选种首先要求选择的种猪品种特征明显，现在国内种猪生产的主流品种是大白猪、长白猪和杜洛克猪三大品种，每个品种都有其品种的特征，选种时必须根据各个品种的特点进行选择（图 2-20）。

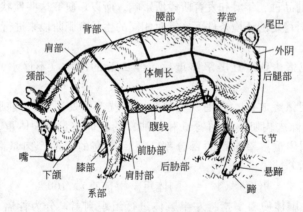

图 2-20 种猪体型结构及名称

（2）体型结构理想、健康状况良好 种猪的体型结构总的要求是各大部位匀称，相互之间的连接平滑，相互之间平衡；体长并且体深。不同用途的种猪，体型外貌的要求略有不同，例如，对于父系种公猪，除了种猪的总体要求以外，还特别要求体格健壮结实，对于母系种猪，则更加要求种猪个体体型适当、结构合理，具有较强的协调性。

（3）理想的外生殖器 种猪生殖器官与种猪的繁殖性能密切相关，种猪生殖器官也是可遗传的性状，所以外生殖器的形状、大小对于种猪的选择非常重要。种公猪要求睾丸大，并且两侧对称，防止包皮积液以及软鞭等影响公猪配种行为的性状。母猪的选择要求外阴大小适中，防止幼儿外阴、上翘外阴，这些外阴表现往往预示母猪的繁殖性能比较低，会出现一些繁殖障碍。

（4）乳头结构、数量符合要求　种猪的腹线（即乳房和乳头）对于种猪来说十分重要，它与种猪的繁殖性能，尤其是种猪的哺乳能力和泌乳性能密切相关。腹线的评价根据乳头的数目、位置、形状以及有无缺陷等几个方面进行。种猪的有效乳头数量一般要求在 6～7 对，结构要求大小适中，并均匀排列于腹线的两侧，乳头之间的空间距离均匀且充足。防止瞎乳头、小乳头、反转乳头等异常的乳头。

在实际育种工作中，对母系种猪，腹线的评价需要更加严格，因为具有良好的腹线，种猪的泌乳性能会更好，即母猪能够提供更多、更好的哺乳和断乳仔猪，从而提高母猪的断奶生产力。对于父系种猪，常规的腹线评定就能满足现场选种的要求。

（5）正确的肢蹄结构　种猪的肢蹄结构总体要求是四肢呈自然姿态，表现为行走的姿态自然，防止卧系、屈腿等不良的四肢结构。在实际的育种工作中，肢蹄结构的评价比较复杂，分前后肢、系与蹄等部分分别进行评价。理想型的前肢应该是从肩部到蹄部呈直线型，膝盖处有一定的角度。应该防止 O 型或 X 型等有缺陷的肢型。系部应该自然有一定的曲线，防止系部过度直立，这样会形成蹄尖走路，同时也防止系部过卧，形成卧系。理想的蹄部应该是蹄趾均匀、形状正常、位置合理且两蹄间无过大的裂隙。防止蹄趾不均、两蹄间裂隙过大或蹄部过长等缺陷。

5. 选择程序

种猪选择过程，一般经过以下 4 个阶段。

（1）断奶阶段选择　第一次挑选（初选），可在仔猪断奶时进行。

① 挑选的重点　一是放在窝选和仔猪的个体选择上，但以窝选为主，它可以把父母双方都好的小猪选出来，被选留猪外貌较易趋向一致。二是把握好生产性能与外貌的关系，应以生产性能为主。

② 挑选的标准　选留的仔猪必须来自母猪产仔数较高的窝中，符合本品种的外形标准，生长发育好，体重较大，皮毛光亮，背部宽长，四肢结实有力，有效乳头数在 7 对以上。没有遗传缺陷，没有瞎乳头，公猪睾丸良好。大约 3 周龄（打耳刺的同时）选择生殖器发育正常，无遗传或生长缺陷，正常、完整无缺陷的后腿，表现正常，身体强壮，健康。

③ 选留的数量　一般来说，初选数量为最终预定留种数量公猪的 10～20 倍、母猪为5～10 倍。以便后面能有较高的选留机会。

（2）测定结束阶段选择　第二次挑选（主选阶段），可结合猪的性能测定进行。

猪的性能测定一般在 5～6 月龄结束，这时个体的重要生产性状（除繁殖性能外）都已基本表现出来。因此，这一阶段是选种的关键时期，应作为主选阶段。

① 选留方法　a. 根据性能测定选留。按照生长速度和活体背膘厚等生产性状构成的综合育种值指数进行选留或淘汰。b. 根据体型选留。凡体质衰弱、肢蹄存在明显疾患、有内翻乳头、体型有严重损征、外阴部特别小、同窝出现遗传缺陷者，可先行淘汰。要对公、母猪的乳头缺陷和肢蹄结实度进行普查。10 周龄（出售或转至后备区）最小体重大于 25kg，腿部强壮、结实，干爽的后腿，生长位置标准，体型发育良好，生殖器发育良好，健康，一次性出售，均匀度一致的猪同批出售。

② 选留数量　该阶段的选留数量可比最终留种数量多 15%～20%。

（3）母猪配种和繁殖阶段选择　该时期选择的主要目的是选留繁殖性能优良的个体。

淘汰不良个体选择方法：①后备母猪至 7 月龄后仍无发情征兆者；②在一个发情期内连续配种 3 次未受胎者；③断奶后 2～3 月无发情征兆者；④母性太差者；⑤产仔数过少者。182 日龄（最后的称重和测背膘厚）这一阶段选择的标准要根据第四阶段的需求进行。对于那些不符合条件的猪将准备屠宰，为符合条件者提供更多的空间。

（4）终选阶段　当母猪有了第二胎繁殖记录时可做出最终选择。选择的主要依据是种猪的繁殖性能。这时可根据本身、同胞和祖先的综合信息判断是否留种。同时，此时已有后裔生长和胴体性能的成绩，亦可对公猪的种用遗传性能做出评估。220 日龄起（出售期）最小体重为 115kg，生殖器生长发育良好，腿部强壮、结实、干爽，生长位置标准，生长良好和体型完美，健康。

二、引种

引种是现代畜牧业生产中较常见的现象。

引入地区的自然生态条件与引入品种原产地基本相似或差异不大时，引种容易成功。

1. 引种时注意事项

每个猪群中都可能存在病原菌和病毒的复合体，当猪处于应激状态时，就可能发生疾病。不同猪群病原的种类和数量有所不同，每个猪群的机体免疫水平或保护性抗体的滴度也各不相同，这取决于该猪群以前对病菌的接触程度。为了防止破坏原有猪群健康的稳定性，引种时应考虑以下几点：

① 从一具有相同或更高的健康水平的猪群引种。

② 必须尽可能减少应激，因为应激会使猪只对病原的抵抗力下降。

③ 隔离所有新引进的种猪，这会减少未知病原侵入的危险。

④ 在隔离与适应阶段，注意观察所有猪只的临床表现。一旦发病，必须马上给予适当的治疗，治疗不少于 3 天。如果怀疑是严重的新的疾病（在原有猪群中未曾发现过），需做进一步诊断。

适应就是让新引进的种猪在一个新的环境中，与已存在的病原接触，以使猪只对这些病原产生免疫力，而又不表现明显的临床症状。

2. 引种的时间、体重、数量

（1）时间　春季或秋季，避免天气过冷或过热。

（2）体重　引进的种猪一般要求在 50kg 以上，不宜过大，留有充分的驯化时间，且不影响引种后的免疫计划。

（3）数量　一般猪场采用本交时，公、母猪的比例为 1：（20～30），采用人工授精时，公、母比例为 1：（100～500），但往往引进公猪时相对要多于此比例，以防止个别公猪不能用，耽误母猪配种，增加母猪的无效饲养日。在体重上要大、中、小搭配，各占一定比例。

3. 种猪到场前的准备

引种前要根据本猪场的实际情况制订出科学合理的引种计划，计划应包括引进种猪的品种、级别（原种、祖代、父母代）、数量等。同时，要积极做好引种的前期准备工作。

（1）人员　种猪到场以前，首先根据引种数量确定人员的配备，特别是要有一定经验的饲养和管理人员。人员提前一周到场，实行封闭管理，并进行培训。

（2）消毒

① 新建场引种前的消毒　种猪在引进前一定要加强场内的消毒，消毒范围包括生产区、生活区及场外周边环境，生产区又分为猪舍、料库、展览厅等，都应本着"清洗—甲醛熏蒸—30％的氢氧化钠喷雾消毒"的消毒规程进行，消毒时猪舍的每一个空间一定要彻底，做到认真负责、不留死角；对于生活区与场外周边环境也要用 3％～4％的氢氧化钠溶液进行喷雾消毒。

②　旧场改造后在引种前的消毒　对于发生过疫病的猪场，在种猪引进之前一定要加强消毒与疫病检测。首先把进入场区的通道全部用生石灰覆盖，猪栏也要用白灰刷一遍，粪沟内的粪便要清理干净，彻底用氢氧化钠水溶液冲洗干净，猪舍与场区也要像新场一样消毒以后方可引种。

（3）隔离舍　猪场应设隔离舍，要求距离生产区最好有300m以上，在种猪到场前的10天（至少7天），应对隔离栏舍及用具进行严格消毒，可选择质量好的消毒剂进行多次严格消毒。

（4）物品与药品、饲料　因种猪在引进之后，猪场要进行封闭管理，禁止外界人员与物品进入场内，故种猪在引进之前场内要把一些物品、药品、饲料准备齐全，以免造成不必要的防疫漏洞。需准备的物品比如：饲喂用具、粪污清理用具、医疗器械。需要准备的药品比如：常规药品（如青霉素、安痛定、痢菌净等），抗应激药品（如地塞米松等），驱虫药品（如伊维菌素、阿维菌素等），疫苗类需准备猪瘟、口蹄疫等，消毒药品如氢氧化钠、消毒威及其他刺激性小的消毒液等。同时饲料要准备好，备料量要保证一周的饲喂量。将所有物品包括饲料也一定要消毒。

（5）办齐相关凭证和手续　种猪起运前，要向输出地的县级以上动物防疫监督部门申报产地检疫合格证、非疫区证明、运载工具消毒证明等，凭《动物运输检疫证》《动物及其产品运载工具消毒证明》、购买种猪的发票或种畜生产许可证和种畜合格证进行种猪的运输。

4. 种猪运输

种猪的运输方式一般有汽车运输、铁路运输和空运，其中，铁路运输和空运则用于长途运输，汽车运输一般用于中、短途运输，它也是国内引种最常用的运输方式。

（1）车辆准备　运输种猪的车辆应尽量避免使用经常运输商品猪的车辆，且应备有帆布，以供车厢遮雨和在寒冷天气车厢保暖。运载种猪前，应对车辆进行两次以上的严格消毒，空置1天后再装猪。在装猪前再用刺激性较小的消毒剂（如双链季铵盐络合碘）对车辆进行一次彻底消毒。为提高车厢的舒适性，减少车厢对猪只的损伤，车厢内可以铺上垫料（如稻草、稻壳、锯末等）。

（2）必要物品的准备　在种猪起运前，应随车准备一些必要的工具和药品，如绳子、铁丝、钳子、注射器、抗生素、解热镇痛药以及镇静剂等。若是长途运输，还可先配制一些电解质溶液，以供运输途中种猪饮用。

（3）种猪装车　种猪装车前2小时，应停止投喂饲料。如果是在冬季或夏季运猪，应该正确掌握装车的时间，冬季宜在上午11点至下午2点之间装车，并注意盖好棚布，防寒保温，以防感冒；夏季则宜在早、晚气候凉爽的时候装车。赶猪上车时，不能赶得太急，以防肢蹄损伤。为防止密度过大造成猪只拥挤、损伤，装猪的密度不宜过大，寒冷的冬季可适当大一些，炎热的夏季则可适当小一些。对于已达到性成熟的种猪，公、母不宜混装。装车完毕后，应关好车门。长途运输的种猪，可按0.1mL/kg体重注射长效抗生素，以防运输途中感染细菌性疾病。对于特别兴奋的种猪，可以注射适量的镇静剂。

（4）具体运输过程　为缩短种猪运输的时间，减少运输应激，长途运输时，每辆运猪车应配备两名驾驶员交替开车，行驶过程中应尽量保持车辆平稳，避免紧急刹车、急转弯。在运输途中要适时停歇查看猪群（一般每隔3～4h查看1次），供给猪清洁的饮水，并检查猪只有无发病情况，如出现异常情况（如呼吸急促、体温升高等），应及时采取有效措施。途中停车时，应避免靠近运载有其他相关动物的车辆，切不可与其他运猪的车辆停放在一起。

运输途中遇暴风雨时，应用篷布遮挡车厢（但要注意通风透气），防止暴风雨侵袭猪体。冬季运猪时，应注意防寒保暖。夏季运猪时，应注意防暑降温，防止猪只中暑，必要时在运输过程中可给车上的猪只喷水降温（一般日淋水3～6次）。

在种猪运输过程中，一旦发现传染病或可疑传染病，应立即向就近的动物防疫监督机构报告，并采取紧急预防措施。途中发现的病猪、死猪不得随意抛弃或出售，应在指定地点卸下，连同被污染的设备、垫料和污物等一起，在动物防疫监督人员的监督下按规定进行处理。

5. 入场隔离及驯养

（1）消毒　种猪到达目的地后，立即对卸猪台、车辆、猪体及卸车周围地面进行消毒，然后将种猪卸下，用刺激性小的消毒药对猪的体表及运输用具进行彻底消毒，用清水冲洗干净后进入隔离舍，如有损伤、脱肛等情况的种猪应立即隔开单栏饲养，并及时治疗处理。偶蹄动物的肉及其制品一律不准带入生产区内。猪体、圈舍及生产用具等每周消毒2次，疫病流行季节要增加消毒次数，并加大消毒液的浓度；猪群采取全进全出制，批次化管理，每次转群后要本着一清、二洗、三消、四洗、五熏（清扫、冲洗、消毒、甲醛熏蒸）的原则进行消毒，空舍一周后才能转入饲养。消毒药物可选用3%氢氧化钠、百毒杀、消毒威等。

（2）饮水　种猪到场后先稍休息，然后给猪提供饮水，在水中可加一些维生素或口服补液盐，休息6～12h后方可供给少量饲料，第二天开始可逐渐增加饲喂量，5天后才能恢复正常饲喂量。种猪到场后的前两周，由于疫病加上环境的变化，机体对疫病的抵抗力会降低，饲养管理上应注意尽量减少应激，可在饲料中添加抗生素（可用泰妙菌素500mg/kg、金霉素150mg/kg）和多种维生素，使种猪尽快恢复正常状态。

（3）隔离、观察　种猪到场后必须在隔离舍隔离饲养45天以上，严格检疫。特别是对布鲁氏菌病、伪狂犬病（PR）等疫病要特别重视，需采血经有关兽医检疫部门检测，确认没有细菌感染阳性和病毒野毒感染，并监测猪瘟、口蹄疫等抗体情况。

观察猪群状况：种猪经过长途运输往往会出现轻度腹泻、便秘、咳嗽、发热等症状，饲养员要勤观察，如发现以上症状不要紧张，这些一般属于正常的应激反应，可在饲料中加入药物预防，例如支原净和金霉素，连喂两周，即可康复。

观察舍内温、湿度：要对隔离舍勤通风、勤观察温湿度，保持舍内空气清新、温度适宜。隔离舍的温度要保持在15～22℃，湿度要保持在50%～70%。

（4）登记　种猪在引进后要按照场家提供的系谱，一头一头地核对耳号。核查清楚后，要把每一个个体进行登记，打上耳号牌，输入计算机。

（5）免疫与驱虫　免疫接种是防止疫病流行的最佳措施，但疫苗的保存及使用不当都有可能造成免疫失败，因此规模化猪场要严格按照疫苗的保存要求和使用方法进行保存、使用，确保疫苗的效价。免疫接种可根据猪群的健康状况、猪场周围疫病流行情况进行。猪场要定期进行免疫抗体水平监测工作，如发现抗体水平下降或呈阳性，应及时分析原因，加强免疫，保证猪群健康。种猪到场一周后，应该根据当地的疫病流行情况、本场内的疫苗接种情况和抽血检疫情况进行必要的免疫注射（猪瘟、口蹄疫、伪狂犬病、细小病毒病等），免疫要有一定的间隔，以免造成免疫压力，使免疫失败。7月龄的后备猪在此期间可做一些引起繁殖障碍疾病的防疫注射，如猪细小病毒病、乙型脑炎疫苗等。

猪场为了防止寄生虫感染，一定要把驱虫工作纳入防疫程序的一部分，制订驱虫计划，每批猪群都要按驱虫计划进行，防止寄生虫感染。猪在隔离期内，接种完各种疫苗后，进行一次全面驱虫，可使用长效伊维菌素等广谱驱虫剂，皮下注射驱虫，使其能充分发挥生长潜能。

（6）合理分群　新引进母猪一般为群养，每栏4～6头，饲养密度适当。小群饲养有两种方式，一是小群合槽饲喂，这种方法的优点是操作方便，缺点是易造成采食不均匀，特别是后期限饲阶段。二是单槽饲喂，这种方法的优点是采食均匀，生长发育整齐，但需要一定的设备。公猪要单栏饲喂。

（7）训练 猪生长到一定年龄后，要进行人畜亲和训练，使猪不惧怕人对它们的管理，为以后的采精、配种、接产打下良好的基础。管理人员要经常接触猪只，抚摸猪只敏感的部位，如耳根、腹侧、乳房等处，促使人畜亲和。

（8）淘汰 引进种猪于85kg以后，应测量活体膘厚，按月龄测定体尺和体重。要求后备猪在不同日龄阶段应有相应的体尺和体重。对发育不良的猪，应分析原因，及时淘汰。

6.引入品种的利用

（1）纯繁 首先要观察该品种在引进地区两年内的生长速度、生产力、繁殖力、抗病力等是否能达到在原产地的各种指标。如果某些指标下降而又不能恢复，则不宜扩大纯繁。

（2）杂交 利用引入品种与当地品种进行杂交改良或采用杂交育种的方法培育适应特殊气候的新品种，仍是目前常用的方法之一。

➤ 任务实施与评价

详见《学习实践技能训练工作手册》。

➤ 任务拓展

种猪杂交优势的利用

一、猪杂交模式的建立

1.杂交和杂种优势的概念

（1）杂交 是指不同品种、品系或品群间的相互交配。

（2）杂种优势 是指这些品种、品系或品群间杂交所产生的杂种后代，往往在生活力、生长势和生产性能等方面，在一定程度上优于其亲本纯繁群体，即杂种后代性状的平均表型值超过杂交亲本性状的平均表型值，这种现象称为杂种优势。

视频：杂交优势的利用

2.杂交亲本的选择

选择杂交亲本品种除了考虑经济类型（脂肪型、兼用型和瘦肉型）、血缘关系和地理位置外，还应考虑市场对商品猪的要求及经济成本。亲本品种包括母本和父本，对母本和父本要求不同。

（1）母本品种的选择 应当选择对当地饲养条件有最大适应性和数量多的当地猪种或当地改良猪种作母本品种。当地猪种或当地改良品种所要求的饲养条件容易符合或接近当地能够提供的饲养水平，充分发挥母本品种的遗传潜力。母本品种应当有很好的繁殖性能。我国的地方猪种最能适应当地的自然条件，母猪产仔多、母性好、泌乳力强、仔猪成活率高，而且地方猪种资源丰富，种猪来源容易解决，能够降低生产成本。在一些商品瘦肉猪出口基地，能够提供高水平的饲养条件，可以利用瘦肉型外来猪种作为母本品种。在瘦肉型外来品种中，大白猪的适应性强，在耐粗饲、对气候适应性和繁殖性能方面都优于其他品种。世界各国大多利用大白猪作经济杂交的母本品种。

（2）父本品种的选择　父本品种的遗传性生产水平要高于母本品种。应当选择生长快、瘦肉率和饲料利用率高的品种作父本。一般都选择那些经过长期定向培育的优良瘦肉型品种，如大白猪、长白猪和杜洛克猪等。父本品种也应对当地气候环境条件有较好的适应性。如苏联大白猪比较适应我国北方地区，而大白猪则适应华中和华南地区。如果公猪对当地环境条件不适应，即使在良好的饲养条件下，也很难得到满意的杂交效果。父本品种与母本品种在经济类型、体型外貌、地区和起源方面有较大差异，杂交后的杂种优势才能明显。

3. 杂交方式选择

（1）两品种经济杂交

① 概念　又叫二元杂交（图 2-21），是用两个不同品种的公、母猪进行一次杂交，其杂种一代全部用于育肥，生产商品肉猪。

② 特点　这种方法简单易行，已在农村推广应用。只要购进父本品种即可杂交。缺点是没有利用繁殖性能的杂种优势，仅利用了生长育肥性能和胴体性能的杂种优势，因为杂种一代母猪被直接育肥，繁殖优势未能表现出来。

③ 应用　我国二元杂交主要以引入或我国培育品种作父本与本地品种或培育品种作母本进行杂交，杂交效果好，值得广泛推行。如 20 世纪 80 年代以杜洛克猪为父本与三江白猪杂交，所得杂种日增重为 629g，饲料转化率为 3.28，瘦肉率达 62%。

A品种(♂) × B品种(♀)
↓
AB

图 2-21　二元杂交示意图

（2）三品种经济杂交

① 概念　又称三元杂交（图 2-22），即先利用两个品种的猪杂交，从杂种一代中挑选优良母猪，再与第二父本品种杂交，二代所有杂种用于育肥生产商品肉猪。

长白(♂) × 大约克(♀)
↓
长大(♀) × 杜洛克(♂)
↓
杜长大

大约克(♂) × 长白(♀)
↓
杜洛克(♂) × 大长(♀)
↓
杜大长

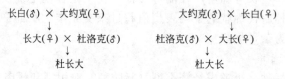

图 2-22　三元杂交示意图

② 应用　三元杂交所使用的猪种，母猪常用地方品种或培育品种，两个父本品种常用引入的优良瘦肉型品种。为了提高经济效益和增加市场竞争力，可把母本猪确定为引入的优良瘦肉型猪，也就是全部用引入优良猪种进行三元杂交，效果更好。目前，在国内从南方到北方的大多数规模化养猪场，普遍采用杜、长、大的三元杂交方式，获得的杂交猪具有良好的生产性能，尤其产肉性能突出，非常受欢迎。

（3）轮回杂交

① 概念　就是在杂交过程中，逐代选留优秀的杂种母猪作母本，每代用组成亲本的各品种公猪轮流作父本的杂交方式叫轮回杂交。

② 优点　利用轮回杂交，可减少纯种公猪的饲养量，降低养猪成本，可利用各代杂种母猪的杂种优势来提高生产性能，因此不一定保留纯种母猪繁殖群，可不断保持

各子代的杂种优势，获得持续而稳定的经济效益。常用的轮回杂交方法有两品种轮回杂交和三品种轮回杂交。

（4）配套杂交

① 概念　又叫四品种（品系）杂交，是采用四个品种或品系，先分别进行两两杂交，然后在杂交一代中分别选出优良的父、母本猪，再进行四品种杂交，称配套系杂交。

② 优点　a. 可同时利用杂种公、母猪双方的杂种优势，获得较强的杂种优势和较高的效益；b. 可减少纯种猪的饲养头数，降低饲养成本；c. 可使遗传基础更丰富，既可生产出更多优质商品肉猪，还可发现和培养出"新品系"。

③ 应用　目前国外所推行的"杂优猪"，大多数是由四个专门化品系杂交而产生。如美国的"迪卡"配套系、英国的"PIC"配套系等。1991年我国农业部决定从美国迪卡公司为北京养猪育种中心引入360头迪卡配套系种猪，其中原种猪有A、B、C、E、F五个专门化品系，其实质是由当代世界优秀的杜洛克、汉普夏、大白、长白等种猪组成。在此模式中，A、B、C、E、F五个专门化品系为曾祖代（GGP）；A、B、C及E和F正反交产生的D系为祖代（GP）；A公猪和B母猪生产的AB公猪，C公猪和D母猪生产的CD母猪为父母代（PS）；最后AB公猪与CD母猪生产ABCD商品猪上市，如图2-23所示。

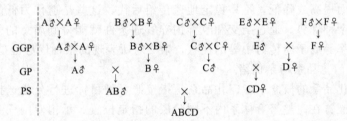

图2-23　"迪卡"配套系种猪繁育体系模式

二、提高杂种优势

杂种是否有优势，有多大优势，在哪些方面表现优势，杂交猪群中每个个体是否都能表现程度相同的优势等，取决于多方面的因素，其中最主要的因素是杂交用的亲本品种群性能及其相互配合情况。如果亲本猪群缺乏优良基因或纯度很差，或在主要性状上两亲本猪群具有起作用的基因显性与上位效应都很小，或两亲本在主要经济性状上基因频率没有多大差异或缺乏充分发挥杂种优势的良好饲养管理条件等，这样均不可能产生理想的杂种优势。

1. 选用适宜的杂交亲本

（1）亲本应当是高产、优良、血统纯的品种，提高杂种优势的根本途径是提高杂交亲本的纯度。无论父本还是母本，在一定范围内，亲本越纯，经济杂交效果越好，能使杂种表现出较高的杂种优势，产生的杂种群体整齐一致。亲本纯到一定界限就使新陈代谢的同化和异化过程速度减慢，因而生活力下降，这种表现称新陈代谢负反馈作用。具有新陈代谢负反馈作用的高纯度个体，在与有遗传差异的品种杂交时，两性生殖细胞彼此获得新的物质，促使新陈代谢负反馈抑制作用解除，而产生新陈代谢正反馈的促进作用，促使新陈代谢同化和异化作用加快，从而提高生活力和杂种优势。为了提高杂交亲本的纯度，需要进行制种工作。亲缘交配（五代以内有亲缘关系的个体间交配）的后代具有很高的纯度。尤其是用作经济杂交的公猪，必须是嫡亲交配所生的才能充分发挥巨大的杂种优势。

（2）杂交亲本遗传差异越大，血缘关系越远，其杂交后代的杂种优势越强。在选择和确定杂交组合时，应当选择那些遗传性和经济类型差异比较大的、产地距离较远的和起源方面无相同关系的品种作杂交亲本。如用引进的外国猪种与本地（育成）猪种杂交或用肉用型猪与兼用型猪杂交，一般都能得到较好的结果。

（3）杂交亲本个体一般选择日增重大、瘦肉率高、生长快、饲料转化率高、繁殖性能较好的品种作为杂交第一父本，而第二父本或终端父本的选择应重点考虑生长速度和胴体品质，例如第一父本常选择大白猪和长白猪，第二父本常选择杜洛克猪。母本常选择数量多、分布广、繁殖力强、泌乳力高、适应性强的地方品种、培育品种或引进繁殖性能高的品种。

（4）在确定杂交组合时，应选择遗传性生产水平高的品种作亲本，杂交后代的生产水平才能提高。猪的某些性状，如外形结构、胴体品质不太容易受环境的影响，能够相对比较稳定地遗传给后代，这类性状叫做遗传力高的性状，遗传力高的性状不容易获得杂种优势。有的性状如产仔数、泌乳力、初生重和断奶窝重等，容易随饲养管理条件的优劣而提高或降低，不易稳定地遗传给后代，这些是遗传力低的性状，这类性状易表现出杂种优势。通过杂交和改善饲养管理条件就能得到满意的效果。生长速度和饲料利用率等属于遗传力中等的性状，杂交时所表现的杂种优势也是中等。

2. 培养专门化品系与杂优猪

（1）专门化品系的概念　专门化品系是指按照育种目标进行分化选择具备某方面的突出优点、配置在完整繁育体系内不同阶层的指定位置、承担专门任务的品系。分化选择一般分为父系和母系。在进行选择时把繁殖性状作为母系的主选性状，把生长、胴体性状作为父系主选性状。

（2）专门化品系的选择方法

① 系祖建系法　是通过选定系祖，并以系祖为中心繁殖亲缘群，经过连续几代的繁育，形成与系祖有亲缘关系、性能与系祖相似的高产品系群。采用这种方法建立品系，关键是选好系祖，要求系祖不但具有优良的表现型，而且具有优良的基因型，并能将优良性状稳定地遗传给后代。系祖一般为公猪，因为公猪的后代数量多，可进行精选。

② 近交建系法　是利用高度近交使优良基因迅速纯合，形成性能优良的品系群。由于高度的近交会使性能衰退明显，需要付出很大代价，并且猪的近交系杂交效果不如鸡明显，因此，现代猪的育种已很少采用这种方法建系。

③ 群体继代选育法　该法是选择多个血统的基础群，之后进行闭锁繁育，使猪群的优良性状迅速集中，并成为群体所共有的遗传性稳定的性状，培育出符合品系标准的种猪群。群体继代选育法使建系的速度加快，并且建成的品系规模较大，使优良性状在后代中集中，最终使其品质超过它的任何一个祖先，因此成为现代育种实践中常用的品系繁育方法。

（3）杂优猪　由专门化品系配套繁育生产的系间杂种后裔，我国称为杂优猪，以区别于一般品种间杂交的杂种猪。杂优猪具有表现型一致化和高度稳定的杂种优势，适应"全进全出"生产方式。

3. 科学饲养管理杂种猪

在进行猪的经济杂交时，不能只考虑品种组合、品种的遗传性生产水平和杂交优势率，而不重视饲养管理条件，尤其是饲料的营养水平。饲料的营养水平是获得遗传性生产水平和杂种优势的物质基础，当供给饲料的营养水平达到亲本遗传性生产水平所需的营养水平时，亲本的遗传潜力和杂种优势才能充分表现出来。所谓最佳杂交组合不是一成不变的，是随饲养管理条件，尤其是饲料营养水平而变化的。所以，要根据当地的饲养管理条件，选择适宜的品种进行经济杂交。

➤ 资料卡

世界上产仔数最多的母猪

➤ 学习自测

一、选择题

1. 在杂交繁育中，我国地方良种适合作三元杂交的（   ）。

A. 第一父本　　　　　B. 第一母本　　　　　C. 终端父本　　　　　D. 第二母本

2. 以下猪种中，毛色主要为棕黄色的是（   ）。

A. 汉普夏猪　　　　　B. 杜洛克猪　　　　　C. 金华猪　　　　　D. 大约克夏猪

3. 下列猪种中，平均产仔数最高的是（   ）。

A. 太湖猪　　　　　B. 杜洛克猪　　　　　C. 汉普夏猪　　　　　D. 荣昌猪

4. 下列哪些杂交组合最有可能取得最高的杂种优势？（   ）。

A. 长杜荣　　　　　B. 杜长荣　　　　　C. 杜长约　　　　　D. 长长荣

5. 下列哪个猪品种在肩颈结合处有一条白色被毛带？（   ）。

A. 皮特兰猪　　　　　B. 大约克夏猪　　　　　C. 长白猪　　　　　D. 汉普夏猪

6. 下列哪个猪品种作三元杂交的终极父本效果较好？（   ）。

A. 皮特兰猪　　　　　B. 杜洛克猪　　　　　C. 长白猪　　　　　D. 大约克猪

7. 以下地方猪种中，毛色主要为白色的是（   ）。

A. 太湖猪　　　　　B. 东北民猪　　　　　C. 荣昌猪　　　　　D. 梅山猪

8. 国外引入猪种应具有以下哪些特点？（   ）。

A. 肉质较好　　　　　　　　　　B. 性成熟早，饲料利用率高

C. 对环境条件要求较高　　　　　D. 生长速度快，瘦肉率为 40%～50%

9. （   ）猪因产仔数特多而著名。

A. 长白猪　　　　　B. 太湖猪　　　　　C. 内江猪　　　　　D. 杜洛克猪

10. 与地方猪种相比，引进猪种的特性是（   ）。

A. 繁殖力强　　　　　B. 抗逆性强　　　　　C. 肉质较差　　　　　D. 生长缓慢

11. 下列品种中，不属于瘦肉型猪种的品种是（   ）。

A. 荣昌猪 　　　　　 B. 皮特兰猪 　　　　　 C. 长白猪 　　　　　 D. 杜洛克猪

12. 下列哪个组合肉猪杂交优势最好?（　　　）。

A. 杜洛克猪♂×长白猪♂×凉山猪♀　　　　 B. 杜洛克猪♂×长白猪♂×荣昌猪♀

C. 杜洛克猪♂×长白猪♂×大约克猪♀　　　 D. 长白猪♂×大约克猪♂×荣昌猪♀

13.（　　　）是我国小体型的地方猪种。

A. 荣昌猪 　　　　　 B. 内江猪 　　　　　 C. 香猪 　　　　　 D. 八眉猪

二、填空题

1. 猪的经济类型有_____、_____、_____三种。

2. 长白猪原产于_____，是世界上著名的_____型品种。

3. 汉普夏猪原产于_____，全身为_____色，沿前肢和肩部围绕一条"白带"。

4. 世界上繁殖力最高的猪品种是_____。毛色为红色的是_____品种猪。

5. 长白猪原产_____，是世界上著名的_____型猪品种。

6. _____猪又称英国大白猪，是典型的_____型猪。

7. 杜洛克猪原产于_____，毛色为_____色。

8. 猪的选配方法有_____和_____两种。

三、综合测试

1. 地方品种和引入品种有哪些特性?

2. 我国地方猪种的优良特性有哪些?

3. 目前在养猪生产中使用的我国地方品种有哪些?

4. 怎样才能获得较高的杂种优势? 在理论上与实践上有哪些规律?

5. 举例说明当地常用的杂交方式有哪几种。

项目三 猪的繁殖技术

知识目标

- 掌握母猪发情不同阶段的特点。
- 掌握母猪人工授精的操作流程。
- 掌握母猪妊娠诊断的常规方法。

技能目标

- 能够进行母猪的发情鉴定操作。
- 能够进行母猪的人工授精操作。
- 能够进行母猪分娩与接产的操作。

思政与职业素养目标

- 遵守行业标准和职业道德规范。
- 树立专心、细心、科学、严谨的职业素养和认真踏实的职业态度。

❖ 项目说明

■ 项目概述

在工厂化养猪条件下，母猪的生产力是养猪生产中不可忽视的重要经济指标，是保证养猪生产效益的基本前提。母猪的生产力主要表现为繁殖能力，即能够提供健康仔猪的能力，又可以细分为年产仔窝数与断奶窝仔猪头数两部分，其中决定年产仔窝数的主要因素是母猪繁殖周期的长短，而断奶窝仔数是受窝产活仔数和断奶前死亡率两个因素所决定。因此，提高母猪的生产能力要从影响母猪生产能力的因素入手，提出相应的解决措施，不断改进和提高母猪的生产能力。

■ 项目载体

后备母猪群、种母猪、猪场内配种舍、人工授精实训室。

■ 技术流程

发情鉴定 ➡ 配种 ➡ 妊娠诊断 ➡ 分娩

任务一　发情鉴定

➤ 任务描述

根据母猪发情时的生殖器官生理变化和行为表现，对母猪发情阶段进行判定，以确定母猪的排卵时间和最佳配种期，为后续的配种工作提供依据。

➤ 任务分析

发情鉴定是通过对发情母猪体内生殖激素变化规律的分析及卵泡发育过程的认识，并结合母猪的行为变化观察，准确判断出母猪的最佳配种期，从而有效提高种猪人工授精的受胎率，是母猪繁殖技术中的重要环节之一，是保证猪群生产的前提基础。

➤ 任务资讯

一、母猪的发情周期

1. 性成熟与适配年龄

（1）性成熟　公、母猪发育到一定年龄后，生殖器官发育完全，能够产生相应的精子或卵子，并具备了繁殖下一代的能力，这个阶段称为性成熟。其中，青年母猪出现第一次发情并排出卵子的时间称为初情期。

性成熟的早晚除受性别和品种影响外，还与营养水平和饲养管理等因素有关。通常，母猪的性成熟年龄为 3～6 月龄、公猪为 3～7 月龄。我国的一些地方品种母猪性成熟为 3～4 月龄、公猪为 3～6 月龄；引进品种（如长白猪、大约克夏猪、杜洛克猪等）略微晚一些，母猪性成熟多为 6～8 月龄、公猪为 6～7 月龄。

（2）初配适龄　达到性成熟时，公、母猪的身体尚未发育成熟，不宜进行配种。如果过早配种，不仅母猪的受胎率低，而且会影响母猪的第一胎产仔成绩和泌乳力以及后来的繁殖性能，也影响公猪身体健康和配种效果以及后代的质量；如果配种过晚，则会降低种猪的有效利用年限，增加生产成本。

因此，一般在青年母猪的第二或第三个发情期配种，即第一次发情后 1.0～1.5 个月后才配种。生产上，大多采用成年猪体重的 60%～70% 作为配种的标准，如瘦肉型品种或含瘦肉型品种血缘的公猪，初配年龄以 8～9 月龄、体重 130kg 为宜；外×本二元母猪体重达90kg、引进品种或含引进品种血统较多的种母猪，满 7～8 月龄、体重 130kg 开始配种；地方品种 6 月龄左右、体重 70～80kg 时，开始参加配种。

如果母猪上次发情没有配种或配种未受孕，则每间隔一定时间会出现一次发情，如此周而复始，直到性功能停止活动的年龄为止。此为发情周期。

2. 发情周期的划分和发情持续期

母猪的发情具有一定的周期性，而且发情没有季节性，属于常年发情动物。母猪发情周期的计算，是从上一次发情开始到下一次发情开始，或从上一次发情结束到下一次发情结束所间隔的时间。母猪的发情一般以 18～23 天为一个周期，平均为 21 天左右。

　　母猪发情周期的长短受品种、年龄、季节、胎次以及是否交配和排卵等因素影响为主，而温度和光照对其影响很小。如地方品种猪的发情周期大多为18～19天、杂种猪为19～20天，国外品种如大约克夏猪为20～23天。如果母猪交配并发生排卵但没有受孕（即假孕），则发情周期适当延长。

　　（1）发情周期的划分　根据母猪的生殖生理和行为变化，可将发情周期人为地划分为若干阶段。生产上，多采用四期分法或二期分法来划分母猪的发情周期不同阶段，具体介绍如下。

　　①四期分法　是根据母猪的精神状态、性行为表现（对公猪的性欲表现）、卵巢及生殖道的生理变化，将母猪的发情周期分为以下四个阶段。

　　a.发情前期：是母猪发情的准备阶段。若以发情特征状态开始出现时为发情周期的第1天，则发情前期相当于上次发情周期的第17～19天，持续时间为2.7天左右。此时期，在促卵泡素作用下，母猪卵巢上原有的黄体萎缩退化，新的卵泡开始生长发育；血液中的孕激素水平逐渐下降，雌激素水平逐渐上升；生殖道供血量开始增加，毛细血管扩张，子宫腺体增生，分泌作用加强并分泌少量稀薄黏液；阴道黏膜由淡黄色或浅红色变为深红色（后备母猪较为明显）；外阴肿胀，阴道和阴门黏膜有轻度充血、肿胀，有少量稀薄黏液分泌，其黏度渐渐增加。

　　此时期的母猪精神兴奋，躁动不安，运动增加，喜欢接近公猪，但发情行为不明显，尚无性欲表现，既不接受公猪或其它母猪的爬跨，也不允许人骑在背上，不宜进行人工输精或配种。将阴道黏液制成涂片，进行镜检时，视野中可以观察到分布有大而轮廓不清的扁平上皮细胞和散在的白细胞。

　　b.发情期：是母猪集中发情并接受交配的时期，相当于发情周期的第1～2天，持续时间为2～3天（瘦肉型母猪）或3～5天（地方母猪）。此时期，卵巢上的卵泡迅速发育，卵巢体积增大、成熟，大多数母猪在发情期末期排卵；排卵前，血液中的孕激素水平降至最低，雌激素水平升至最高；子宫黏膜充血、肿胀，子宫黏膜显著增生，子宫颈口松弛开张，子宫肌层收缩加强，腺体分泌更加旺盛；外阴充血肿胀到高峰，充血发红，阴道黏膜颜色呈深红色，较发情前期更为明显，有大量透明稀薄黏液流出，随之阴门肿胀度减轻、变软，红色开始减退，分泌物也变浓厚、黏度增加。

　　母猪的外在行为、性欲表现明显，相互爬跨或接受爬跨，部分母猪出现精神发呆，站立不动，允许压背而不动。压背时，母猪双耳竖起向后，后肢紧绷。镜检时，阴道黏液涂片中分布有无核的上皮细胞和白细胞。

　　c.发情后期：是母猪发情后的恢复阶段，相当于发情周期的第3～4天。此时，卵巢上的卵泡破裂、排卵，卵泡腔开始充血并形成黄体，同时分泌孕酮；雌激素水平下降，孕激素水平逐渐上升；子宫肌层收缩和腺体分泌活动减弱，子宫颈口收缩、关闭，子宫颈内膜增厚；外阴肿胀逐渐消失，恢复到正常状态。

　　此时的母猪精神状态逐渐恢复正常，性欲逐渐消失，并转入安静状态，有时仍躁动不安，爬跨其他母猪，但拒绝公猪爬跨和交配。镜检时，阴道黏液涂片中有脱落的阴道黏膜上皮细胞。

　　d.休情期：休情期又称间情期，是前一次发情结束到下一次发情前期的阶段，相当于发情周期的第4～16天，持续时间为13～14天。休情期的前期，卵巢上的黄体逐渐生长、发育至最大，孕激素分泌逐渐增加乃至达到最高水平，子宫内膜增厚，子宫腺体高度发育，能分泌含有糖原的子宫乳。如果卵子已经受精，此状态延续下去，母猪不再出现发情，如果卵子未受精，则进入间情期的后期，增厚的子宫内膜回缩，呈矮柱状，腺体缩小、分泌活动停止，周期黄体开始退化萎缩，新的卵泡开始发育，进入下一个发情周期前期。休情期的末期，卵巢上的黄体萎缩，生殖道向发情前期状态变化。

　　在整个休情期，母猪精神保持安静状态，没有发情征状。镜检时，阴道黏液涂片中分布着有核和无核的扁平上皮细胞及大量的白细胞。

② 二期分法　是以卵巢组织学变化以及卵泡发育状态和黄体存在与否为依据，将发情周期分为以下两个阶段。

a. 卵泡期：指黄体进一步退化，卵泡开始发育、成熟直到排卵为止的时期，持续时间为5～7天，即前次发情的第16天至本次发情的第2～3天，相当于四期分法的发情前期、发情期和发情后期等阶段。此时，卵泡逐渐发育、增大；雌激素分泌逐渐增多至最高水平，黄体消失，孕激素逐渐下降至最低水平；子宫内膜增厚，子宫腺体分泌活动增强，黏液增加，子宫肌层收缩增强；外阴逐渐充血、肿胀，出现发情征状。

b. 黄体期：指从卵巢排卵后，黄体开始形成到黄体萎缩退化为止的时期，即发情周期的第2～3天开始到第16～17天，相当于四期分法的间情期阶段的大部分时间。此时，卵泡发生破裂，黄体逐渐发育、生长，达到最大体积后又逐渐萎缩、消失，新的卵泡开始发育。由于黄体分泌的孕激素作用于子宫，子宫内膜进一步生长、发育、增厚，血管增生、变粗，子宫腺体分泌活动增强，子宫肌层收缩受到抑制。

（2）发情持续期　发情持续期就是发情中期，是指母猪从一次发情开始到结束所持续的时间，受品种、个体、年龄及季节、饲养管理等因素制约。母猪的发情持续期为2～5天，平均为2.5天。春季和夏季发情持续期稍短，而秋季、冬季稍长。国外引进品种稍短，老龄母猪发情持续期较短，青年母猪则稍长。

二、母猪的发情表现

母猪发情征状的强弱，随品种类型而不同。我国许多地方品种猪发情征状明显；高度培育品种猪和其杂种母猪发情征状不如地方良种明显，如杜洛克母猪发情就没有大约克夏母猪、长白母猪明显。此外，后备母猪的发情比生产母猪难于鉴定。母猪的发情征状表现，可归纳为以下四个方面。

1. 行为特征

母猪发情时，主要表现为食欲减退，对周围环境十分敏感，表现为兴奋不安，一有动静马上抬头，东张西望，号叫、拱地；常在圈内来回走动，或常站在圈门口或拱圈门，并不时爬墙张望甚至跳圈寻找公猪（闹圈）；早起晚睡，追人追猪，高潮期呆立不动。未发情的母猪，采食正常，采食后上午均喜欢趴卧睡觉，而发情的母猪却常站立于圈门处，咬圈栏杆或咬邻栏母猪，愿意接近公猪或爬跨其他母猪。

在群养条件下，随着发情高潮的到来，上述表现越发频繁，随后母猪食欲逐渐回升，号叫频率逐渐减少，呆滞，愿意接受其他猪爬跨，此时配种最佳。

2. 外阴变化

母猪发情时，外阴部充血肿胀（见图3-1），并有极少量的黏液流出，阴道黏膜颜色多为由浅红变深红再变浅红，外阴部由硬变软再变硬。随后母猪阴门变为淡红、微皱、稍干，阴唇黏膜血红开始减退，黏液（见图3-2）由稀薄转为黏稠，此时母猪进入发情末期。简而言之，母猪外阴由硬变软再变硬，阴唇颜色由浅变深再变浅，正是配种佳期。由于母猪发情时的外阴部肿胀表现比较明显，故母猪的发情鉴定主要采用外阴部观察法来确定。

3. 接受爬跨

母猪发情到一定程度时，不仅接受公猪爬跨，同时愿意接受其他母猪爬跨，甚至主动爬跨别的母猪。若将公猪赶入圈栏内，发情母猪极为兴奋，会主动接近公猪，头对头地嗅闻；若公猪爬跨其后背时，则静立不动，正是配种良机。

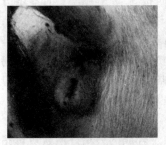

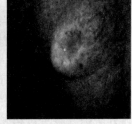

彩图：发情期
阴部变化

图 3-1 阴部红肿　　　　　　　　　图 3-2 阴部有黏性分泌物

4. 压背反射

采用人为按压或骑坐其背腰部的方法，发情母猪经常两后腿叉开，呆立不动、尾稍翘起、凹腰弓背，出现"静立反射"（见图 3-3）。如母猪四肢前后活动，不安静，又哼叫，这表明尚在发情初期，或者已到了发情后期，不宜配种；如果按压后母猪不哼不叫、四肢叉开、呆立不动、弓腰，这是母猪发情最旺的阶段，是配种最佳期。

配种员用手按压母猪背腰部，大白母猪耳尖向后背，长白母猪耳根轻微上翘，杜洛克耳朵轻微向上翘，向前推动母猪，不仅不逃脱，反而有向后的作用力，说明母猪发情已达最显著时期。如图 3-4 所示为猪发情期"两耳耸立"。

相对而言，培育品种的发情表现不如地方猪种明显。如杜洛克母猪比大白母猪、长白母猪难于鉴定，而我国地方猪种的发情明显。此外，后备母猪比生产母猪难于鉴定。通常，经产母猪的发情表现持续 2～3 天，后备母猪的发情表现持续 1～2 天，而排卵在表现发情征状后的 36～40h。因此生产上，多在上午 6:30 至 8:30 和下午 16:00 至 17:30 各检查 1 次母猪是否发情。

彩图：发情表现

图 3-3 发情期"静立反射"　　　　图 3-4 发情期"两耳耸立"

三、发情鉴定的方法

发情鉴定技术是对母猪发情阶段及排卵时间做出判断的技术。通过发情鉴定，可以判断母猪是否发情、发情所处的阶段并推测出排卵时间，从而为准确确定母猪适宜的配种或输精时间提供依据。

发情鉴定常用的方法有试情法、外部观察法和阴道检查法等。由于母猪发情持续期长，外阴部和行为变化明显，生产上，母猪发情鉴定以外部观察为主，结合压背法进行判断。

通过发情鉴定，不仅可以提高母猪的受胎率和繁殖率，而且还可以发现母猪的性功能是否正常，以便及时解决发生的生殖系统疾病。发情鉴定主要包括以下几种方法。

1. 外部观察法

外部观察法主要是通过观察母猪的行为表现、精神状态和阴道分泌物等来确定是否发情和发情程度的一种方法。生产上，采用"一看、二听、三算、四按背、五综合"的鉴定方法，即一看外阴部变化、行为表现、采食情况；二听母猪的叫声；三算发情周期和持续期；四做按背试验；五进行综合分析。当阴户不再流出黏液，黏膜由红色变为粉红色，出现"静立反射"时，为输精较好时间。具体方法为：当母猪处于发情初期，表现为不安，时常鸣叫，外阴稍充血肿胀，食欲减退，大约半天后外阴充血明显，略微湿润，喜欢爬跨其他母猪，也接受其他母猪爬跨。之后，母猪的交配欲望达到高峰，此时阴门黏膜充血更为明显，呈潮红湿润，如果有其他猪爬压其背部，则出现静立反射。

可根据上述方法综合鉴定母猪发情而适时配种，也可采用人工合成的公猪外激素对母猪喷雾，观察母猪的反应，具有很高的准确率。

2. 试情法

试情法是采用试情公猪来鉴定母猪是否进入发情期的一种方法。生产中，一般选用唾液分泌旺盛、行动缓慢的老公猪，或者采用结扎或带有试情布的公猪，也可以采用母猪或者育肥猪进行试情。为了防止试情过程中发生本交，试情用的公猪要经过相应的处理，如结扎输精管、戴上试情布等。

（1）公猪试情　把公猪赶到母猪圈内，如母猪拒绝公猪爬跨，证明母猪未发情；如主动接近公猪，接受公猪爬跨，证明母猪正在发情。

（2）母猪试情　将其他母猪或育肥猪赶到母猪舍内，如果母猪爬跨其他猪，说明正在发情；如果不爬跨其他母猪或拒绝其他猪入圈，则没有发情。

（3）人工试情　通常未发情母猪会躲避人的接近和用手或器械触碰其阴部。如果母猪不躲避人的接近，用手按压母猪后躯时，表现静立不动并用力支撑，用手或器械接触其外阴部也不躲闪，说明母猪正在发情，应及时配种。

3. 人工压背法

用双手按压母猪腰部，若母猪静立不动，即表示该母猪的发情已达高潮，母猪在静立反射中期输精受胎率较高。生产中使用"压背法"时，最好有成年公猪在场，所选用公猪最好是口嚼白沫多、性欲好的，以便让母猪接受公猪的声音和气味刺激。一般来讲，在这种情况下发情检出率几乎为100%，若公猪不在场时，会有1/3的母猪不出现静立反射。

四、发情鉴定的注意事项

为了准确判定母猪发情，在进行母猪发情鉴定时要注意以下一些事项：

①检查母猪发情应在饲喂半小时后、天黑前进行；②检查母猪采用人工查情与公猪试情相结合的方法；③检查发情时，保证试情公猪与母猪鼻对鼻地接触，检查人员应在母猪栏后注意观察母猪的行为和表现，并现场记录；④多选用流出较多唾液的老公猪查情，如让成年公猪短时间接触发情母猪，会使母猪站立发情的征兆更明显；⑤如在栏内检查发情，一定要用木板等辅助，让公猪在几头母猪前运动，接触时间需要5～10min；⑥当对母猪实施压背时，争取让公猪面对面刺激母猪，而且应限定3～4头母猪为一组；⑦配种员所有工作时间的1/3应放在母猪发情鉴定上，而且上、下午各做一次发情鉴定；⑧仔细观察站立发情的征兆，发情的母猪在5min内将做出反应。那些没有反应的母猪需要12～24h后重新检查发情。

➤ 任务实施与评价

详见《学习实践技能训练工作手册》。

➢ 任务拓展

母猪不发情的原因分析及处置方法

正常情况下，经产母猪断奶后 5~7 天，就有 70%~80% 个体能够发情配种，此时是配种的最佳时间。如果发情母猪所占比例低于 70%（夏天炎热季节会更低些）就属于不正常现象；后备母猪超过 8 月龄，体重超过 135kg 还未出现发情，也属于不正常现象。

一、原因分析

导致母猪不发情的因素很多，除年龄、品种、生理解剖结构异常外，还受与公猪接触与否、季节、营养、饲养管理、卵巢囊肿、假孕、怀孕等因素影响。

1. 先天发育畸形

母猪的生殖器官先天发育异常很难被发现，尤其没有经过科学选种，特别是后备母猪不足的情况下，使不具备种用价值的母猪也留作种用。因此，实际生产中因繁殖障碍而淘汰 10% 的母猪是正常现象。导致母猪生殖器官畸形的因素有以下两种。

（1）生理性畸形 如雌雄同体（从外表看是母猪，肛门上部有阴蒂、阴唇和阴门，但腹腔内没有卵巢却有睾丸）、阴道管道形成不完全、子宫颈闭锁或子宫发育不全等。

（2）卵巢发育不良 长期患有慢性呼吸系统病、慢性消化系统病或寄生虫病的小母猪，其卵巢发育不全，卵泡发育不良导致激素分泌不足，影响发情和排卵。

2. 营养因素

（1）营养水平不足 哺乳母猪的体重损失过多，将直接导致母猪发情延迟或不发情，尤其是初产母猪较为严重。因此，分娩 7 天后的母猪日采食量要保持在 5kg 以上，10 天后要保持在 6kg 以上，并添加 3%~4% 的油脂，使消化能达到 3.4Mcal/kg（1cal＝4.1840J）、粗蛋白达到 18%、赖氨酸达到 1%。断奶后，母猪应短期优饲，继续喂哺乳母猪料，每天 3.0~3.5kg，促进断奶母猪早发情，多排卵。

后备母猪因饲养管理不当，导致体况过瘦或过肥，影响其性成熟而出现不发情或发情延迟。如长×大后备母猪的适配月龄为 7~8 月龄，适配体重以 120~135kg 为宜。

（2）微量元素或维生素不足 能繁母猪对某些维生素、微量元素及钙、磷的需要量要大于育肥猪的需要，要额外从饲料中补充。因此，长期使用维生素、微量元素含量较低的育肥猪料，会抑制母猪性腺发育，导致发情延迟或不发情。有些后备母猪体况虽然正常，但长期使用育肥猪料，导致性腺发育受到抑制，性成熟延迟。因此，后备母猪从 5 月龄开始就应该用专用母猪预混料配制的全价料喂养。

（3）饲料原料霉变 饲料霉变会产生某些毒素，其中对母猪发情影响最大的是玉米霉菌毒素，尤其是玉米赤霉烯酮，此种毒素分子结构与雌激素相似。当母猪摄入含有这种毒素的饲料后，其内分泌功能将被打乱，导致母猪发情不正常或排卵抑制。

3. 缺乏运动与光照

为了提高劳动生产率和栏舍利用率，规模化猪场多采用限位栏饲养母猪，导致缺乏足够的运动而引起母猪发情延迟或不发情。将不发情的母猪赶到舍外运动场上适当运动，并将 1 头成年公猪放在运动场上对母猪进行刺激，经过 2~3 天后，部分母猪会出现正常发情。此外，光照对猪的发情有一定的影响，把光线暗的猪舍中不发情的猪调到室外，以促进其发情。连续 70 天仍不发情的母猪，多有器质性疾病，应淘汰。

4. 安静发情

极少数后备母猪已经达到性成熟年龄，其卵巢活动和卵泡发育也正常，却迟迟不表现发情症状或在公猪存在时不表现静立反射。这种现象叫安静发情或微弱发情。这种情况品种间存在明显的差异，国外引进猪种和培育猪种尤其是后备母猪，其发情表现不如土种猪明显。但采取相应措施后，母猪可以受孕。

5. 缺乏公猪刺激

成年母猪长期不与公猪近距离接触，是导致发情延迟或不发情的重要原因之一。成年公猪的求偶声音、外激素气味、求偶及交配行为，通过听觉、视觉、嗅觉等刺激母猪的脑垂体，容易引发母猪排卵、发情、求偶和接受交配等行为的发生，即所谓的"公猪效应"。母猪对公猪的求偶声、气味、鼻的触弄及爬跨等刺激的反应，以听觉和嗅觉最为敏感，诱情就是根据公、母猪间的这种性行为来促使母猪发情的。

6. 疾病因素

某些疾病，如猪瘟、蓝耳病、伪狂犬病、细小病毒病、衣原体病、布鲁氏菌病、乙脑和附红细胞体病等，均会引起母猪不发情及其他繁殖障碍。因此，建立正确的免疫程序，提高母猪的抗病力，是控制上述疾病的有效方法。

近年来，猪附红细胞体病在我国许多省（自治区）都有爆发，给养猪业带来了很大损失，在饲料中定期（间隔 1~2 个月）添加阿散酸 150~250g/t，连续使用 10 天，可以有效地控制附红细胞体病的爆发。

总之，引起母猪不发情及返情的原因很复杂，不同场所要根据具体情况具体分析。如果是普遍存在的现象要仔细查找原因，及时采取措施，若是个别现象，查找原因比较难，如个别母猪 2~3 个情期还不发情，就应考虑及时淘汰。

二、处置方法

对于后备母猪、经产母猪以及屡配不孕的母猪不能正常发情的现象，首先要分析原因，然后采取相应措施，对因遗传原因引起的繁殖障碍应及时淘汰育肥，并在加强饲养管理基础上采取以下措施进行母猪催情和促其排卵。

1. 改善饲养管理

科学饲养，保持适宜的体况是母猪正常发情、配种的基础。对于营养不足、过分瘦弱而不发情的母猪，可适当增加精饲料和青饲料，使其恢复膘情即可发情；对于营养过剩、肥胖造成不发情的母猪，可适当减少含碳水化合物的饲料喂量，使其保持 7~8 成膘，即可恢复发情；对于过肥的断奶母猪，每天饲料量减少 1/3（包括精料和青料），经过 4~5 天后，乳房皱褶开始收缩时，及时增加饲料，让母猪吃饱，一般 5 天左右，母猪即开始发情，可适时输精。

2. 公猪诱情

在猪场建设时，应将配种栏、后备母猪栏与公猪栏建在相近的地方，以促进母猪正常发情、排卵，提高受胎率和产仔数，具体方法有：

① 将公、母猪栏相对排列或相邻排列，或将母猪赶入公猪栏内，有意识地让公猪追逐、爬跨母猪，促进不发情的成年母猪较快发情。

② 取健康公猪精液 1~2mL，用 3~4 倍水稀释，用喷雾器向母猪鼻孔喷雾，诱发母猪发情。

③ 当青年母猪达 150 天时，用成年公猪直接刺激，可使初情期提前 30 天出现。

3. 调换圈舍

将体重 105kg 以上后备母猪、断奶后久不发情的母猪和单圈饲养不发情的母猪采取转栏或重新合栏，最好调换到有正在发情的母猪舍内。经过发情母猪的追逐、爬跨等刺激，一般 4～5 天内就会出现明显的发情行为。

断奶后的空怀母猪和配种后没有怀孕也不表现发情的母猪，最好是每圈 4～5 头小群混养，但要注意混养的母猪年龄和体重相差不要太大，也不要把性情凶狠的母猪与性情温驯的母猪混养在一起，以免打斗过于激烈，造成伤残甚至死亡。

4. 增加运动和光照

对不发情母猪进行驱赶运动，可促进新陈代谢，改善膘情，接受阳光照射，呼吸新鲜空气，可促进母猪发情。特别是饲养在阴暗潮湿的圈舍内的母猪，终日不见阳光，往往不发情。应将其转入干燥、向阳和通风的猪舍内运动 1～2h，使母猪每天能够让阳光照晒 4～6h。

5. 按摩乳房

乳房按摩分表层按摩和深层按摩两种。表层按摩的方法是在每排乳房两侧前后反复抚摩，所产生的刺激通过交感神经引起的垂体前叶分泌促卵泡素，促使母猪发情；深层按摩的方法是在每个乳房周围用 5 个手指捏摩（不捏乳头），所产生的刺激通过副交感神经引起垂体前叶分泌促黄体素，从而促使卵泡排卵。

乳房按摩的方法为：每天早晨饲喂后表层按摩 5min 和深层按摩 10min；母猪出现发情后，改为表层按摩 5min 和深层按摩 5min 即可。

6. 提前断奶或并窝

母猪断奶时间越早，发情时间也就越早。为使母猪提早发情配种，可缩短哺乳期，可采用 28 天断奶（饲养条件好）或 35 天断奶（一般条件），断奶 7 天左右母猪可发情。规模较大的养猪场所，母猪会集中分娩，可将产仔少或泌乳力差的母猪的仔猪全部寄养到其他母猪窝内或者进行并窝。在哺乳期内，减少仔猪昼夜哺乳次数，也可促进母猪发情。出生后 2～3 周的仔猪，每隔 4 小时哺乳 1 次，4 周龄的仔猪每天哺乳 2 次，大约经过 7 天左右，母猪即可发情。

7. 强行输精

对于仔猪断奶 1 个多月后，仍不发情的母猪，采用鲜精 20mL 强行输精，一般 5 天左右即可发情，根据发情鉴定，适时输精。

8. 疾病预防与防治

对于引起繁殖障碍的某些疾病如蓝耳病、伪狂犬病、细小病毒病、乙脑等疾病，应制订科学的免疫计划，切实搞好免疫接种，提高母猪的抗病力。

(1) 免疫程序 猪瘟疫苗要安排在断奶后、配种前注射，每次 4～6 头份，不能在母猪怀孕期注射；蓝耳病疫苗安排在配种前第 1 次，产前 20 天第 2 次；伪狂犬病疫苗每 4 个月注射 1 次；细小病毒疫苗在后备母猪 6 月龄注射第 1 次，配种前注射第 2 次，第二胎最好也要免疫 1 次，可安排在配种前注射，第三胎可以不注射；乙脑疫苗每年 4 月份注射 1 次，南方应考虑在 9 月份再注射 1 次。

(2) 疾病治疗 对于患过子宫炎或阴道炎的母猪，可采用以下方法进行防治，对那些长期不发情的母猪，应及早淘汰。

① 用 25% 的高渗葡萄糖液 30mL，加青霉素 100 万国际单位（IU），输入母猪子宫 30min 以后再配种。

② 用氯化钠 1g、碳酸氢钠 2g、葡萄糖 9g、蒸馏水 100mL（先灭菌后再加碳酸氢钠）配成药液，用此药 20～30mL，加青霉素 40 万国际单位、链霉素 0.5g，注入母猪子宫 30min 后再配种。

③ 用 1% 的雷佛奴尔冲洗子宫，再用 1g 金霉素（或四环素、土霉素）加 100mL 蒸馏水注入子宫，隔 1～3 天再进行 1 次，同时口服或注射磺胺类药物或抗生素，可得到良好效果。

9. 催情

对长期不发情的母猪，在改善饲养管理的前提下，可用下列方法进行催情和治疗。

（1）电针刺激　百会穴、交巢穴采用电针刺激 20～25min，隔日 1 次，两次即可出现发情。

（2）激素催情　常用的激素有垂体前叶促性腺激素、绒毛膜促性腺激素（HCG）、孕马血清促性腺激素（PMSG）等。其中，垂体前叶促性腺激素包括促卵泡素（FSH）、促黄体素（LH），对母猪催情和促排效果显著。

切忌单纯使用雌激素类（如苯甲酸雌二醇等）处理，会造成持续发情而不排卵或假发情，甚至引起卵巢囊肿。目前，使用效果较好的是 PG 600（必精）（荷兰生产），孕马血清 1500～2000IU/头，次日再肌注绒毛膜促性腺激素 1000～1500IU/头，一般 3～4 天后可发情配种。后备母猪可用氯前列烯醇、三合激素、PG 600 按一定比例同时使用，3～7 天后可发情。

（3）中药催情　有关中草药方剂催情的报道有很多，下面介绍几个处方，仅供参考。

处方一：当归 15g、川芎 12g、白芍 12g、小茴香 12g、乌药 12g、香附 15g、陈皮 15g、白酒 100mL。水煎后每日内服 2 次，每次再加白酒 25mL。

处方二：对月草 30～50g、益母草 30～50g、山当归 20～40g、红泽兰 20～30g、淫羊藿 30～50g。水煎后内服。

处方三：淫羊藿 6g、阳起石（酒淬）6g、当归 4g、香附 5g、益母草 6g、菟丝子 5g，共研末，每天 2 次，混食中喂给。

➤ 新技术链接

智能化母猪测情系统

智能化母猪发情检测系统创新性地将红外线技术引入系统中，并通过 24 小时的动态监控，自动检测发情母猪并给猪场管理者提供可以精确到小时的精确配种时间。

在养猪业，做母猪饲喂器的很多，但做母猪查情设备的寥寥无几，因精准捕捉到母猪发情状态（体温、分泌物、静立反射），构建一个算法模型，根据母猪状态数据分析母猪发情指数，准确判断母猪是否发情较难。

Pigwatch（图 3-5～3-7）是德国生产的查情设备，其工作原理是在每个母猪栏前安装一个传感器，对母猪进行一周 7 天，每天 24 小时的全程观察与分析，借助三个红外线感应器所搜集的信息，接下来被输送到 Pigwatch 的中心电脑进行及时分析。它可以通过准确的图示掌握每一头母猪的发情状态，在猪场里使用 Pigwatch 这一管理工具，如同为每头猪雇用了一位经验丰富的饲养员。

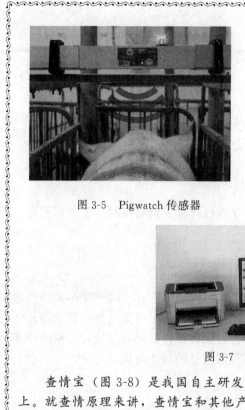

图 3-5　Pigwatch 传感器

图 3-6　Pigwatch 红外线感应器

图 3-7　Pigwatch 中心电脑

　　查情宝（图 3-8）是我国自主研发的一款查情设备，可使母猪受孕率达到 90% 以上。就查情原理来讲，查情宝和其他产品大致相同，都是利用传感器采集母猪行为数据，将数据上传到云端，云端查情算法分析数据并测算发情指数，当母猪发情指数到达一定数值，设备即亮蓝灯，系统也会推送最佳配种时间。虽然原理相同，但查情宝能做到更高的查情准确率，这是因为查情宝装载了更多传感器，能捕捉到更多的母猪发情行为数据，继而能"揪出"更多发情母猪。其次一般产品断奶前后两天不能查情，而在无转栏刺激的情况下，查情宝可以在仔猪断奶后 1.5 天即可查情，这样增加了查情天数，继而对最佳配种时间判断也更准确，增加了母猪受孕率。查情宝可以在断网条件下查情，这是必须要联网的国外产品做不到的。另外，查情宝一装上即可开始查情，而国外产品在查情前需输入母猪档案、公猪诱情、下料时间等信息。查情宝避免了烦琐的信息录入工作。

图 3-8　国产查情宝

任务二　配种

➤ 任务描述

提高养猪的经济效益，减少公猪的负担，适时配种，提高母猪的受胎率和增加产仔数，是当前养猪生产的重要工作。

➤ 任务分析

母猪的日龄对发情鉴定有一定的影响，因此，在进行母猪发情鉴定时，要根据鉴定结果来决定配种时间，以防止错过最佳配种期。

➤ 任务资讯

通常，母猪发情持续时间为 40～70h，而且因品种、年龄、季节不同而存在差异。瘦肉型品种猪发情持续时间较短，地方猪种发情持续时间较长；青年母猪比老龄母猪发情持续时间长；春季比秋、冬季发情持续时间要短。因此，合理确定配种时间，是决定母猪受胎率与产仔数数量的关键，而且也是猪群扩大规模、提高养猪效益的基本前提。

一、配种时间

1. 母猪的排卵

通常，母猪排卵时间多发生在发情后 24～36h 内。例如，国内品种多为 36～42h，排卵持续时间 10～15h（最长达 45h），国外品种为 36～90h，平均 53h。瘦肉型猪发情持续时间为 40～70h，排卵在最后的 1/3 时间内，排卵持续 6h。

如果母猪在发情期进行了配种，但没有受孕，则间情期过一段时间之后又进入发情前期；如已受孕，则进入妊娠阶段，但是母猪产后发情却不遵循上述规律。母猪产后有 3 次发情，第一次发情是产后 1 周左右，此次发情绝大多数母猪只有轻微的发情表现，但不排卵，所以不能配种受孕。第二次发情是产后 27～32 天，此次既发情又排卵，但只有少数母猪（带仔少或地方猪种）可以配种受孕。第三次发情是仔猪断奶后 1 周左右，工厂化养猪场绝大多数母猪在此次发情期内完成配种。

2. 配种时间

公、母猪交配适期主要根据母猪发情、排卵规律，精子和卵子在母猪生殖道中存活时间来确定。在母猪生殖道内，精子和卵子保持受精能力的时间分别为 10～24h 和 6～18h。公猪配种时排出的精子，要经过 2～3h 才能到达受精部位（输卵管上 1/3 处的壶腹部），并完成受精。所以，适宜配种的时间为母猪排卵前 2～3h，即母猪发情开始后的 20～34h。

在生产中，用手压母猪的背部或臀部，母猪呆立不动，或用试情公猪爬跨出现呆立不动时即为配种适期。首次配种应在静立发情开始后 12～16h 完成，经过 12～14h 后，再进行配种 1 次。

母猪的配种时间多在发情后的第 2～3 天进行，而且要与发情鉴定结果相结合。要注意母猪的年龄差异对配种适期的影响。一般来说，老龄猪的排卵较早，青年猪的排卵较晚，所以民间有"老配早、小配晚，不老不小配中间"的说法。老龄母猪要适当提前做发情鉴定，防止错过配种佳期；青年母猪在发情后第 3 天做发情鉴定。母猪发情后，每天至少进行两次发情鉴定，以便及时配种。本交配种应安排在静立反射产生时，人工授精的第一次输精应安排在静立反射（公猪在场）产生后的 12～16h，第二次输精安排在第一次输精后 12～14h。

二、配种方法

1. 自然交配

自然交配是将公、母猪混养在一起，任其自由交配。自然交配是一种粗放的配种方法，不利于公猪个体的发育和使用年限，并可能传播生殖器官疾病。通常，在 15～20 头母猪中放入 1 头公猪，让其自然交配。这种配种方式在养猪生产上已很少采用。

2. 人工辅助交配

人工辅助交配是将公、母猪分开饲养，在母猪发情时，将母猪赶到指定地点与公猪交配或将公猪赶到母猪栏内交配。这种配种方法既能掌握猪群的血统，严格执行选种选配计划，又能控制交配的时间和次数，对品种改良和提高畜群的生产性能，能够起到良好效果。合理地使用公猪，是生产实践中较为合理的一种配种方法。

人工辅助交配应选择地势平坦、地面坚实而不光滑的地方作配种栏（规格为长 4.0m、宽 3.0m），地面采用橡胶垫子、木制地板、水泥砖或在水泥地面上放少量沙子、锯屑以利于公、母猪的站立。公、母猪交配前，先将母猪阴门、尾巴、臀部用 0.1% 高锰酸钾溶液擦洗消毒，将公猪包皮内尿液挤排干净，使用 0.1% 的高锰酸钾将包皮周围消毒。配种人员戴上消毒的橡胶手套或一次性塑料手套，准备做配种的辅助工作。当公猪爬跨到母猪背上时，操作人员一只手将母猪尾巴拉向一侧，另一只手托住公猪包皮，将包皮紧贴在母猪阴门口，便于阴茎进入阴道。当公猪射精时肛门闪动，阴囊及后躯充血，一般交配时间为 10min 左右。

如果公猪体重体格显著大于母猪时，可在配种栏地面临时搭建 1 个高度为 10～20cm 的木制平台，将母猪赶到平台上，将公猪赶到平台下。当公猪爬到母猪背上时，由两人抬起公猪的两前肢，协助母猪支撑公猪完成配种；如果母猪体重体格显著地大于公猪时，应将公猪赶到台上，将母猪赶到台下进行配种。

3. 人工授精

猪的人工授精技术是采用徒手或特制的假阴道，借助采精台采集公猪精液，经检查合格者按精子特有的生理代谢特性，在精液内加入适宜于精子生存的保护剂——稀释液，放在常温、低温或超低温条件下保存，当发情母猪需要配种时，再利用一根橡胶或塑料输精管将精液输入到母猪的生殖道内，以代替自然交配的一种配种方法。人工授精操作主要包括精液的采集、精液品质检查、精液稀释、精液保存、输精和运输等技术环节。

视频：人工授精

三、人工授精操作

1. 采精前的准备

采精一般在采精室进行，采精前应进行如下的准备工作。

（1）采精室的准备　采精室应清洁无尘，安静无干扰，地面平坦不滑，操作台和地板需每天擦拭。采精前，先将台猪周围清扫干净，特别是公猪精液中的胶状物，一旦滴落地面，公猪走动很容易打滑，易造成公猪扭伤而影响生产。采精室内避免积水、积尿，不能放置易倒或易发出较大响声的东西，以免影响公猪的性行为。

（2）采精人员的准备　采精人员及所穿工作服装应尽量固定，以便与公猪建立较稳固的条件反射，同时不可涂抹化妆品等带有刺激性气味的物质，以免分散公猪注意力，操作时注意人畜安全。采精员穿戴洁净的工作衣帽、长胶鞋、乳胶手套，修短指甲，乳胶手套应先用70%乙醇消毒、晾干，30min后使用。

（3）器械的清洗和消毒　器械用2%的碳酸氢钠（小苏打）液洗刷1次，再用蒸馏水或清洁水冲洗5～6次。清洗完毕后进行消毒，玻璃类、金属类、纱布、毛巾等物品先煮沸后，再放于恒温干燥箱内灭菌（120℃、15～30min）；输精胶管采用煮沸消毒或蒸汽灭菌；水温计采用酒精棉球消毒；稀释液采用隔水煮沸10～15min或直接煮沸消毒，消毒过的器械使用前用稀释液冲洗1次。

（4）加强种公猪调教　对种公猪的调教方法有以下几种：①利用发情母猪生殖道分泌物或尿液对种公猪进行诱导采精；②直接用发情母猪作实体进行诱导采精；③利用已调教好的种公猪爬跨假台猪进行训练和调教。调教成功后要连采几天，以巩固其建立起的条件反射，调教好的公猪不准再进行本交配种。

采精前，将公猪赶进采精预备室后，先剪去公猪包皮周围长毛，应用40℃温水洗净包皮及其周围，再用0.1%的高锰酸钾溶液擦洗、抹干。

2. 采精方法

猪的采精方法有很多，但以假阴道采精法和徒手采精法较为常见，其中最常用的方法是徒手采精法。

（1）假阴道采精法　本方法是利用假阴道内的压力、温度、湿润度来诱使公猪兴奋而射精，并获得精液的方法。假阴道主要由阴道外壳、内胎、集精杯、气嘴、胶管漏斗和双连球等部分组成。外壳上面有一个注水孔，通过注入45～50℃的温水，来保持假阴道内维持在38～40℃的温度；内胎由外到内涂匀润滑剂，以增加其润滑度，用双连球进行充气，增大内胎的空气压力，使内胎具备类似母猪阴道壁的功能。假阴道一端为阴茎插入口，另一端则装一个胶管漏斗，以便将精液收集到集精杯内。这种采精方法用在猪上，使用起来比较麻烦，所需设备多，易污染精液，目前使用不多。

（2）徒手采精法　本方法已被广泛应用，所用设备（如采精杯、手套、纱布等）简单，操作简便，同时可根据需要取得公猪射精不同阶段的精液。缺点是公猪的阴茎刚伸出和抽动时，容易使阴茎碰到台猪而损伤龟头或擦伤阴茎表皮，操作不当时易污染精液。

具体做法如下：将公猪赶到采精室，先让其嗅、拱台猪，工作人员用手抚摸公猪的阴部和腹部，以刺激其性欲的提高。当公猪性欲达到旺盛爬上台猪时，公猪将阴茎龟头伸出体外，并来回抽动。采精员站在台猪的右（左）后侧，当公猪爬上采精台后，采精员随即蹲下，待公猪阴茎伸出时，用手握紧其阴茎龟头，特别是要抓住螺旋部分，并顺势拉出阴茎，以控制其龟头不能转动或回缩为限，并带有松紧节奏，以刺激射精。当公猪充分兴奋，龟头频频弹动时，表示将要射精。公猪开始射精时多为精清，不宜收集，待射出较浓稠的乳白色精液时，应立即以右（左）手持集精杯，放在稍离开阴茎龟头处将射出的精液收集于集精杯内。当射完第一次精后，刺激公猪射第二次，继续接收。射完精后，待公猪退下采精台时，采精员应顺势用左（右）手将阴茎送入包皮中。

采精人员面对公猪的头部，能够注意到公猪的变化，防止公猪突然跳下伤及采精人员。采精时，若采精人员能发出类似母猪发情时的"呼呼"声，对刺激公猪的性欲将会有很大的作用，有利于公猪的射精。

经过训练调教后的公猪，一般1周采精1次，12月龄以后，每周可增加至2次，成年后每周2～3次，输精紧张时有时1次/天也可。采精过于频繁的公猪，精液品质差，密度小，精子活力低，母猪配种受胎率低、产仔数少，公猪的可利用年限短；经常不采精的公猪，精子在附睾贮存时间过长，精子畸形率增高或死亡，故采得的精液活精子少，精子活力差，不适合配种，故公猪采精应根据年龄按不同的频率进行，不宜随意采精。采精用公猪的使用年限，美国一般为 1.5 年，更新率比较高；国内的一般可用 2～3 年，但饲养管理要合理、规范。超过 4 年的老年公猪，由于精液品质逐渐下降，一般不予留用。

3. 精液品质检查

精液的品质检查、稀释处理和保存，均在精液处理室进行，处理精液时要求严格规范。新采集的精液应转移到 37℃水浴锅内水浴，或直接将精液袋放入 37℃水浴锅内保温，以免因温度降低而影响精子活力。精液要立刻进行品质鉴定，以便决定可否留用，整个检查进行得要迅速、准确，一般在 5～10min 内完成，从而保证受胎率和产仔数的提高。

精液品质检查的主要指标有：射精量、颜色、气味、精子密度、精子活力、酸碱度、黏稠度、畸形精子率等。后备公猪的射精量一般为 150～200mL，成年公猪的为 200～300mL，有的高达 800～1000mL。正常精液的色泽为乳白色或灰白色，如带有绿色或黄色则是混有脓液或尿液，若带有淡红色或红褐色则是含有血液，这样的精液应舍弃不用。精液略有腥味，精液 pH 值为 6.8～7.2。精液的活力评定一般按 0.1～1.0 的十级评分法进行，鲜精活力要求不低于 0.7。

正常公猪的精子密度为 2.0 亿～3.0 亿/mL，有的高达 5.0 亿/mL。按每个输精剂量至少 30 亿个有效精子计算出可稀释的倍数，通常可稀释 10～15 倍。一般要求畸形率不超过 18%，其测定可用普通显微镜。

4. 精液的稀释

精液稀释的目的是要扩大精液容量，提高精液的利用率；提供营养物质，有利于精子体外的生存。目前，可采用自行配制稀释液或直接购买成品袋装稀释粉进行配制。自行配制操作相对复杂，适合用量较大的猪场使用，袋装稀释粉只需按要求加入蒸馏水即可，操作方便易行。

精液的稀释液分短期保存（3 天左右）和长期保存（5～8 天）两种。采精后立即输精的精液，可不作稀释；需要在 1 天内输精的精液，可用单成分稀释液稀释；需要保存 1～2 天的精液，可用二成分稀释液稀释；需要保存 3 天以上的，可用综合稀释液稀释。

一般情况下，同一种稀释液，精子密度越大，所消耗能量越多，保存时间越短。人工授精的输精量一般每个剂量为 30 亿～50 亿个精子，体积为 80～100mL。如美国采用 30 亿/80mL 头份；我国一般采用 40 亿左右/100mL 头份。

5. 精液的贮存和运输

（1）精液的保存 现行的精液保存方法，可分为常温（15～25℃）保存、低温（0～5℃）保存和超低温（-196℃或-79℃）保存三种。猪的精液冷冻保存效果差，受胎率低，故多采用液态保存。

公猪的全份精液可在 15～20℃下保存，最适宜在 17～18℃保存。由于保存时间不同，保存方法略有区别。贮存 3～4h 内的精液不需要降温处理，常温保存即可；贮存 5～24h 的精液，经过自然降温处理后，放在 15～20℃保温箱或保温瓶中密封贮存。

（2）精液的运输 运输时精液容器应装满封严，并用毛巾包好，以免运输中振荡产生泡沫，尽量缩短运输时间、控制温度变化。冬季用保温箱调节箱内温度在 20～25℃，防止温度变化。应避免阳光直射和沾染烟、酒气味。

6. 输精

（1）输精导管的选择 输精导管分为一次性输精管和多次性输精管两种。一次性输精管又分为螺旋头型和海绵头型两种，长度为 50～51cm。螺旋头一般用无害的橡胶制成，适合于后备母猪的输精；海绵头一般用质地柔软的海绵制成，通过特制胶与输精导管粘在一起，适合于经产母猪的输精。选择海绵头输精导管时，要注意海绵头粘得牢不牢，避免脱落到母猪子宫内。此外，要注意海绵头内输精导管的深度，一般以 0.5mm 为好。因为输精导管在海绵头内包含太多，输精时会因海绵体太硬而损伤母猪阴道和子宫壁，包含太少则会因海绵头太软而不易插入或难于输精。

多次性输精导管多为特制的胶管，经过清洗、消毒等处理后，可以重复使用，故成本较低而比较受欢迎。但是，因头部无膨大部或螺旋部分，输精时易倒流，而且多次使用输精导管要防止变形。

（2）输精时间　输精的适宜时间是在母猪发情出现后的24h，范围为12～36h，以接受公猪爬跨或者进行压背试验而出现静立反射为判定标准。在大群饲养的情形下，母猪多借助于公猪的试情，或者有公猪在场的情况下用压背法加以确定。

为防止贻误输精时间，多采用以下两种标准来输精：①每天试情1次，对出现发情表现的母猪延迟12～24h进行首次输精，间隔8～12h进行第二次输精；②每天试情2次，在出现发情后第12h和第24h各输精1次。

应当注意，母猪每天至少要两次检查静立反射，特别是用鲜精进行人工授精的母猪更要注意。在第一次观察到静立反射后，如果在公猪不在场的情况下出现静立反射，说明母猪已经超过了输精的最适阶段，此时应当尽快实施第一次输精。

（3）输精方法　输精时，母猪一般不需保定。用手将母猪阴唇分开，手持受精胶管插入母猪的生殖道内，先斜上方插入10cm左右，再向水平方向插进，当感觉到有阻力时再稍用一点力（插入25～30cm），用手再将输精导管左右旋转，稍一用力，顶部则进入子宫颈第2～3皱褶处，发情好的猪便会将输精导管锁定，便可输入精液（图3-9）。

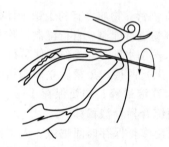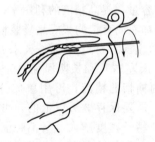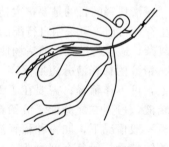

(a) 输精管向斜上方插入10cm左右，再向水平方向，插进25～30cm　　(b) 逆时针方向转动输精管，使输精管前端的螺旋头锁定于子宫颈　　(c) 将贮精瓶与输精管尾部连接，抬高贮精瓶，精液靠重力流入子宫内

图3-9　母猪输精管输精示意图

正常的输精时间应与自然交配时间一样，一般为5～10min，时间太短，不利于精液的吸收而出现倒流；时间太长，则不利于输精工作的进行。输精后，要保证母猪在圈舍内停留一段时间，然后送回圈后1h再喂饲。

➤ 任务实施与评价

详见《学习实践技能训练工作手册》。

➤ 任务拓展

配种的方式与种猪的选配

在养猪实践中，优良的种猪不一定都能产生优良的后代，这是因为后代的优劣不仅取决于双亲的品质，而且还取决于二者配对是否适宜。因此，要想获得大量理想的后代，除必须做好选种工作外，还必须做好选配工作。

一、配种的方式

猪生产上，母猪的配种一般有三种方式，即单配、复配和双重配。

1. 单配

在母猪一个情期内，只交配1次或输精1次。其优点是，可以少饲养一些公猪，而且本交时能减轻公猪的负担和提高公猪的利用率；其缺点是，可能降低受胎率和产仔数，尤其是大型猪场集中发情时，公猪不能满足生产需要。

2. 复配

在母猪一个情期内，用同一头公猪连续交配两次或者连续输精两次。通常为，母猪第一次接受爬跨后先配种或输精1次，间隔8~12h后复配1次或输精1次。其优点是，可提高母猪的受胎率和产仔数；其缺点是，增加了饲养的公猪数量，降低了公猪利用率。有资料表明，发情母猪每间隔12h，连配3次，可提高妊娠率3.4%以上，平均每窝多产活仔数0.5~1.3只。

3. 双重配

在规模化猪场，最好采用双重配的方式，可提高母猪的繁殖成绩。方法是在母猪受精时，用同一品种的两头公猪交配或人工授精。用一头公猪直配或人工授精，间隔12h以后，再用另一头公猪直配或人工授精。双重配的好处，首先是由于用两头公猪与一头母猪在短期内交配两次，能引起母猪增加反射性兴奋，促使卵泡加速成熟，缩短排卵时间，增加排卵数，故能使母猪多产仔，而且仔猪大小均匀；其次由于两头公猪的精液一齐进入输卵管，使卵子有较多机会选择活力强的精子受精，从而提高胎儿和仔猪的生活力。缺点是公猪利用率低，增加生产成本。如在一个发情期内仅进行一次双重配，则会产生与单配一样的缺点。后代的谱系可能要混乱，种猪场和留纯种后代的母猪绝对不能用双重配的方法，避免造成血统混杂，无法进行选种选配，多用于商品猪群，不留作种用。

二、种猪的选配

选配就是有意识、有目的、有计划地组织公、母猪的配对，以便定向组合后代的遗传基础，从而达到通过培育而获得良种的目的。通过人为地控制公、母猪的配对，使优秀的个体获得更多的交配机会，使优良基因更好地重组，进而促进猪群的改良和提高。

从本质上说，选配实际上是一种交配制度，一般分为以下类型。

1. 个体选配

个体选配按其内容和范围来说，主要是考虑与配公、母猪之间的品质对比和亲缘关系的选配。

（1）品质选配　主要考虑公、母猪之间品质对比的选配。所谓品质，既可以是体质外貌、生长发育、生产力、生物学特性等方面的一般品质，也可以是质量性状和数量性状的遗传品质。根据公、母猪的品质对比，品质选配又分为同质选配和异质选配。

① 同质选配　就是选用性状相同、性能表现相似，或育种值相似的优秀公、母猪来配种，以期获得相似的优秀后代。例如，选择白色的长白猪与大白猪的交配，后代都是白色的个体，就是同质选配。通常，选配双方的品质越相似，则越有可能将共同的优良品质遗传给后代。需要说明的是，双方品质的同质性，可以是一个或多个性状的同质，并且同质性是相对的，完全同质的性状和个体是没有的。

②异质选配　异质选配分为两种情况。一种是选择具有不同优良性状的公、母猪交配，以期获得兼具双亲优点的后代。例如，选择瘦肉率高的公猪与母性好的母猪相配，选饲料利用率高的公猪与适应性强的母猪相配。另一种是选用同一性状但优劣程度不同的公、母猪相配，即所谓以好改坏、以优改劣、以良好性状纠正不良性状，以期后代取得较大的改进和提高。例如，某些高产母猪可能生长速度较慢，可选生长速度快的公猪与之相配，在后代中改进这一性状。实践证明，这是一种可以用来改良许多性状的行之有效的选配方法。

（2）亲缘选配　即考虑选配个体之间有无亲缘关系及亲缘关系远近的选配。以交配双方到共同祖先的总代数是否达到6代及以上为判断标志。若超过6代的个体之间的相互交配，其所生后代的近交系数小于0.78%者，称为远亲交配，简称远交；若没有达到6代的个体之间的相互交配，如兄妹、祖孙、亲子等，其所生后代的近交系数大于0.78%者，称为近亲交配，简称近交。

2. 种群选配

种群选配即根据与配双方所属猪群的异同而进行的选配，主要是考虑双方所属种群的遗传特性、性状，以及其在后代中可能产生的作用，具体又可分为下述两类。

（1）纯种繁育　即同种群内的选配，亦即选择相同种群的个体进行交配，其目的在于获得纯种，简称纯繁。例如，用长白猪与长白猪交配，后代在体质外形、生产力及其他性状上保持较高的遗传稳定性。但是，种群内的不同个体会存在一定的差异性。通过种群内的选种选配，仍然可以提高种群的品质，使种群水平不断稳步上升。

（2）杂交繁育　即不同种群间的选配，亦即选择不同种群的个体进行交配，其目的在于获得杂种，简称杂交。杂交不仅可以使原来不在一个群体中的基因集中到一个群体中来，甚至集中到某一个体上来，而且可能产生杂种优势，即后代在生活力、适应性、抗逆性、生长速度及生产力等诸方面，在一定程度上优于亲本纯繁的现象。例如，产自温带的大白猪不适应热带环境，生长性能表现很差，但是其与耐热的本地猪杂交，培育了生长速度快而适应性强的新猪种。

任务三　妊娠诊断

➤ 任务描述

妊娠诊断是母猪繁殖管理上的一项重要内容，其目的是确定母猪是否妊娠，以便区别对待。准确判断母猪妊娠与否，不仅有利于受孕母猪保胎，缩短胎次间隔，增加产仔数目，而且还可以提高母猪的繁殖力和增加养猪的经济效益。

➤ 任务分析

妊娠母猪与非妊娠母猪相比较，其行为表现和机体变化会有一定的差异。要准确判断母猪是否妊娠，不仅要观察母猪的行为表现和机体变化，而且还要借助机体的生化指标或B超等手段做出准确的判定。

➤ 任务资讯

对于已妊娠母猪，要加强饲养管理，维持健康，保证胎儿正常发育，以防止胚胎早期死亡或流产以及预测分娩日期，做好产仔准备；对于未妊娠母猪，要密切注意其下次发情时间，做好补配工作，并及时查找出其未孕的原因，提出相应措施，提高繁殖力。

一、胚胎的生长发育

根据胎儿生长发育的规律，通常将整个妊娠期划分为 2 个阶段，即妊娠前期（0～70天）和妊娠后期（71～114 天），或者分为 3 个阶段，即妊娠初期（0～40 天）、妊娠中期（41～80 天）、妊娠后期（81～114 天）。

受精卵受精后，20～30 天在子宫内形成胎盘。随着怀孕日龄的增加，胎儿的生长发育迅速加快，30 天胚胎重量仅为 2g 左右，60 天胚胎重量为 110g，90 天胚胎重量为 550g，出生时体重达 1300～1500g。不同胎龄胚胎的体长、体重及初生体重的比例，见表 3-1。

表 3-1　不同胎龄胚胎的体长、体重及初生体重的比例

胎龄/天	体长/cm	胚胎重/g	占初生体重/%
30	1.5～2.0	2.0	0.15
60	8	110.0	8.00
90	15	550.0	39.00
114（初生）	25	1300～1500	100.00

从表 3-1 可以看出，胎儿在前期生长发育相对较慢，中期加快，后期迅速。特别是在最后 20 多天，胎儿生长发育迅速，初生重的 60% 以上的增长都发生在该时期。

1. 体重变化

随着怀孕期的发展，母猪体重逐渐增加，后期增长逐渐加快（表 3-2）。其中后备母猪妊娠全期增重为 36～50kg 或更高，经产母猪增重为 27～35kg。母猪体重的增加主要是子宫及其内容物（胎衣、胎水和胎儿）的增长、母猪营养物质的贮存；后备母猪还有正常生长发育的增重。

表 3-2　母猪妊娠期体重增加情况

项目	配种时	1 个月	2 个月	3 个月	4 个月
体重/kg	146.3	163.7	175.5	187.8	199.0
比例/%	100	112	121	128	136

从表 3-2 可以看出，母猪妊娠期的体重，随胎儿的生长发育月龄而增加，母猪妊娠平均增重为 52.7kg，体重增加比例为 36%。

2. 生理变化

母猪在妊娠前期，代谢增强，对饲料的利用率高，蛋白质的合成能力增强。在饲喂等量饲料的条件下，妊娠母猪比空怀母猪增重要多，这与母猪怀孕后一系列的生理变化有关。特别是体内激素影响，促进了妊娠母猪对饲料营养物质的同化作用，使合成代谢加强。

二、妊娠诊断的方法

母猪配种后 3 周不再出现发情特征，而且食欲渐增、被毛顺滑光亮、增膘明显、性情温顺、行动谨慎稳重、贪睡、尾巴自然下垂、阴户缩成一线，并且出现驱赶夹尾走路等表现，

初步判断为已经妊娠。目前妊娠诊断的方法，主要包括外部观察法和超声波检查法等。

1. 外部观察法

主要根据配种后 18 天左右，观察母猪是否有发情表现，作为早期妊娠诊断的主要方法，没有发情表现可初步判断已经妊娠。妊娠母猪因体内新陈代谢和内分泌的变化导致行为及外部形态特征发生一系列的变化，这些变化是有一定规律可循的，掌握这些变化规律就可以判断是否妊娠及妊娠进展状况。

（1）行为变化　妊娠初期表现为无发情表现，随着妊娠日龄的增加，母猪食欲增加，膘情改善，毛色光亮，性情温顺，行动迟缓，活动量减少。妊娠后期，排尿次数增多，容易疲劳，接近分娩时有做窝行为。

（2）乳腺变化　妊娠初期乳腺的变化不明显。妊娠一定日龄后，乳头变粗，颜色为粉红，乳房开始发育，甚至临近分娩前可以挤出乳汁。

（3）身体变化　妊娠初期，胎儿生长缓慢；妊娠中期或后期，腹围增大，下腹部突出；妊娠 60 天以后，在最后两对乳头上方的腹壁，可以触诊到胎儿；妊娠 75 天以后，部分母猪可看到胎动，随着临产期的接近，胎动会越来越明显。

此外，母猪配种后因营养、生理疾患或环境应激造成的乏情也有时被误诊为妊娠，且上述表现在妊娠的中、后期比较明显，早期难于准确地判断。因此，此法只能作为早期妊娠诊断的辅助手段，应与其他诊断方法相配合使用。

2. 超声波诊断法

超声波诊断法是利用线型或扇型超声波装置探测胚泡或胚胎的存在，进而诊断母猪妊娠的一种物理学诊断法。其原理是利用超声波的物理特性和不同组织结构的特性相结合，利用孕体对超声波的反射来探知胚胎的存在、胎动、胎儿心音和胎儿脉搏等情况来进行妊娠诊断。实践证明，配种后 20～29 天，妊娠诊断的准确率为 80%，40 天后达到 100%。目前，用于妊娠诊断的超声诊断仪主要有 B 型、A 型和 D 型 3 种。

（1）B 超诊断法　B 型超声波（图 3-10）诊断法是通过荧光屏上显示的子宫不同深度的断面图，观察到胚胎的外部结构（如子宫、孕囊、胎盘、胎膜和脐带）、胚胎的外形（如胎儿轮廓、四肢、外生殖器和胎动）、胚内结构（如胎心搏动、内脏器官和骨骼）、胎水等，来判断妊娠阶段、胎儿数、胎儿性别及胎儿状态（胎儿的有无、存活或者死亡）。B 超早孕的判断，主要根据是子宫区内观察到圆形液性暗区的孕囊（直径 1～2cm）以及子宫角断面增大、子宫壁增厚等指标，具有诊断时间早、速度快、准确率高等优点，但价格昂贵、体积大，只适用于大型猪场定期检查。

① 孕检部位

a. 经产母猪：母猪腹侧后端倒数第 2 对乳头至第 3 对乳头之间、母猪乳基部起外侧 2～3cm 处，向脊椎 45°的方向来调整探视。随妊娠期增进，探查部位逐渐前移，最后可达肋骨后端。

b. 后备母猪：母猪腹侧后端倒数第 1～2 对乳头上方、母猪乳基部起外侧 2～3cm 处，向对面脊椎 45°的方向来调整探视。随妊娠期增进，探查部位逐渐前移，最后可达肋骨后端。

② 孕检方法　通常，母猪在妊娠 21～28 天进行孕检。母猪的被毛稀少，探查时不需要剪毛，但要保持探查部位的清洁。探查时要刮除泥土和污物，设备开启预热后，务必在探头顶端涂上适量的耦合剂（超声波诊断专用密封剂，有利于探头与皮肤的充分接触），将探头与猪的皮肤贴紧，在孕检部位小幅度移动，观察设备屏幕，看有没有明显的黑点或带有空洞的黑圈（见图 3-11～图 3-14），判断是否妊娠。探头接触猪的皮肤之前必须确认皮肤上是否

图 3-10　猪用 B 超仪

有脏物，如有脏物会影响诊断结果。可根据孕囊出现的个数来初步判断怀胎数目。

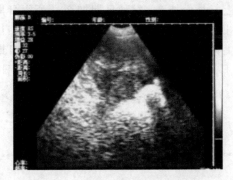

图 3-11　母猪空怀的影像

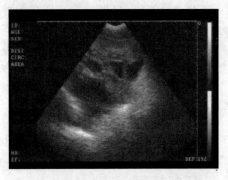

图 3-12　母猪妊娠 22 天影像

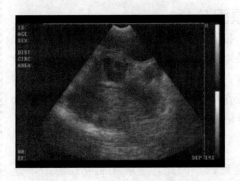

图 3-13　母猪妊娠 25 天影像

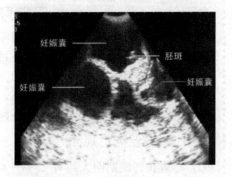

图 3-14　母猪妊娠 30 天影像

③ 注意事项

a. 妊娠早期胚胎很小，要细心慢扫才能探到；b. 在妊娠 28～30 天，子宫通常还没有下垂接触到腹壁，切勿在皮肤上滑动探头快速扫查；c. 探查时，需将探头贴于腹壁向内紧压，以便挤开肠管更能接近子宫；d. 通常先选择从右侧探查，探查时超声发射面保持与体轴垂直，从膀胱开始向前缓慢扫查，探查完右侧后转移到左侧腹壁进行探查；e. 子宫内膜炎母猪在屏幕上通常会误显示为妊娠，但与实际妊娠有所差异，熟练后可分辨出；f. 当屏幕上显示一个特别大的、空洞的黑圈，有时占据接近整个显示屏，则为膀胱；g. 猪体右侧诊断为阴性时，在左侧进行重复检测，如均为阴性，可初步判别该猪为空怀母猪。

（2）实时超声波法　实时超声波在初产母猪和经产母猪的早期准确诊断方面颇具潜力。腹部实时超声波探查的传感器与其他诊断仪相同。超声波穿过子宫然后返回到传感器，若在生殖道内探测到明显的孕囊或胎儿则可确诊妊娠。研究表明，在妊娠 21 天时，分别用 3.5MHz 和 5MHz 的探头，其总体准确度分别为 90％和 96％。5MHz 探头的特异性比 3.5MHz 探头高。操作人员、妊娠日期、仪器和探头类型（3.5MHz 与 5MHz、线形面与扇形面）都可以影响实时超声波检查的准确性。在妊娠 28 天时检查，实时超声波的上述因素对检查结果的影响比在妊娠 21 天时的小。

三、预产期推算

母猪的妊娠期一般为 108～120 天，平均 114 天。生产实践中，母猪的预产期推算方法较多，主要有以下几种。

（1）"3、3、3"　即在配种日期的基础上，月份加 3、配种日期加 3 周又 3 天，所得日期就是预产期。例如，4 月 1 日配种，预产期为 7 月 25 日；9 月 20 日配种，预产期为 1 月 14 日。

（2）"月加 3，日加 20"　即在配种日期的基础上，月份加 3、配种日期加 20，所得日期就是预产期。例如，4 月 1 日配种，预产期为 7 月 21 日；9 月 20 日配种，预产期为 1 月 10 日。

（3）"月加 4，日减 10"　即在配种日期的基础上，月份加 4、配种日期减 10，所得日期就是预产期。例如，4 月 1 日配种，预产期为 7 月 21 日；9 月 20 日配种，预产期为 1 月 10 日。

➢ 任务实施与评价

详见《学习实践技能训练工作手册》。

➢ 任务拓展

母猪胚胎死亡原因分析

母猪胚胎死亡与遗传、母体营养、内分泌、排卵数及子宫内环境、热应激等因素有关。要达到有效减少胚胎死亡的目的，必须采取积极的综合预防措施，认真做好猪的选种选配工作；全面落实日常的兽医卫生措施；进行科学细致的饲养管理；加强病理学和血清学检查，及早确定病原，克服防治工作中的盲目性，才能最大限度地降低胚胎死亡率，提高母猪妊娠率和分娩率，促进养猪业的进一步发展。

一、胚胎死亡规律

母猪在妊娠期间大约有 25％～40％的胚胎会死亡。因此，了解胚胎死亡原因，分析并解决（降低）胚胎死亡率，提高母猪每窝产仔数显得日益重要。胚胎在妊娠早期死亡后被子宫吸收称为化胎。胚胎在妊娠中、后期死亡不能被母猪吸收而形成干尸，称为木乃伊胎。胚胎在分娩前死亡，分娩时随仔猪一起产出称为死胎。母猪在妊娠过程中胎盘失去功能使妊娠中断，将胎儿排出体外称为流产。化胎、死胎、木乃伊胎和流产都属于胚胎死亡。

母猪一般一次排卵 16～25 枚，个别品种更多，每个发情期排出的卵大约有 10％不能受精，有 20％～30％的受精卵在胚胎发育过程中死亡，出生仔猪数只占排卵数的 60％左右。

母猪从受孕后 70 天内有 3 次胚胎死亡高峰期：①胚胎植入后第 5～10 天，胚胎损失率为 22％，尤其是配种后 9～10 天，为胚胎发育过程中大量死亡的关键时期。此时期的胚胎死亡不是与胚胎之间的竞争有关，而是与单个胚胎和它所处的子宫内环境的不同步性有关。②受精后第22～30天，此时正是胎儿器官形成阶段。由于胚胎在一定时期分泌某种有利于胚胎发育的蛋白质类物质，胚胎在竞争此物质时，出现强存弱亡。③妊娠的第60～70天，由于胎儿迅速生长、互相排挤，并且胎盘停止生长，每个胎儿得到的营养不均，致使一部分胚胎死亡。同窝胚胎对获得足够子宫空间的竞争本质上是对生存所需血液运输的营养物质的竞争，胚胎之间的差异性决定竞争过程中的优胜劣汰。

二、胚胎死亡原因

1. 遗传因素

猪胚胎死亡率（或存活率）属低遗传力性状，其遗传力为0～0.23，平均在0.15左右。研究表明，猪的品种不同，其胚胎的死亡率（或存活率）也有很大差异。例如，我国太湖猪早期胚胎死亡率平均为19.61%，国外猪种则为25.59%。我国太湖猪是世界著名的高产仔猪种，究其原因，除了太湖猪具有较高的排卵率外，较高的胚胎存活率也是其高产仔的重要原因。

染色体畸变是猪胚胎死亡的极其重要的原因。因此，通过对窝产仔猪少的公猪和母猪进行细胞遗传学分析，发现染色体畸变的个体应立即淘汰。

此外，近亲繁殖也是引起死胎增加的原因。过度近交会使一些隐性致死基因获得纯合而表达。据观察，近亲繁殖有26%仔猪死亡，而非近亲繁殖只有6%。因此，控制近交繁殖是预防死胎发生的措施之一。

2. 管理因素

（1）分娩和接产 仔猪死胎中70%～90%是在分娩时死亡的，其余大部分是在胎儿发育期间死亡的。分娩时仔猪死亡主要是子宫内缺氧引起仔猪窒息所致，存在以下几种可能：①胎盘收缩，血液流通不畅；②部分胎盘脱离子宫；③脐带由于某种原因而中断。死胎大多出现在分娩末期，这是因为后产出的仔猪从子宫前端移行到子宫体要通过2m多长的子宫角，此间脐带可能因受到拉伸、挤压而过早断裂，若仔猪不能在5min内产出，就会窒息而死。即使不死，也会因脑部缺氧而在产出时处于假死状态，接产员可通过人工呼吸进行抢救。

（2）温度 在怀孕早期，外界温度如果在32～39℃（哪怕短时间内），母猪胚胎死亡率会明显增加。所以，对妊娠3周内的母猪，应保持舍内凉爽。母猪在6～9月份高温季节有32.5%～42%的胚胎发育受阻，其他月份为8.25%～20.7%。这是因为环境温度过高，母猪单纯靠物理调节散热不能维持体热平衡，必须动用化学调节散热，从而导致机体内分泌发生一系列的变化，影响胚胎的发育。

3. 营养因素

母猪在妊娠过程中，由于营养缺乏和营养比例失调会引起胚胎存活率降低，妊娠期营养不足会引起新陈代谢障碍而造成母猪消瘦，不能满足胚胎发育过程中的营养需要，从而致使胚胎死亡。

（1）维生素 维生素E缺乏对胎儿死亡影响较大。据研究，在妊娠期有两个阶段胎儿对维生素E的需要最为明显：①在妊娠最初的4～6周，母猪缺乏维生素E会减少活胎数，导致胎儿死亡并被吸收掉；②在分娩前4～6周，此时缺乏维生素E导致弱仔，也会降低抗应激能力，使仔猪在分娩过程中死亡。据报道，饲料中加维生素E总量从28mg/kg提高到35mg/kg，死亡数从6.6%下降到2.2%。此外，经常饲喂植物性饲料，应当注意补充维生素B_{12}，这对减少死胎也有好处。

胚胎存活率一定程度上还取决于母猪的免疫状态。无论是免疫应答还是免疫缺乏，均能降低胚胎存活率。给母猪补充维生素 A 和维生素 D 可使妊娠 25 天的胚胎成活率达 100%，而对照组为 93.8%。维生素不仅能影响母猪生殖道黏膜的结构和功能，而且能对母猪免疫系统有调节作用，从而促进建立母体与遗传上异己的胚胎之间的免疫相容性。

（2）能量 在妊娠期给母猪高水平能量，会导致胚胎成活率降低。这是因为能量过高，猪体过肥，子宫体周围、皮下和腹膜等处脂肪沉积过多，影响并导致子宫壁血液循环障碍，最后导致胎儿死亡。初产母猪妊娠早期高营养水平会导致胚胎死亡率增加。

（3）其他营养成分 棉籽饼和菜籽饼中的芥子硫苷对胎儿特别有害，过量饲喂也会导致死胎增加。矿物质中的钙、磷、铁和碘对妊娠母猪也比较重要，缺乏时也会使死胎增加。

4. 疾病因素

妊娠母猪生殖器官畸形、子宫疾病以及危害生殖力的传染病都能直接或间接对胚胎产生不同程度的影响。有害微生物是致使子宫感染、降低胚胎存活率的重要原因之一。在交配或人工授精过程中，由于公猪包皮上的污物、精液被污染、器械消毒不彻底等原因都会使妊娠母猪子宫感染大肠杆菌、葡萄球菌等而影响胎儿的存活。目前，疾病因素引起的胚胎死亡占的比例在逐年提高，而且危害也越来越大。

子宫感染病原微生物是引起胚胎死亡的另一重要原因。母猪感染细小病毒、日本乙型脑炎病毒、猪呼吸-繁殖障碍综合征病毒、猪伪狂犬病病毒、布鲁氏杆菌和衣原体、猪钩端螺旋体后，都会引起死胎和流产。

5. 泌乳因素

母猪泌乳期内不会发情受胎，但如在泌乳期第 7 天实行早期断奶然后配种，妊娠 9～20 天胚胎死亡严重。胚胎的成活率随哺乳期缩短而下降，因此哺乳期不足 21 天的母猪胚胎成活率较低。泌乳期对胚胎发育的有害作用可能在于妨碍胚胎的附植，也可能与子宫内膜的复原不完全有关。

6. 药物因素

妊娠期应适当给母猪预防接种，可提高母猪初乳中特定的抗体水平，也可提高仔猪的被动免疫力。妊娠过程中药物使用不当，同样也会造成死胎。例如饲料中添加阿散酸会造成死胎。有资料报道，给怀孕母体注射猪病弱毒疫苗，可引起死胎、胎儿畸形，妊娠期使用流感等弱毒疫苗可引起胚胎吸收等。故猪妊娠期应慎用药物及疫苗。

7. 其他因素

除以上因素外，母猪便秘可使体内毒素排出受阻，造成胎儿吸收；玉米霉变后产生的玉米赤霉烯酮（F-2 毒素）可使妊娠母猪的胚胎死亡；农药、有毒化学物质都会使母猪发生流产、死胎。

三、预防措施

1. 开展选种选配，提高胚胎成活潜力

猪的胚胎成活率属低遗传力性状，很难通过纯种选育来提高胚胎的成活率，但是品种间杂交可以降低胚胎的死亡率。因此在生产中，首先是考虑引进胚胎存活率高的品种来提高胚胎成活率，如我国的太湖猪；其次是开展杂交，避免近亲繁殖是充分利用不同品种在胚胎存活率上的遗传互补，提高胚胎成活率；再次是在进行种猪的选留时，对种猪（尤其是人工授精站点的种公猪）进行相应的细胞遗传学分析，对检测出染色体畸变的种猪进行淘汰，后代不留种。对产仔数少、产仔猪畸形率高的公猪也应及时淘汰。

2. 加强饲养管理

（1）对胚胎易死亡的3个高峰期尽最大可能减少应激，将打疫苗、转群等应激因素安排在这3个时间段外。一般情况下，妊娠前4周的母猪禁止注射疫苗，若需免疫应在4周后补免，否则会引起胚胎死亡。

（2）妊娠3周内的母猪应严格控制温度，确保母猪有一个凉爽舒适的环境。

（3）适时配种是提高胚胎成活率的重要保证。将母猪骨盆发育情况作为后备母猪第一次配种的附加条件。母猪第一胎普遍存在难产的问题，忽略了母猪骨盆的发育。

（4）对于分娩时间超过3h的母猪，及时采取措施。对于难产或老龄母猪在助产时，注射新斯的明和毛果芸香碱。

3. 安胎

胚胎生存的环境——子宫内环境直接决定着胚胎死亡率的高低。采取有效措施保证胚胎生存环境的优良是提高胚胎存活的关键因素。首先是改进胚胎和子宫内环境之间的相互作用，猪胚胎滋养层快速生长、胚胎雌激素合成和胎盘附植到子宫上皮，是早期胚胎成活的关键。胚胎和子宫内膜产生的各种生长因子，以及母体子宫内膜和发育中的胚胎之间的相互作用，可提供有协同作用的环境和为妊娠建立提供免疫学信号。胚胎和子宫内膜必须有效平衡水解酶和抑制剂，以调节胎盘附植。其次是改善子宫内膜毛细血管血液循环。子宫内膜壁水平、子宫腺数量、子宫内膜毛细管床密度均是可能影响胚胎成活所需的胎盘表面积的因素。对上皮绒毛膜类型胎盘的猪来说，胚胎成活的关键因素是子宫内膜毛细血管向胎盘传送营养物质。因此，改善子宫内膜毛细血管血液循环将对胚胎的成活有重要作用。第三是改善新生畜子宫腺的形态发生和发育，附植过程关键需要子宫内膜分泌物。猪出生时没有子宫腺，猪子宫腺发生起始于出生到出生后21天。猪子宫腺影响早期胚胎的附植和生长。

调节母猪体内的生殖激素平衡，对配种后7天的母猪肌注黄体酮20～30mg，或在饲料中添喂孕酮制剂，补充外源性激素的不足，以此提高母猪的生产力。

4. 慎重使用药物

在孕畜和胎儿之间存在着胎盘屏障，胎盘屏障是孕畜的胎盘绒毛组织与子宫血窦之间的一种屏障，具有阻隔或过滤来自于母体的毒素、废料、药物代谢产物等功能，这种功能具有一定的局限性。研究证实，几乎所有的药物都能够穿透胎盘屏障而进入胚胎循环，从而影响胎儿的正常发育，导致胎儿畸形甚至胚胎死亡。例如，硫酸链霉素、盐酸四环素等抗菌药物对胚胎、胎儿有危害性，这种药物应在孕期慎用；而甲氨蝶呤、己烯雌酚等会导致胚胎、胎儿异常，生产中尽可能不用此类药物。

任务四 分娩与接产

➤ 任务描述

母猪分娩是将发育成熟的胎儿排出体外的过程。对临产母猪进行适当的接产或助产措施，是保证母仔平安的关键，也是提高养猪效益的关键技术之一。

➤ 任务分析

随着体内胎儿的发育和分娩期的临近，妊娠母猪的生殖器官及其外部形态和精神状态会发生一系列变化，这种变化称为分娩预兆。根据上述变化，可以判断出母猪大致分娩时间和是否可能难产，为进行顺利接产和人工助产提供参考。

➤ 任务资讯

分娩指妊娠期满，母猪将发育成熟的胎儿及其附属物从子宫内经产道排出体外的生理过程，是自发性的生理活动。

一、分娩

1. 分娩征兆

根据母猪分娩征兆可大致判断分娩的时间，从而有利于做好母猪分娩的接产准备。

（1）生理变化

① 乳房　分娩前乳房迅速膨胀增大，乳腺充实，底部水肿，乳头增大变粗，变为潮红。母猪在产前15～20天，乳房由后向前逐渐增大、下垂，卧地时可见胎动。接近临产期，腹底两侧像带着两条黄瓜一样，两排乳头呈"八"字形分开，皮肤紧张，初产母猪乳头发红发亮。

母猪前面的乳头能挤出透明乳汁时，大约在24h产仔；中间乳头能挤出乳汁时，大约在12h产仔；最后一对乳头能挤出黏稠乳白色乳汁时，大约在4～6h产仔。

② 外阴　临产前3～5天，阴部和阴唇柔软、肿胀、增大，皱纹消失展平，呈松弛状态；阴道壁松软、阴道黏膜潮红，阴道内黏液变为稀薄，子宫颈松弛。临产前，阴部有羊水流出。

③ 骨盆　临近分娩时，骨盆韧带及荐髂韧带松弛，荐骨活动性增大，后躯柔软，骨盆血流量增多，尾根两侧（臀部坐骨结节处）明显塌陷，这是骨盆开张的标志。

（2）行为变化　临产前，母猪神经敏感，表现为精神沉郁、徘徊不安、呼吸加快。护仔性强的母猪，性情暴躁，难以接近，甚至咬人。如母猪出现衔草絮窝，突然停食，时起时卧，频频排粪，拉小而软的粪便，每次排尿量少，但次数频繁等情况，说明当天即将产仔。

在生产实践中，常以母猪衔草絮窝，最后1对乳头能挤出浓稠乳汁，挤时不费力，乳汁如水枪似射出，排小而软如柿饼状粪便，尿量少，排尿次数频繁等作为判断母猪即将产仔的主要征兆。出现上述征兆，一定要有人看管，做好接产准备工作。

（3）体温变化　分娩前母猪的体温有明显的变化，是预测分娩时间的重要标志之一。大多数母猪在分娩前3～4天，体温从38～39℃开始下降，临产前9h体温会降到最低，比正常体温降低1.5～2℃，甚至以上。当体温开始回升时，就预示着即将分娩。若体温低于39℃，或者高于39.5℃都是不正常现象。

2. 分娩过程

整个分娩期从子宫颈开张、子宫开始阵缩到胎衣排出为止，一般分为3个阶段：开口期、胎儿产出期和胎衣排出期。前两个时期并没有明显的界限。

（1）开口期　从子宫开始间歇性收缩，到子宫颈口完全开张，与阴道之间的界限完全消失为止，一般为3～4h。这一阶段的特点是：一般只出现阵缩而不出现努责；行为上表现为起卧不安、举尾徘徊、食欲减退，常做排尿动作，有时也有少量粪尿排出，呼吸与脉搏加快。

由于子宫颈的扩张和子宫体的收缩，迫使胎水和胎膜推向松弛的子宫颈，促使子宫颈开张。开始时阵缩的频率低，间隔时间长，子宫每15min收缩1次，每次持续20s。但随时间的进展，收缩频率、强度和持续时间逐渐增加，到最后以每隔几分钟收缩1次。

（2）胎儿产出期　从子宫颈完全开张，到所有胎儿全部排出为止。产出期持续时间的长短取决于胎儿数目和产仔间隔，一般为2～6h。这一阶段的特点是：阵缩和努责共同发生而且强烈，努责是排出胎儿的主要的力量，比阵缩出现得晚、停止得早。行为上表现为极度不安、痛苦难忍、回顾腹部、嗳气、弓背努责。

第一个幼仔排出较慢，从母猪停止起卧到排出大约需要10～60min，之后的间隔时间，我国品种大约为2～3min，引进品种为11～17min。当第一只胎儿进入骨盆，阵缩与努责更加强烈，而且持续时间更长，更加频繁。同时常常会将后肢向外伸直，强烈努责数次，休息片刻继续努责，直至胎儿排出。

（3）胎衣排出期　从胎儿排出后到胎衣完全排出为止。母猪稍加安静，数分钟，子宫恢复阵缩，但收缩的频率和强度都比较弱，偶尔还配合轻微的努责。胎盘与胎膜通常在幼仔娩出10～60min内排出。胎盘具有丰富的蛋白质，母猪通常会吃掉胎盘和胎膜，用于补充能量，有利于分娩和催乳作用。但是，不要吃得太多，否则会引起胃肠的消化障碍，一般食用2～3个即可，剩余的胎膜应该将其移走。

二、接产

1. 接产前的准备

（1）产房的准备　准备的重点是保温和消毒。现代化猪场实行流水式的生产工艺，均设置专门的产房或分娩舍。产前对产房进行检修，对供暖设备也要做一次检修，尤其是北方地区更为重要。如果无专门产房，要找一个密闭较好的猪舍作临时产房。在天冷时，圈前要挂塑料布帘或草帘，圈内放上加温设备，如红外线灯、暖炉等。

视频：接产

产房要求温暖干燥，清洁卫生，舒适安静，阳光充足，空气新鲜。温度在20～23℃，最低也要控制在15～18℃，相对湿度65%～75%为宜。产房内温度过高或过低，湿度过大是仔猪死亡和母猪患病的重要原因。产栏安装滴水装置，夏季头颈部滴水降温，冬春季节要有取暖设备，尤其仔猪，局部保温应在30～35℃。

产前消毒事关重要，为确保母仔平安、减少腹泻、防止母猪产后感染，在母猪产前的5～10天将产房冲洗干净，再用2%～3%来苏儿或2%的氢氧化钠水溶液消毒，墙壁用石灰水粉刷，铺上柔软清洁的垫草或设置分娩产床。

（2）接产用具及药品准备　包括仔猪保温箱、干净毛巾、母猪产仔记录表格、照明灯、剪牙钳、断尾钳、剪子、5%的碘酒、2%～3%来苏儿、结扎线（应浸泡在碘酒中）、秤、保暖电热板或保温灯、催产药品和25%的葡萄糖（急救仔猪用）等。

（3）母猪分娩前的护理　应根据母猪的膘情和乳房发育情况采取相应的措施。产前10～14天开始，母猪食料逐渐改用哺乳期饲料，并添加7～14天强力霉素等抗生素以预防产后仔猪下痢。对膘情及乳房发育良好的母猪，产前3～5天应减料，逐渐减到妊娠后期饲养水平的1/2或1/3，并停喂青绿多汁饲料，以防母猪产后乳汁过多而发生乳房炎，或因乳汁过浓而引起仔猪消化不良，下痢。对那些膘情及乳房发育不好的母猪，产前不仅不应减料，还应加喂含蛋白质较多的粗类饲料或动物性饲料。

产前2周，对母猪进行检查，若发现疥癣、虱子等体外寄生虫，应用2%敌百虫溶液喷雾消毒，以免产后仔猪感染。产前3～7天应停止驱赶运动或放牧，让其在圈内自己运动。安排好昼夜值班人员，密切注意，仔细观察母猪的临产征兆及其变化，随时做好接产的准备。

产前1周，将妊娠母猪赶入产房，以适应新环境。进产房前应对猪体进行清洁消毒，用温水擦洗腹部、乳房及阴门附近，然后用2%～5%的来苏儿消毒，做到全身洗浴消毒效果更佳。同时要注意减少母猪对产栏的污染。

2. 接产操作

母猪的妊娠期平均为114天，变化幅度较小，提前或延后1～2天均属正常现象。由于母猪分娩多在夜间，为避免死胎和假死现象的发生，保证母猪正常分娩，并缩短产程，要求有专人看管，每天注意观察母猪的分娩征兆。母猪分娩时，必须有饲养员在场接产，严禁人员离开现场。同时在整个接产过程保持产房安静，接产动作迅速而准确。

母猪分娩的持续时间为0.5～6h，平均为2.5h，平均出生间隔为15～20min。产仔间隔越长，仔猪就越弱，早期死亡的危险性越大。对于有难产史的母猪，要进行特别护理。

母猪分娩时一般不需要帮助，但出现烦躁、极度紧张、产仔间隔超过45min等情况时，就要考虑人工助产。

（1）产仔　一般母猪在破羊水30min内即会产出第一头仔猪。仔猪出生后，应立即将其口鼻黏液去除，并用清洁抹布将口鼻和全身的黏液擦干，涂上爽身粉，以利仔猪呼吸和减少体表水分蒸发，避免发生感冒。个别仔猪在出生后胎衣仍未破裂，应立即撕破胎衣，避免发生窒息死亡。

（2）断脐　仔猪离开母猪时，一般脐带会自行扯断，但仍保留20～40cm长的部分，应及时进行人工断脐。将脐带内的血液向仔猪腹部方向挤压，然后在距离腹部4cm处将脐带用手指掐断，断处用碘酒消毒。若断脐时流血过多，可用手指捏住断端3～5min，直到不出血为止。考虑到链球菌病在多数猪场存在，最好用在碘酒中浸泡过的结扎线扎紧，否则开放的脐带断端为链球菌侵入猪体提供了前提条件，许多猪场仔猪发生关节炎和脓肿就与此有一定的关系。留在仔猪腹壁上的脐带经过3～4天即会干枯脱落。

（3）剪犬齿　用剪齿钳将初生仔猪上、下共8颗尖牙剪断，剪时应干净利落，不可扭转或拉扯，以免伤及牙龈。断面要平滑整齐，并用2%碘酒涂抹断端，以减少细菌感染。

（4）断尾　断尾是猪场的常规工作，可避免断奶、生长、育肥阶段的咬尾。断尾要避免太短，一般猪场将阴门末端（母猪）和阴囊中部（公猪）作为断尾长度的标线。断尾要用专用断尾工具（断尾钳或高温烙铁），断尾后要进行消毒。操作时，也可先用一个小软管套在尾巴上，再进行断尾，保证尾巴的长度一致。为了使仔猪恢复快、伤口小、出血少，断尾在仔猪生后不久就要进行操作。

（5）接种　根据猪场的具体情况，进行相应疾病的接种。如做猪瘟弱毒疫苗乳前免疫，剂量为1～2头份。对进行乳前免疫的仔猪，应在注射疫苗后1～2h开奶。

（6）吃初乳　仔猪出生后10～20min内，应将其抓到母猪乳房处，协助其找到乳头，吸上乳汁，以得到营养物质和增强免疫力，同时又可加快母猪的产仔速度。

（7）保温　将仔猪置于保温箱内（冬季尤为重要），箱内温度控制在32～35℃。

（8）记录　种猪场应在产仔24h内进行个体称重，并剪耳号。

（9）清理产栏　产仔结束后，应及时将产床或产圈打扫干净，特别是母猪排出的血水、胎衣等污物要及时清理，保持产房干净，以预防疾病并避免母猪吃仔猪的恶癖。

三、难产与助产

在接产过程中，如果发现胎衣破裂、羊水流出，母猪强烈努责 1h 后仍无仔猪排出，或者产仔间隔在 1h 以上时，可能发生难产。此外，当母猪超过预产期 3～5 天，仍无临产征兆，或者产出 1～2 头仔猪后，仔猪体表已干燥且活泼，而母猪不再继续产出，都是难产的表现。

发生难产时，应该立即采取措施助产。助产时，除注意挽救仔猪外，还要尽量保持母猪的繁殖力，防止产道的损伤、破裂和感染。为了方便矫正和拉出胎儿，应向产道内注入大量润滑剂。矫正胎势、胎位时，应该在母猪阵缩的间隙将胎儿推回子宫。在分娩过程中，还要保持环境的安静，配备专人接产和护理。

人工助产时，接产人员应先把指甲磨光，并用肥皂水洗净手及手臂，用 2% 来苏儿或 0.1% 高锰酸钾将手及手臂消毒，涂上凡士林或油类润滑。然后将手指捏成锥形，随着子宫收缩节律慢慢伸入，触及胎儿后，根据胎儿进入产道的部位，抓仔猪的两后腿或下颌部将其拉出。若出现胎儿横位，应将头部推回子宫，捉住两后肢缓缓拉出；若胎儿过大，母猪骨盆狭窄，拉小猪时，一要与母猪努责同步，二要摇动小猪，慢慢拉动。拉出仔猪后应帮助仔猪呼吸。助产过程中，动作必须轻缓，注意不可伤及产道、子宫，待胎儿胎盘全部产出后，将产道局部抹上青霉素粉，或肌注 40 万单位青霉素，以防发生子宫炎、阴道炎。

实施人工助产时，要遵循"推、拉、掏、注、剖"的五字原则：①推，是接产人员用双手托住母猪的后腹部，随着母猪的努责，向臀部方向用力推；②拉，当仔猪的头或腿发生时出时进时，用手将仔猪拉出；③掏，当母猪用力努责而仔猪长时间未生出时，将手慢慢伸入产道，随努责将仔猪掏出；④注，肌内注射催产素 3～5mL，促进分娩；⑤剖，注射催产素仍无效，或由于胎儿过大、胎位不正、骨盆狭窄等原因造成难产，应立即人工剖产。

此外，有难产史的母猪，产前 1 天肌注律胎素或氯前列烯醇，以利于分娩。当临产母猪的子宫收缩无力，或产仔间隔超过 30min 者要注射缩宫素，但要注意在子宫颈口开张时使用。发生难产的母猪，要在系谱卡上注明难产发生的原因，以便下一产次的正确处理或作为淘汰鉴定的依据。

四、假死仔猪的急救

仔猪出生后全身发软，张口抽气，甚至停止呼吸，但心脏仍然在跳动，用手指轻压脐带根部感觉仍在跳动的仔猪称为假死仔猪。

造成仔猪假死的原因很多：仔猪在产道内停留的时间过长，吸进产道内的羊水或黏液造成窒息。仔猪在母猪产道内停留时间过长的原因主要是以下几种：母猪年老体弱，分娩无力；母猪运动不足，腹肌无力；胎儿过大并卡

视频：假死仔猪
的急救

在产道的某一部位；母猪产道狭窄或者有肿瘤等。

发生难产时，可以采用以下方法进行急救：①人工呼吸法，即饲养员将仔猪四肢朝上，放在麻袋或垫草上，一手托着肩部，另一手托着臀部，然后一屈一伸反复进行，直到仔猪发出叫声后为止。②呼气法，即向假死仔猪鼻内或嘴内用力吹气，促其呼吸。③拍打法，即提起两后腿，头向下，用手拍胸拍背，促其呼吸。④药物刺激法，即采用在鼻部涂 75% 乙醇等刺激物或针刺的方法，促其呼吸。⑤捋脐法，擦净仔猪口鼻内的黏液，将头部置于稍高的软垫草上，在脐带 2～3cm 处将其剪断。术者一手捏紧脐带末端，另一手自脐带末端捋动，每秒 1 次，反复进行不得间断，直至救活。一般情况下，进行 30 次时假死仔猪出现深呼吸，40 次时仔猪发出叫声，60 次左右仔猪可正常呼吸。特殊情况下，要捋脐 120 次左右，假死仔猪方能救活。

不管采用哪种方法，在急救前必须先把仔猪口、鼻内的黏液或羊水用手捋出并擦干后，

再进行急救，而且急救速度要快，否则假死会变成真死。

五、母猪的产后喂养与管理

为了保证母猪的健康和采食欲，分娩前10～12h一般不再喂料，但应满足饮水，冷天水要加温。母猪的产仔时间较长，一般不喂食，只供给热的麸皮水（麸皮250g、食盐25g、水2kg），补充体力，解渴，防止母猪吃仔。母猪分娩后1天，身体极度疲乏，常感口渴，不愿意吃食，也不愿意活动，不要急于饲喂平时的饲料，让其躺卧休息。特别是不能喂给浓厚的精饲料，特别是大量饼粕类饲料，以免引起消化不良和乳汁过浓，可能会引起母猪乳房炎和仔猪拉稀。若母猪有食欲，可喂少量饲料（每天喂0.5～1.0kg）。母猪产后2～3天，要驱赶站立，并根据母猪的膘情及食欲，逐渐增加精料量，产后7天左右转入哺乳期正常饲养，日喂3～4次，喂量加大到6kg/d以上。在母猪增料阶段，应注意母猪乳房的变化和仔猪的粪便。

在分娩时和泌乳早期，饲喂抗生素能减少母猪子宫炎和分娩后短时间内缺乳症的发生。产前产后，日粮中添加0.75%～1.5%的电解质、轻泻剂（小苏打、芒硝等）以预防产后便秘、消化不良、食欲不振，夏季日粮中添加1.2%的小苏打可提高采食量。母猪分娩后，除非天气十分闷热，要关上门窗，可用排气扇通风。注意产房内不能有穿堂风，室温最好控制在25℃左右。母猪产后3～4天，由于产后体弱，易受外界环境的影响而患病，所以应给予特殊照顾，最好在圈内自由活动，如天气较好可到户外运动。任何时候都应尽量保持产房的安静，饲养员不得在产房内嬉戏打闹，不得故意惊吓母猪及仔猪。要尽量保持产房及产栏的清洁、干燥，做到冬暖夏凉。任何时候栏内有仔猪时均不能用水冲洗产栏，以防仔猪下痢。除工作需要外，不能踏入产栏内。随时观察母猪的采食量、呼吸、体温、粪便和乳房情况，以防产后患病，特别是患高烧的疾病。任何时候若发现母猪有乳房炎、食欲不振和便秘时，都要减少喂料量并及时治疗。

➢ 任务实施与评价

详见《学习实践技能训练工作手册》。

➢ 任务拓展

母猪难产原因分析与预防措施

一、难产的原因

难产在猪生产中较为常见，主要是由于母猪骨盆发育不全、产道狭窄、子宫收缩弛缓、胎位异常、胎儿过大或死胎导致分娩时间拖长所致。如不及时处置，可能造成母仔死亡。通常，难产可以分为产道性难产、产力性难产和胎儿性难产三种。

1. 产道性难产

由于母猪骨盆狭窄，子宫捻转，腹股沟疝，子宫颈或阴道发育不充分，分娩时产道不能松弛和开张而引起的难产，多见于配种过早或先天发育异常的母猪。

2. 产力性难产

母猪产程过长，身体消耗大，无力将胎儿娩出而引起的难产，多见于母猪过肥（骨盆与阴门周围沉积大量脂肪）、运动不足、过瘦而体弱、老年个体，或小型品种猪。

3. 胎儿性难产

由于胎儿发育异常、胎儿过大以及胎儿的胎位、胎势异常所引起的难产，常见于杂交或者妊娠后期营养过剩，容易出现胎儿过大而发生难产。此外，头颈侧弯、怪胎、先天性头部水肿以及重度畸形等，都会发生胎儿性难产。

近亲繁殖的仔猪，可能存在遗传缺陷，或者畸形，母猪也可能发生难产。在母猪产仔过程中，如果人员多而杂乱，其它动物（如犬、猫等）进入猪圈，或者突发的声音（如炮声、打夯声）引起母猪神经紧张，也会引起难产。此外，母猪发生某些疾病，如曾经开过刀留有伤疤等情况，也会因努责不足而发生难产。

正常的助产如果没有效果，就可能发生难产，应及时做进一步处理，如药物（激素）处理，必要时进行剖宫产手术。

二、难产的预防

难产不是常见病，但易引起胎儿死亡，处理不当，会使母猪子宫及软产道受到损伤或感染，轻者影响繁殖能力，重者危及生命。一般预防措施如下所述。

1. 切忌过早配种

配种过早，母猪在妊娠期间，生殖器官未发育成熟，骨盆狭窄，易发生产道性难产。在保证初配适龄的前提下，加强饲养管理，保证母猪的发育，以减少因其发育不良而引起难产。

2. 加强饲养管理

妊娠期的合理饲养，既能够保证胎儿的生长和维持母猪健康的营养需要，又可以降低发生难产的可能性。妊娠末期，适当减少蛋白质饲料，以免胎儿过大，造成胎儿性难产。

3. 适当运动

适当的运动，提高母猪对营养物质的利用，使全身及子宫的紧张性提高。分娩时，有利于胎儿的转位、防止胎衣不下及子宫复位不全等。

4. 做好临产检查和早期诊断

临产前，及时对妊娠母猪进行检查、矫正胎位，掌握胎儿数量，是减少难产发生的有效措施。通过阴道检查可以了解子宫颈扩张程度和胎位是否正常、胎儿是否存活等状况，还可以通过 B 超检查胎儿的数量、大小以及胎位、胎势等，以便有目的地助产。

➤ 学习自测

一、选择题

1. 生产中母猪的发情持续时间平均为（　　）h。

A. 12　　　　　　　　B. 48～72　　　　　　C. 96　　　　　　　　D. 24

2. 生产中母猪最常用的发情鉴定方法为（　　）。

A. 外部观察法并结合直肠检查综合判断　B. 外部观察法

C. 阴道检查法　　　　　　　　　　　　D. 阴道检查法结合发情计步器监测

3. 生产中母猪最常用的妊娠诊断方法为（　　）。

A. 外部观察法并结合直肠检查综合判断　B. 外部观察法

C. B 超检查法　　　　　　　　　D. 阴道检查法结合发情计步器监测

4. 猪的发情周期为（　　）天。

A. 21　　　　　　　B. 17　　　　　　　C. 42　　　　　　　D. 114

5. 我国采用人工授精的输精量一般为每头份（　　）左右。

A. 40 亿/100mL　　　B. 40 亿/80mL　　　C. 80 亿/100mL　　　D. 20 亿/100mL

二、简答题

1. 养猪生产中常利用"3、3、3"法计算母猪的预产期，请问 12 月 6 日配种的母猪何时分娩？

2. 如何根据母猪临产征兆判断产仔时间？

3. 简述仔猪接生全过程？怎么判定需助产？怎样助产？

三、综合测试

某猪场，经产母猪断奶后一个月有 70% 多未发情，后备母猪达 230 日龄有 90% 均未发情，请你分析该场母猪不发情的原因有哪些？

项目四 种猪饲养管理

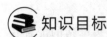

知识目标

- 了解各阶段种猪的营养需求。
- 知道各阶段种猪的生理特点、淘汰标准。
- 掌握各阶段种猪的饲养管理关键控制点。

技能目标

- 能正确开展种猪各阶段的饲养管理。
- 能科学管理种猪各阶段的生产工作。

思政与职业素养目标

- 关注动物福利，培养人与动物和谐共处的养殖理念。
- 树立强农兴牧的专业责任感，坚定从事畜牧行业的信念。

❖ 项目说明

■ 项目概述

种猪的生产管理工作是整个养猪业生产的基础，是养猪生产过程中非常重要的环节，只有通过科学的饲养管理才能生产出数量多、质量高的仔猪，才能保证仔猪和肉猪的生产，提高养猪业的生产效益。

■ 项目载体

后备猪群、种猪、猪场内实训室（配有多媒体）、各阶段种猪饲料。

■ 技术流程

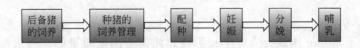

任务一　种公猪的饲养管理

➤ 任务描述

　　种公猪在猪群繁育中起到非常重要的作用，1头种公猪可承担20～30头母猪的配种任务，人工授精，1头种公猪承担200～300头母猪的配种任务。如果种公猪质量不佳，不仅造成母猪不孕，而且直接影响后代品质，使整个猪群品质下降。可见，养好种公猪是提高生猪生产水平的重要环节。

➤ 任务分析

　　根据公猪的生理特点，合理地饲喂配合，保持营养、运动、配种三者的平衡，保证公猪有良好的体况、旺盛的性欲，产生品质良好的精液，提高配种的效率。

➤ 任务资讯

一、种公猪的营养

　　随着公猪的性成熟，精液量和精子数不断增加，营养水平要求也较高。公猪一次射精量一般平均在250mL，交配时间也比较长，消耗的能量多，所以要保持高氨基酸、维生素和钙、磷的摄入量，以便保持公猪的繁殖力和性欲。种公猪的生长发育对营养水平的高低非常敏感，直接影响配种能力和精液品质。

　　种公猪日粮的安全临界值为：蛋白质13%、消化能13MJ/kg、赖氨酸0.6%、钙0.95%、磷0.8%。饲喂适量的锌、碘、钴、锰可提高精液品质。使用哺乳母猪料即可满足成年公猪的营养需要。对于一般规模不大的猪场，可采用专业厂家生产的哺乳母猪预混料自行配制，大猪场或有条件者最好使用种公猪专门饲料。

二、种公猪的饲养

　　将种公猪的饲养管理分成4个阶段：适应生长阶段、调教阶段、早期配种阶段和成熟阶段。

1. 适应生长阶段

　　几次选种后至130kg体重为适应生长阶段。此期要用高质量的饲料限制饲喂，每天限制饲喂2～3kg的育成料、后备母猪料或哺乳料（不同阶段专用种公猪料），日增重为600g，8～10周后，即8月龄时体重达130kg。

视频：种公猪的
饲养管理

2. 调教阶段

　　体重130～145kg时为调教阶段。根据体况，每天限制饲喂2.5～3.5kg优质配合饲料，9月龄体重达145kg。

3. 早期配种阶段

　　9～12月龄为早期配种阶段。继续控制种公猪的生长和体重。根据体况，每天限制饲喂2.5～3.5kg的妊娠母猪料，以控制种公猪的体重和背膘厚。根据5分制体况评定，种公猪最理想的体况应比母猪低1分。如果种公猪体况过肥，不仅会缩短使用年限，而且会影响性欲和配种精力，特别是在高温季节。

4. 成熟阶段

12 月龄到配种时为成熟阶段。继续控制生长和体重。每周均衡配种 6 次，做好配种记录。根据体况饲喂专用种公猪料，粗蛋白含量在 15% 以上，饲喂量每日限制在 2～2.5kg，使其体况评分比同群母猪低 1 分。

种公猪的使用年限一般为 2～3 年，应通过加强饲养管理尽可能延长种公猪的使用年限。

如果哺乳期母猪，每周断奶 1 次、哺乳期为 3～4 周，适宜的公母比例应为 1∶20，即每 100 头母猪需要 5 头配种公猪。如果这 5 头种公猪每年需更新 2～3 头，那么，公母比例大概为 1∶17。

三、种公猪的管理

1. 单圈饲养

6 月龄的公猪进入性成熟，此时要将公猪单圈饲养，每头占地 6～7.5m^2，舍温在 18～22℃为宜。猪舍和猪体要经常保持清洁、干燥。

2. 运动

运动具有促进新陈代谢、增强公猪体质、提高精子活力、锻炼四肢等作用，能提高配种能力。运动方式，可在大场地中让猪只自由活动，也可以在运动跑道中进行驱赶运动，每天运动 1～2 次，每次约 1h，距离 1.5km 左右，速度不宜太快。夏季炎热时，运动应在早上或傍晚凉爽时进行；冬季寒冷时则在午后气温较暖时进行。配种任务繁重时，要酌减运动量或暂停运动。

3. 防暑降温

种公猪的最适温区为 18～22℃，30℃以上就会对公猪产生热应激，公猪遭受热应激后会降低精液品质，并在 4～6 周后降低繁殖配种性能，母猪主要表现为返情率高和产仔数少，因此，在夏季要对公猪进行有效的防暑降温，将圈舍温度控制在 30℃以内。降温措施有猪舍遮阴、通风，在运动场上设置高喷淋装置或人工定时喷淋、湿帘降温和空调降温等。

4. 合理利用

种公猪开始配种的时间不宜太早，最早也要在 8 月龄或体重 120kg 以上，一般在 10 月龄或体重达 130～135kg 时初配为好。

种公猪的自然交配频率一般为：1 岁以内青年公猪每日可配种 1 次，每周最多配 5 次；成年公猪每日可配 2 次，间隔时间为 8～10h，每周最多配 10 次；老龄公猪每日配 1 次，连用 2 天，休息 2 天。

人工采精频率为 1 岁以内青年公猪、后备公猪每周可以采 1～2 次；成年公猪每周可以采 4～5 天，每天 1 次，适当休息 1～2 天。

配种应在吃料前 1h 或吃料后 2h 进行。每次配种完毕后，要让其自由活动十几分钟，不要立即饮水，然后关进圈内休息或自由运动。

公猪长期不配种，会影响性欲或完全没有性欲，精液品质也会很差。因此，在非配种季节，公猪可定期或半月左右人工采精一次，有利于其健康。

在高温季节，采精频率可适度增加，避免精液在体内存留时间太长，精子活力下降。

5. 夏季时要调整饲喂时间与饲料给量

(1) 有条件的猪场可减少舍内密度 10% 左右，这样可以降低舍内的温度。

（2）早上提前至 5:00～6:00 喂料，下午推迟到 18:00～19:00 喂料，尽量避开天气炎热时投料，夜间（22:00～23:00）加喂 1 次，中午不喂料。

（3）把干喂改为湿喂或采用颗粒饲料，增加猪采食量。湿拌料可以增加采食量 10% 左右，但天热时湿拌料容易变质，因此当餐没有吃完的饲料一定要清扫干净，不能与下一餐饲料混饲。饲养员应注意掌握投饲量，以免造成不必要的饲料浪费。同时做好饲料保管工作，防止饲料霉变。

6. 良好的光照

在种公猪管理中，光照最容易被忽视，光照时间太长和太短都会降低种公猪的繁殖配种性能，适宜的光照时间为每天 5～6h 左右，通常将种公猪饲喂于采光良好的圈舍即可满足其对光照的需要。

7. 刷拭与修蹄

每天用刷子给种公猪全身刷拭 1～2 次，可促进血液循环，增加食欲，减少皮肤病和体外寄生虫病。夏季每天给种公猪洗澡 1～2 次。经常给种公猪刷拭和洗澡，可使种公猪性情温驯，活泼健壮，性欲旺盛。还要注意护蹄和修蹄，蹄不正常影响公猪配种。

8. 定期驱虫

定期对种公猪进行体内外驱虫工作，可按每 33kg 体重 1mL 注射伊维菌素，每年 2 次。

➤ 任务实施与评价

详见《学习实践技能训练手册》。

➤ 任务拓展

一、种公猪的生理特点

（1）射精量大　一次的射精量为 150～300mL，平均 250mL，有的甚至能达到 900～1000mL。

（2）交配时间长　一般为 5～10min，最长可达 20min。

（3）精液组成　精液中含有干物质、蛋白质、脂类、矿物质等。其中干物质占 5%、粗蛋白占 3.7%，干物质中粗蛋白的含量占 60% 以上。

二、鉴定种公猪的选留

投产公猪的鉴定，一般仍遵循生长速度为主、繁殖成绩为辅的原则，结合活体测定膘厚和眼肌面积结果，进行选留。种公猪的繁殖成绩可用它的全部同胞兄妹和这头公猪的全部女儿繁殖成绩的均值为代表。

就选种而言，一头后备种猪由小到大需经过 3 次选择：断奶阶段、6 月龄阶段和初产阶段。目前，我国种猪场的种猪选择强度不大：一般要求公猪（3～5）：1。应根据猪场条件和育种计划的要求，创造条件适当提高选择强度，尽可能将优秀个体选留下来，方可逐步提高猪群的生产水平。

三、种公猪的淘汰与更新

① 患有生殖器官疾患，多次（2 个月内）治疗不愈者。

② 患有遗传疾患，性欲低下，配种效果差（如隐睾、脐疝），不符合品种特征者。

③ 精子活力在 0.7 以下，密度为每毫升 0.8 亿以下，畸形率 18% 以上者。

④ 配种受胎率低于 50% 以下者。

⑤ 肢蹄疾患，难以治愈者。

四、种公猪的繁殖障碍

公猪在猪群中的数量虽少，但影响较大，特别是集约化饲养条件下，更应重视此问题。

（1）阴茎的缺陷 先天不足，如阴茎偏向一侧，或射精的开口位置不正。这些公猪虽可以表现出正常的性行为，但往往不能正常射精，因而出现不育或低繁殖率的现象。有这类缺陷可以通过手术得到改善，但一般这类公猪应淘汰。

另一类情况是后天受损而导致不育或繁殖力下降，但不多见。

（2）隐睾 是指睾丸未降至阴囊，致使睾丸在体内高温下受损，精细管上皮受到破坏，造成无精症。这种损伤不可逆，隐睾有时是单侧有时是双侧。双侧隐睾时尽管公猪也表现性欲及完整的性行为，但无精子产生。单侧隐睾虽可育但精液产量明显较少，往往造成繁殖力较低。公猪隐睾如果外观不能确定可通过触摸进行检查。一般公猪隐睾发生率高于其它家畜，且多数为双侧，应引起注意，这样的公猪一旦发现应立刻淘汰。寒冷季节公猪睾丸位置会提高，检查时应格外注意。

（3）间性 这是猪不育的重要原因之一。间性猪卵巢和睾丸可能是单侧，有时甚至可以发情排卵，还可以产生后代，但窝产仔很少。有时一些公猪由于染色体异常，如多一个 X 染色单体，即性染色体 XXY 型，多数情况下，这样的猪无生育能力。染色体异常只能通过核型分析的方法确定。

任务二 空怀母猪的饲养管理

➤ 任务描述

养猪生产中常把经产母猪从仔猪断奶到下次配种这段时间，称为空怀期，此阶段的母猪通常称为空怀母猪（包括断奶母猪、流产母猪、返情母猪、长期不发情母猪）。而广义上讲，空怀母猪还包括已达到配种年龄，尚未配种的后备母猪。该阶段主要包括空怀母猪的饲养和管理。

➤ 任务分析

处于该阶段的母猪，因经过 21～35d 的哺乳，体内营养物质消耗较大，多数母猪膘情较差，如不及时复膘，发情将会推迟或发情微弱，甚至不发情，即使发情，排卵数也较少，卵子发育也不健全，因此应加强母猪营养，使母猪迅速增膘复壮，能正常发情、排卵，并能及时配种受孕。

该阶段任务是通过科学的饲养管理保证母猪正常的种用体况，提高发情配种比例，缩短母猪空怀的时间，开始下一个繁殖周期。在养猪生产中合理饲养空怀母猪的目标：一是要通过科学的饲养管理使母猪断奶后早发情多排卵，减少返情，以确保年产胎数及年产仔猪数，最终让每头母猪一年之中多产仔猪来提高养猪经济效益；二是要使断奶母猪或配过种但没有受孕的母猪尽快重新配种受孕。

➤ 任务资讯

一、空怀母猪的饲养

1. 满足营养需要

空怀母猪日粮应根据饲养标准和母猪的具体情况进行配制，营养应全面、均衡，主要满足能量、蛋白质、矿物质、维生素和微量元素的供给。能量要求不宜太高，一般每千克配合饲料含 12.5MJ 可消化能即可。粗蛋白水平在 14％以上。增加饲料中维生素和微量元素的含量。维生素对母猪的繁殖功能有重要作用，可适当增加青绿饲料的饲喂量，促进母猪发情。青绿饲料中不仅含有多种维生素，还含有一些具有催情作用类似雌激素的物质。此外，合理补充钙、磷和其他微量元素，对母猪的发情、排卵和受胎帮助很大。一般来说，每千克配合饲料中含钙 0.7％、磷 0.5％，即可满足需要。

2. 合理饲喂

空怀母猪多采用湿拌料、定量饲喂的方法，每日喂 2～3 次。要根据膘情分别饲喂，母猪过瘦或过肥都会产生不发情、排卵少、卵子活力弱等现象，易造成空怀、死胎等。母猪过瘦，卵泡不能正常发育，发情不正常或不发情，应增加饲料定量，让它较快地恢复膘情，并能较早地发情和接受交配。母猪过肥会造成卵巢脂肪浸润，影响卵子的成熟和正常发情，对过肥母猪要减少精料投喂或降低饲料的营养水平，可使用一些青绿饲料，以促使其膘体适宜。

二、空怀母猪的管理

1. 单栏或小群饲养

有条件的猪场建议将刚断奶的母猪群养在运动场中，待体况恢复，陆续有发情表现后，赶入限位栏或小群饲养。

（1）单栏饲养　这是规模化养猪场为提高圈舍的利用率而采用的一种方式，将空怀母猪固定在单体限位栏内饲养，栏内面积一般为 0.65m×2.2m，这种饲养方式，便于人工授精操作并方便根据母猪的年龄、体况进行饲粮配合和日粮定量来调整膘情。采用此种饲养方式时，因活动范围很小，不利于母猪发情，所以最好在母猪尾端饲养公猪刺激母猪发情，同时要求饲养员要认真仔细观察发情，才能降低母猪空怀率。但是，单栏面积过小，母猪活动受限，只能站立或趴卧，导致缺少运动，致使肢蹄疾病和淘汰率增加。

（2）小群饲养　一般将 4～6 头同时或相近断奶的母猪饲养在一个圈内，活动范围大。实践证明，群饲母猪可促进发情，特别是首先发情的母猪由于爬跨和外激素的刺激，可以诱导其他空怀母猪发情，而且便于饲养管理人员观察发情母猪，也方便用试情公猪试情。如果每圈饲养头数过多，会导致母猪争食。通常每头母猪所需要面积至少为 1.6～1.8m^2，要求舍内光线良好，地面不要过于光滑，防止母猪跌倒摔伤和损伤肢蹄。

2. 改善环境条件

环境条件对母猪发情和排卵都有很大影响。充足的阳光和新鲜的空气有利于促进母猪发情和排卵；室内清洁卫生、温度适宜对保证母猪多排卵、排优质卵有好处。因此，要驱使母猪在室外运动，并保持室内通风、干燥、洁净，做好防暑降温工作。

3. 认真观察

饲养人员要在实践中掌握好发情规律，严防漏配。每日早、晚认真观察母猪发情表现，寻查发情猪只，并做好标记；协助配种员做好配种工作。

4. 重复配种

母猪，特别是良种母猪，有时发情症状不很明显，为提高受胎率，宜进行重复配种，可在一个发情期内配种 2～3 次。一般在出现静立反射后初次配种，间隔 12h 后再次配种。这样可以有效地减少因配种技术因素而导致的空怀。

➤ 任务实施与评价

详见《学习实践技能训练手册》。

任务三 妊娠母猪的饲养管理

➤ 任务描述

经过配种受孕成功的母猪，称为妊娠母猪，即指母猪配种成功到分娩前的这一阶段。

➤ 任务分析

该时期的母猪，饲养上除了考虑自身的维持需要外，主要应考虑胎儿生长发育所需的营养。通过科学的饲养管理保证胎儿的正常发育，防止流产和死胎。确保生产出头数多、初生重大、均匀一致和健康的仔猪，并使母猪保持良好的体况，为泌乳、哺育仔猪做准备。

➤ 任务资讯

一、妊娠母猪的饲养

视频：妊娠母猪的饲养

1. 母猪妊娠期间的变化

（1）行为变化 为了便于加强饲养管理，越早确定妊娠对生产越有利。母猪妊娠后性情温驯，喜安静、贪睡、食量增加、容易上膘、皮毛光亮和阴户收缩。一般来说，母猪配种后，过一个发情周期没有发情表现说明已妊娠，到第二个发情期仍不发情就能基本确定是妊娠了。

（2）体型、体重变化 随着母猪妊娠天数的增加，腹围逐渐变大，特别是到后期腹围"极度"增大；乳房也逐渐增大，临产前会膨大下垂，出现向两侧开张等现象。母猪体重逐渐增加，前已叙及，其中后备母猪妊娠全期增重为 36～50kg 或更高，经产母猪增重 27～35kg。母猪体重的增加主要是子宫及其内容物（胎衣、胎水和胎儿）的增长、母猪营养物质的贮存；后备母猪还有正常生长发育的增重。母猪因妊娠致使自身组织的增重量远高于胎儿、子宫及其内容物和乳腺的总增重量。成年母猪妊娠期间比空怀时体重平均增加 10%～25%。母猪体组织沉积的蛋白质是胎儿、子宫及其内容物和乳腺所沉积蛋白质的 3～4 倍，沉积的钙则为 5 倍。母猪妊娠期内体重的增加，对于维持产后自身健康和哺乳仔猪具有重要意义。母猪妊娠期体重增加比例可参照表 3-2。

（3）生理变化 母猪妊娠后新陈代谢旺盛，饲料利用率提高，蛋白质的合成增强，青年母猪自身的生长加快。母猪代谢率增强表现在妊娠母猪即使喂给维持饲粮，仍然可以增重，并能正常产仔及保证乳腺增长。妊娠母猪这种特殊的沉积能量和营养物质的能力，称为"妊娠合成代谢"。母猪妊娠合成代谢的强度，随妊娠进程不断增强。妊娠全期物质和能量代谢率平均提高11%～14%，妊娠最后1/4时期，可增加30%～40%。妊娠前期胎儿发育缓慢，母猪增重较快。妊娠后期胎儿发育快、营养需要多，而母猪消化系统受到挤压，采食量增加不多，母猪增重减慢。妊娠期母猪营养不良则胎儿发育不好；营养过剩，腹腔沉积脂肪过多，容易发生死胎或产出弱仔。

2. 胎儿发育规律

卵子在输卵管受精后，受精卵沿着输卵管向两侧子宫角移动，附植在子宫黏膜上，在它周围逐渐形成胎盘，母体通过胎盘向胎儿供应营养。胎儿在妊娠前期生长缓慢，各器官形成。妊娠后期胎儿生长很快。猪的妊娠期为114d（108～120d），妊娠1～90d胎儿重550g，而后24d增重很快，体重可达1300～1500g。胚胎重量的变化参见表3-1和图4-1，从中可以看出，妊娠最后1个月胎儿增重约占出生重的60%。不同胎龄胚胎的化学组成不同，随胎龄的增加，胚胎的水分降低、干物质增加，粗蛋白和矿物质也相应增加。

视频：胎儿发育规律

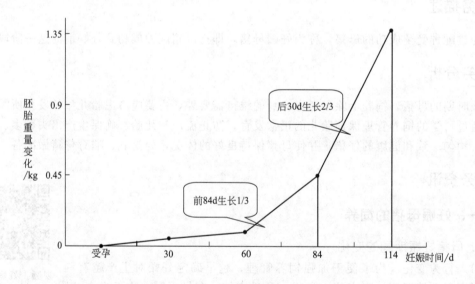

图 4-1　胚胎重量变化与妊娠时间

3. 妊娠母猪的营养需要

（1）能量　妊娠期能量需要包括维持和增长两部分，增长又分母体增长和繁殖增长。很多报道认为妊娠增长为45kg，其中母体增长25kg、繁殖增长（胎儿、胎衣、胎水、子宫和乳房组织）20kg。将妊娠母猪分为前12周和后4周两个时期，按体重分为120～150kg、150～180kg和180kg三个阶段，产仔10～11头，饲粮代谢能前期分别是12.75MJ/kg、12.35MJ/kg和12.15MJ/kg；后期分别是12.75MJ/kg、12.55MJ/kg和12.55MJ/kg。

（2）蛋白质　蛋白质对胚胎发育和母猪增重都十分重要。妊娠前期母猪粗蛋白需要为176～220g/d，妊娠后期需要260～300g/d。饲料中粗蛋白水平为14%～16%。蛋白质的利用率决定于必需氨基酸的平衡。我国的猪饲养标准（NY/T 65—2004）要求对于两个时期、三个阶段、产仔10～11头的妊娠母猪，日粮粗蛋白含量前期分别为13.5%、12.5%、

12.5%，后期为14.5%、13.5%、12.5%。

（3）钙、磷和食盐　钙和磷对妊娠母猪非常重要，是保证胎儿骨骼生长和防止母猪产后瘫痪的重要元素。妊娠前期需钙10~12g/d、磷8~10g/d，妊娠后期需钙13~15g/d、磷10~12g/d。碳酸钙和石粉可补充钙的不足，磷酸盐或骨粉可补充磷。使用磷酸盐时应测定氟的含量，氟的含量不能超过0.18%。饲料中食盐为0.3%，可补充钠和氯，维持体液的平衡并提高适口性。其他微量元素和维生素的需要由预混料提供。

4. 妊娠母猪的饲养方式及饲喂方法

在饲养过程中，因母猪的年龄、发育、体况不同，采用不同的饲养方式。无论采取何种饲养方式都必须看膘投料，妊娠母猪应有中等膘情，经产母猪产前应达到七八成膘情，初产母猪要有八成膘情。根据母猪的膘情和生理特点来确定喂料量。

（1）"抓两头顾中间"　适用于断奶后身体比较瘦弱的经产母猪。由于经产母猪在上一胎体力消耗大，在新的怀孕初期，应加强营养，使体质恢复。经产母猪断奶后膘情较差，可采用短期优饲的方式，使母猪尽快恢复到繁殖体况，当发情配种后应立即降低营养标准，保证精卵结合及着床。妊娠中期阶段，应根据母猪的体况调整营养标准。至妊娠90d，通过加喂精料加强营养。所以应形成"高—中—高"的供料方法及营养计划，尤其是妊娠后期的营养水平应高于前期。饲养策略如图4-2所示。

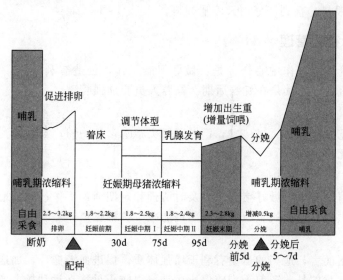

图4-2　经产母猪在良好体况和理想环境中的典型饲养策略

（2）"步步高"　适于初产母猪和哺乳期间配种及繁殖力特别高的母猪。具体做法是在整个妊娠期间，可根据胎儿体重的增加，逐步提高日粮营养水平，到分娩前1个月达到最高峰。因为初产母猪不仅需要维持胚胎生长发育的营养，而且初产母猪的身体还处在生长发育阶段，还要供给其本身生长发育的营养需要。饲养策略如图4-3所示。

（3）"前粗后精"　对于配种前体况良好的经产母猪，采取"前低后高"的营养供给方法。妊娠初期，胎儿小，母猪膘情好，按照配种前的营养供给基本可以满足胎儿生长发育。妊娠后期，胎儿生长发育快，营养物质需要多，因而要提高日粮的营养水平。妊娠前期（配种后的1个月以内），这个阶段胚胎几乎不需要额外营养，饲料饲喂量相对应少，质量要求高，一般每天喂给妊娠母猪料1.5~2.0kg，饲粮营养水平为13MJ/kg，粗蛋白14%~15%，青绿饲料给量不可过高，不可喂发霉变质和有毒的饲料。妊娠中期（妊娠的第31~84天）每天喂给妊娠母猪料1.8~2.5kg，具体喂料量以母猪体况决定，可以大量喂食青绿

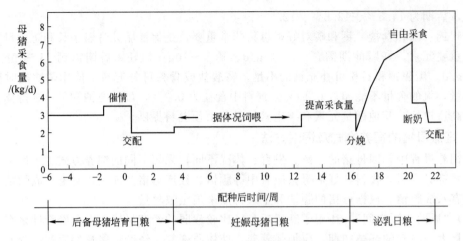

图 4-3   初产青年母猪在良好体况和理想环境中的典型饲养策略

多汁饲料，一定要使母猪吃饱，同时防止便秘。也要严防给料过多，以免导致母猪肥胖。妊娠后期（临产前 1 个月），胎儿发育迅速，同时又要为哺乳期蓄积养分，母猪营养需要高，每天可以供给哺乳母猪料 2.5～3.0kg。此阶段应减少青绿多汁饲料或青贮饲料。在产前 5～7d 逐渐减少饲料喂量，直到产仔当天停喂饲料。

二、妊娠母猪的管理

母猪妊娠期管理的工作中心任务是：做好保胎工作，创造有利环境，促进胎儿正常发育，防止机械性流产，尤其是在妊娠后期。饲养人员要加强管理。

1. 单栏饲养

栏位规格为宽 60～70cm、长 2.1m；保证每头猪吃食量均匀，没有相互碰撞，一般规模化养猪场都采用此法。

2. 环境卫生

保持猪舍的清洁卫生，做好猪舍粪尿及时清理和定期消毒工作；保证地面干燥，尽量降低圈内湿度；提供安静舒适的生活环境，尽可能减少各种噪声。

3. 适当运动

对于妊娠母猪而言，适当的运动有利于增强体质，促进血液循环，加速胎儿发育，又可以避免难产。应注意的是，产前一周应停止运动，以防止母猪在运动场上产仔；妊娠第一个月，为了恢复体力和膘情，要少运动。

4. 保证饲料卫生

不喂发霉、变质和有毒的饲料，防止造成母猪中毒、胚胎死亡和流产。值得注意的是，猪食槽定期不清洗、不消毒，剩料不清除，槽中的饲料最易发霉，新料也会被污染，长期这样对猪的健康相当不利，还容易引起流产。

5. 观察记录

加强巡视，注意母猪返情情况并记录，观察母猪食欲、饮水、排粪、排尿及精神状态是否正常。

6. 做好疾病防治工作

平时应加强卫生消毒及疾病防治工作，尤其是布鲁氏菌病、细小病毒病、伪狂犬病、钩端螺旋体病、流行性乙型脑炎（又称日本脑炎，简称乙脑）、弓形虫病、繁殖及呼吸综合征和其他发热性疾病等对猪的繁殖危害，一定要注意预防；平时要保持猪体清洁卫生，及时杀灭体外寄生虫，防止猪只瘙痒造成流产。

7. 体况评定

体况评分（见表4-1和图4-4）对于评定母猪体况是较实用的方法，5分制评分标准通常被认为是确定怀孕期母猪饲喂水平的依据，它不仅可单独评价背膘而且可直观评价其他的体况情况，包括后腿踝关节和肩的磨损。目前，多数规模化猪场使用活体测膘仪（图4-5）测定 P_2 点（母猪最后肋骨处距背中线往下 6.5cm）的脂肪厚度作为判定母猪体况的基准。体况评定应在配种后、怀孕35d和90d进行。母猪在妊娠期结束时达到3.5分的水平比较理想。

表 4-1　母猪标准体况的判定

评分	体况	P_2 点背膘厚/mm	髋骨突起的感触	臀部及背部外观	体型
1	消瘦	<15	能明显观察到突起	骨骼明显外露	骨骼明显突出
2	瘦	15	手摸明显，可观察到突起	骨骼稍外露	狭长形
3	理想	18	用手能够摸到	手掌平压可感骨骼	长筒形
4	肥	21	用手触摸不到	手掌平压未感骨骼	近乎圆形
5	过肥	>25	用手触摸不到	皮下厚覆脂肪	圆形

体况评分为1分

后面观察

侧面观察

体况评分为2分

后面观察
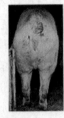
侧面观察

体况评分为3分
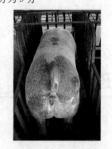

体况评分为4分

后面观察
手指下压12.7～25.4mm 才感觉到脊骨
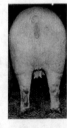

体况评分为4分
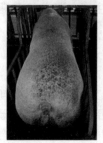

体况评分为5分

后面观察
手指下压25.4mm 才可感觉到脊骨

图 4-4　母猪体况 5 级评分图
1分，过瘦；2分，瘦；3分，理想；4分，肥胖；5分，过肥

图 4-5　活体测膘仪

一个猪群确定由专人来进行体况评分是比较好的。实际上猪群平均评分为 3.5，85%～90%的母猪是 3 分、3.5 分或 4 分，10%～15%的母猪为 2.5 分和 4.5 分，大多数刚断奶的母猪膘情很差，所以允许大约 10%的母猪在配种时的评分为 2.5 分，但对于整个猪场来说，只允许 5%的母猪评分为 2.5 分。作为高产母猪应具备的标准体况，断奶后应为 2.5 分，妊娠中期应为 3 分，产仔时应为 3.5 分。

8.　饮水

母猪妊娠期应随时供应充足的饮水。群养时用饮水器，栏养时用水槽，最好是定时自动充水的水槽，或在每次喂料后人工加水。下一次喂料时，可在剩下的饲料中加水，这样有利于采食。栏养母猪在阴户上或阴户下若发现白色的沉淀物，则表明其饮水不足。

9.　要做好防寒防暑工作

冬季要防寒保温，防止母猪感冒发烧造成胚胎死亡或流产；夏季要防暑降温，特别是母猪妊娠初期应防止高温造成胚胎死亡。

➢ 任务实施与评价

详见《学习实践技能训练手册》。

任务四　分娩哺乳母猪的饲养管理

➢ 任务描述

哺乳母猪是指从母猪分娩后开始哺育仔猪到仔猪断奶这一阶段，主要包括分娩和哺乳两个方面的饲养和管理。

➢ 任务分析

由于哺乳母猪分泌较多乳汁，营养需要远高于妊娠母猪，需要高营养的饲粮，而且尽可能提高采食量。该阶段的主要任务是通过提高泌乳母猪饲料（营养）摄入量，来减少母猪体组织损失，使母猪分泌数量足够、质量稳定的乳汁，才能提高仔猪窝增重，缩短断乳至再发情间隔。

➤ 任务资讯

一、哺乳母猪的饲养

1. 分娩前饲喂

母猪进入产房后，在分娩前继续按妊娠后期饲喂标准进行饲喂，每日饲喂 2 次。根据母猪膘情，对膘情及乳房发育良好的母猪，预产期前 3～5d 开始逐渐减少饲喂量，每日减少 10%～20%，一直到分娩；膘情较差的可少减料或不减料。母猪产前减料主要是防止产后因为腹压降低便秘、不食而造成无乳，同时也可以防止因为母猪泌乳过多、乳汁过浓或仔猪过食而造成的仔猪营养性下痢。

视频：哺乳母猪
的饲养管理

2. 分娩后饲喂

哺乳母猪一般日喂 3 次，分娩日不喂料，产仔当天应补给麸皮食盐水或麸皮电解质水，以后慢慢加料。母猪刚分娩后，处于高度的疲劳状态，消化功能弱，食欲不好，喂料过多，不易消化，容易发生"顶食"，"顶食"后几天内不吃食，使乳的分泌量突然减少，引起仔猪食乳不足，严重的会造成死亡。开始应喂给稀粥料，以后逐渐增加给料量，1 周后使采食量增加到最高水平，随后自由采食，每日饲喂 3～4 次，尽可能提高哺乳母猪采食量。严禁供给发霉、变质饲料。哺乳母猪的喂量是根据母猪的膘情和仔猪的数量，要求严格控制母猪的体失重，使母猪泌乳期体失重不超过 30%，过肥和过瘦都会影响到断奶后的发情。哺乳母猪的适宜采食量可由如下公式估算：

哺乳母猪适宜采食量(kg/d)＝维持需要(2kg/d)＋0.5(kg/d)×所带的仔猪头数

带 10 头仔猪的哺乳母猪，理论上每天采食量应达到 7kg 才能保证能分泌仔猪所需的足量乳汁，也不至于体重损失太多而影响下一胎的繁殖性能。在哺乳阶段，保持母猪的体况下降至最低点而不至于影响下一周期的生产，母猪体况下降过于严重，将会对生殖性能产生负面影响。

3. 哺乳母猪的营养需要

初产哺乳母猪和经产哺乳母猪最好能给予不同的饲粮。初产哺乳母猪饲粮营养标准：消化能 3400kcal/kg、粗蛋白 17%、赖氨酸 0.9% 以上、钙 0.9%、总磷 0.6% 以上；经产母猪营养标准：消化能 3200kcal/kg、粗蛋白 16%、赖氨酸 0.8% 以上、钙 0.85%、总磷 0.6%；除此之外，还应含有全面、足量的维生素、微量元素。

（1）能量　泌乳期母猪负担很重，一般都要失重，所以除产后几天或断乳前几天外，很少限量饲喂。能量水平对产后发情时间有影响。该阶段的能量需要主要包括：①维持所需消化能（DE）；②产乳所需消化能；③母体失重所需的消化能；④体温调节所需消化能。

（2）蛋白质与氨基酸　饲粮粗蛋白水平影响猪的泌乳量及乳成分，添加赖氨酸容易造成缬氨酸缺乏，进而影响母猪的产奶量和断奶仔猪的增重，色氨酸与母猪采食量有关，异亮氨酸、缬氨酸与乳的成分有关（乳脂率）。

（3）矿物质与维生素　添加微量元素对哺乳仔猪帮助不大，但对母猪却很重要。维生素的需要量难确定，但添加量往往高于推荐量，以保证母猪的繁殖性能。

二、哺乳母猪的管理

1. 分娩前的准备工作

其中产房、接产用具及药品以及母猪的清洁消毒详见项目三中的任务三相关内容。

2. 泌乳阶段的管理

（1）保持环境清洁　详细项目三中的任务三相关内容。

（2）乳房的清洁与护理　详细项目三中的任务三相关内容。

（3）注意观察　应经常观察母猪采食、粪便、精神状态及仔猪的生长发育和健康表现，若有异常及时处理。

（4）合理运动　母猪适量地运动，能促进代谢，有利消化，提高食欲，增强体质，从而提高泌乳量，改善乳汁，最终促进仔猪生长发育。无放牧条件的，最好每天能让母仔有适当的室外活动时间。

➤ 任务实施与评价

详见《学习实践技能训练工作手册》。

➤ 任务拓展

母猪的泌乳规律及影响泌乳量的因素

乳汁的分泌是一个复杂的过程，它不仅与乳腺细胞的形状和大小有关，也与细胞本身的新陈代谢、中枢神经的调节和母猪的营养状况有密切关系。

1. 母猪的泌乳规律

（1）母猪乳房结构　母猪的乳房没有乳池，不能随时排乳，产仔以后通过仔猪用鼻拱乳头的神经刺激将乳排出。每个乳头有 2～3 个乳腺团，各乳头间互相没有联系。母猪乳房有 6 对以上，前部乳房的乳腺和乳管数比后面的多，泌乳量也多。

（2）泌乳次数及时间　母猪每日泌乳 20～26 次，每次间隔 1h 左右，一般泌乳前期次数较多，随仔猪日龄增加泌乳次数减少。夜间安静泌乳次数较白天多。母猪每次泌乳时间全程 3～5min，实际放奶时间为 10～40s。在自然状态下，母猪的泌乳期约为 60d。规模化猪场母猪哺乳时间一般在 21～28d。近年来的国外某些猪场有的实行超早期断奶，时间一般少于 21d。

（3）泌乳量　母猪泌乳全期产奶量为 300～400kg。每日泌乳 5～9kg，每次泌乳量 0.25～0.4kg。全期泌乳量的变化，一般在分娩后逐渐增加，至 20～30 天达到高峰，以后逐渐下降。母猪胎次不同泌乳量不同。初产母猪泌乳量低，3～5 胎泌乳量最高，以后逐渐降低。同一头母猪不同乳头的泌乳量是不同的，一般前面的几对乳头比后面的乳头泌乳量要多，前边 3 对乳头的泌乳量约占总泌乳量的 67%，而后边 4 对占 33%。仔猪出生后有固定奶头吃奶的习性，可将体弱的仔猪放在前面乳头吃奶，使体弱仔猪吃到较多的奶，加快生长，能使同窝仔猪发育均匀。

（4）反射性排乳　猪乳的分泌在分娩后最初 2～3d 是连续的，以后属反射性放乳，即仔猪用鼻嘴拱揉乳房，产生放奶信号，信号通过中枢神经，在神经和内分泌激素的参与下形成排乳。

（5）乳的成分　猪乳可分为初乳和常乳。母猪产后 3d 内所分泌的乳为初乳，3 天后所分泌的乳为常乳。

初乳与常乳的不同：

① 初乳营养丰富　初乳中蛋白质（白蛋白、球蛋白和酪蛋白）和灰分含量特别高，

乳糖少；维生素 A、维生素 D、维生素 C、维生素 B_1、维生素 B_2 相当丰富；酸度高。

② 含免疫抗体 蛋白质中含有大量免疫球蛋白，仔猪从初乳中可以获得抗体。

③ 初乳中还含有多量的镁盐 有利于胎便的排出。

2. 影响泌乳量的因素

（1）饲料 影响母猪泌乳量的因素很多，而饲料的数量和质量是影响泌乳量和乳品质的主要因素。因此，要让母猪能分泌充足的乳汁，就得根据泌乳量和乳的成分来满足哺乳母猪对营养的需要。同时还要在喂量上满足母猪维持自身代谢和泌乳需要。

（2）管理 环境条件、管理措施均影响泌乳量。如饲喂次数的变更，猪舍的嘈杂声，打骂猪，在哺乳时进行饲喂等，都会使泌乳量下降。为哺乳母猪创造一个安静的环境，严格遵守饲养管理操作规程，在哺乳母猪的管理中很重要。

（3）品种和体况 母猪品种不同，泌乳量也不一样。在相同的饲养管理条件下，大型肉用型或兼用型品种的母猪，泌乳量高；脂肪型品种，泌乳量低；体重大、体况适度的母猪，泌乳量大于体重小的母猪；过于肥胖的猪，泌乳量低。

（4）胎次 第一胎母猪的泌乳量一般比经产母猪低，这是因为第一次产仔，母猪的乳腺发育尚不完善，对仔猪哺乳的刺激，经常处于兴奋或紧张状态，排乳较慢。从第二次产仔开始，泌乳量上升，第三胎后保持一定水平，至七八胎以后又趋下降。但在饲养管理条件较好和配种年龄适当时，则第一二胎母猪的泌乳量就与经产母猪差不多，甚至到七八胎以上时下降也不明显。这说明母猪的胎次对泌乳量有一定的影响，但只要加强饲养管理，则可缩小这种差距。

（5）带仔数 母猪带仔多的泌乳量一般会很高。母猪放乳必须通过仔猪拱揉乳头刺激产生兴奋，使母猪垂体后叶分泌催乳素才能放乳。仔猪有固定吃乳的习性，而未被拱揉吮吸的乳头，分娩后不久便萎缩，不产生乳汁，使总泌乳量减少。生产中采用调整母猪产后的带仔数，使其带满全部有效乳头，可提高母猪泌乳潜力。将产仔少的母猪所产的仔猪寄养出去后，可以促使其乳头尽早萎缩，并促进母猪很快发情配种，进而提高母猪的利用率。

（6）其他 如仔猪没有剪去犬齿，或犬齿剪得不整齐，咬疼母猪乳头，也会使母猪泌乳量减少，甚至停止乳汁分泌。气候对母猪泌乳量也有一定影响，潮湿炎热的夏季和寒冷的冬季，泌乳量都会下降。母猪在发情过程中，泌乳量显著减少。热敷和按摩乳房的刺激，能提高泌乳量。

任务五 断奶母猪的饲养管理

➤ 任务描述

本任务主要包括母猪断奶前几天及断奶后到配种前（又叫空怀期）的饲养和管理。

➤ 任务分析

通过改善母猪体况，使之正常发情，排出量多质优的卵子；适时配种，提高配种受胎率和胚胎数。如果母猪哺乳期饲养管理得当、无疾病，膘情也适中，大多数在断奶后 1

周内就可正常发情配种。但在实际生产中，常会有多种因素造成断奶母猪不能及时发情。如有的母猪是因哺乳期奶少，带仔少，食欲好，贪睡，断奶时膘情过好；有的猪却因带仔多、哺乳期长、采食少和营养不良等，造成母猪断奶时失重过大，膘情过差。为促进断奶母猪尽快发情排卵，缩短断奶至发情时间间隔，则需在生产中给予短期的饲喂调整。

➤ 任务资讯

一、断奶母猪的饲养

从断奶至配种前继续使用营养水平高的哺乳料，断奶当天停料，或者投喂少量饲料，适当限制饮水，断奶第二天至发情投喂 2.5～3kg/d 哺乳料，一经配种后立即降到 2kg，看膘投料。体况较瘦的母猪尽量多投一些，这样有利于母猪体况的恢复，有利于促进卵泡的发育，并有助于雌激素、促卵泡素的分泌，最终有利于母猪的发情、排卵和受孕。断奶后体况很差的母猪，提高投料量，甚至自由采食，并推迟一个发情期再配种。

二、断奶母猪的管理

（1）断奶母猪当日调入配种舍，下床或驱赶时，要正确驱赶，以免肢蹄损伤。迁回母猪舍后 1～2d，群养的母猪应注意看护，防止咬架致伤致残。

（2）断奶后 3d 内，注意观察母猪乳房的颜色、温度和状态，发现乳房炎应及时诊治。

（3）断奶后 3～7d，母猪开始发情并可配种，流产后第一次发情母猪不予配种，生殖道有炎症的母猪应治疗后配种，配种宜在早晚进行，每个发情期应配 2～3 次，配种间隔期 12～18h。注意母猪子宫炎的及时处理。配种后 18～25d 注意检查是否返情。做好配种各项记录。

➤ 任务实施与评价

详见《学习实践技能训练工作手册》。

➤ 任务拓展

提高母猪年生产力的措施

1. 母猪年生产力的概念

母猪年生产力是指每头母猪一年能提供多少断奶仔猪数。在养猪生产实践中，一般用母猪的年生产力作为综合指标，母猪年生产力涉及种猪的繁殖性能、仔猪的生长性能以及整个繁殖猪群的饲养管理，几乎囊括了（除保育、育肥阶段）养猪生产的全部内容。现阶段提高母猪年生产力是养猪业发展的核心问题。母猪年生产力公式计算如下：

母猪的年生产力＝母猪年产窝数×窝断乳仔猪数

母猪年产窝数＝365/母猪的繁殖周期

母猪的繁殖周期＝妊娠期＋泌乳期＋断乳至再配种间隔时间

在养猪生产实践中，妊娠期为 114d（恒定），哺乳期为 21～28d，断乳至配种的间隔时间为 3～7d。

2. 影响母猪年生产力的因素

影响母猪年生产力的因素较多，图 4-6 反映了各种因素间的相互关系及对母猪年生产力的影响。

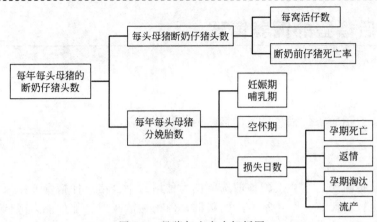

图 4-6 母猪年生产力解析图

3. 提高母猪年生产力的主要途径

提高母猪年生产力的途径主要有两方面，一是增加母猪年产窝数；二是采取综合措施，提高母猪的平均断奶仔猪数和体重。

（1）增加母猪年产胎数

① 早期断乳。目前国内外养猪场多提倡仔猪 21～35 日龄断乳，这是提高母猪年产仔窝数的主要方法。

② 缩短母猪空怀时间。加强母猪各阶段的饲养管理，以减少母猪体组织损失，缩短断乳至再发情间隔。

（2）提高窝产仔数和体重　为达到母猪能分娩出数量多且均匀、健康、活力强的仔猪，需组建高效健康的猪群，并在配种、营养、环境、疫病等方面采取综合措施。

① 适时配种，提高受胎率。母猪空怀期，增加母猪排卵数，做好发情鉴定工作，适时配种，提高受精率，提高胚胎的着床率（受精卵的定植数），减少胚胎的死亡率，是提高受胎率、产仔数的关键和保证。

② 提高泌乳母猪饲料（营养）摄入量。减少母猪体组织损失，使母猪分泌数量足够、质量稳定的乳汁。

③ 维持母猪适宜的膘情。避免过瘦或过肥，减少从一个繁殖周期到另一个繁殖周期膘情的大幅度变化，尽可能地延长母猪的繁殖寿命。

④ 提高免疫力，从而维持整个猪群的健康状况。在养猪生产中，猪瘟、伪狂犬病、细小病毒病、乙脑、猪繁殖与呼吸综合征等都可不同程度引起母猪繁殖障碍，导致胎产活仔数减少乃至繁殖失败。如何减少这些疫病的发生，将损失降至最低水平，要因地制宜地制订好免疫程序，在配种前必须切实做好免疫，提高母猪的免疫力，减少死胎、弱仔的发生。

⑤ 提供足够的纤维。日粮中含有适当的纤维素能够维持肠道健康，刺激肠道蠕动，保证食糜以正常速度（时间）通过消化道。

⑥ 确保配种公猪的种用性能。即保证种公猪性欲旺盛，精液品质好。种公猪适度运动，适度的配种强度，保持健康的体质、旺盛的精力和性欲，才能保持优良的精液品质，精子活力好，受胎率高。

⑦ 饲养优良品种。实践证明，地方良种和杂交（土杂、良杂）猪具有产仔数的遗传特性。选留优良地方品种和杂交猪作种猪，能增加胎产活仔猪数。

（3）降低哺乳仔猪死亡率　详见项目五。

任务六　后备猪的饲养管理

➤ 任务描述

本任务主要包括后备公猪和后备母猪的饲养和管理。

➤ 任务分析

后备公猪是指断奶后至初次配种前选留作为种用的小公猪。仔猪育成结束至初次配种前是后备母猪的培育阶段。一个正常生产的猪群，由于性欲减退、配种能力降低或其他功能障碍等原因，每年需淘汰部分繁殖种猪，因此必须注意培育后备猪予以补充。

➤ 任务资讯

一、后备公猪的选择

1. 后备公猪品种的选择

在商品仔猪（肉猪）的生产中，种公猪的品种应根据杂交方案进行选择。直接用以生产商品仔猪的种公猪（二元杂交的父本或三元杂交的终端父本），应具有较快的生长速度和较优的胴体性能，用以生产三元杂交母本的种公猪（三元杂交的第一父本），则应在繁殖性能和产肉性能上都较优异。目前在我国的商品猪生产中，可以地方品种或培育品种为母本、引入品种为父本进行杂交生产商品仔猪，在进行二元杂交时可考虑选用杜洛克猪、长白猪或大白猪作父本，在进行三元杂交时，应选择长白猪或大白猪两个繁殖性能、产肉性能均较优异的品种作第一父本，选择杜洛克猪作终端父本。

2. 后备公猪个体的选择

后备公猪应具备以下条件。

(1) 生长发育快，胴体性状优良　生长发育性状和胴体性状可依据后备公猪自身成绩和用于育肥测定的同胞的成绩进行选择。

(2) 体质强健，外形良好　后备公猪体质要结实紧凑，肩胸结合良好，背腰宽平，腹大小适中，肢蹄稳健。无遗传疾病，并应经系谱审查确认其祖先或同胞亦无遗传疾患。体型应具有品种的典型特征，如毛色、耳型、头型等。

(3) 生殖系统功能健全　虽然公猪生殖系统的大部分在体内，但是通过外部器官的检查，可以很好地掌握生殖系统的健康程度。要检查公猪睾丸的发育程度，要求睾丸发育良好，大小相同，整齐对称，摸起来感到结实但不坚硬，切忌隐睾、单睾。也应认真检查有无疝气和包皮积尿等疾病。一般来说，如果睾丸发育充分且外观正常，那么生殖系统的其他部分大都正常。

(4) 健康状况良好　小型养猪场（户）经常从外场购入后备公猪，在选购后备公猪时应保证健康状况良好，以免将新的疾病带入。如选购可配种利用的后备公猪，要求至少应在配种前 60d 购入，这样才有足够的时间进行隔离观察，并使其适应新的环境，如果发生问题，也有足够时间补救。

二、后备公猪的饲养管理

① 2月龄小公猪留作后备公猪后，应按相应的饲养标准配制营养全面的饲粮，保证后备公猪正常的生长发育，特别是骨骼、肌肉的充分发育。当体重达80~90kg以后，应进行限制饲喂，控制脂肪的沉积，防止公猪过肥。

② 应控制饲粮体积，以防止形成垂腹而影响公猪的配种能力。

③ 后备公猪在性成熟前可合群饲养，但应保证个体间采食均匀。达到性成熟后应单圈饲养，以防止相互爬跨，造成肢蹄、阴茎等的损伤。

④ 后备公猪应保持适度的运动，以强健体质，提高配种能力。运动可在运动场合群进行，但合群应从小进行，并应保持稳定，防止调群造成的咬架。

⑤ 后备公猪达到配种年龄和体重后，应开始进行配种调教或采精训练。配种调教宜在早晚凉爽气候中，空腹进行。每次调教30min左右，时间不宜过长，调教时应尽量使用体重大小相近的经产母猪。调教训练应有耐心。新引进的后备公猪应在购入半个月后再进行调教，以使其适应新的环境。

⑥ 后备种公猪的初配年龄和体重，因品种、饲养管理条件的不同而有差异。在正常饲养管理条件下，地方猪种可在5~6月龄、体重达70~80kg开始配种利用；培育猪种可在7~8月龄、体重90~100kg开始配种利用，大型引入猪种应在8~9月龄、体重120~130kg开始配种利用。利用过早，不但会降低繁殖成绩，而且会导致种公猪过早报废。

三、后备种母猪的选择

要获得优良的繁殖母猪，需从后备母猪的培育开始。为使繁殖母猪群持续地保持较高的生产水平，每年都要淘汰部分年老体弱、繁殖性能低下，以及有其他功能障碍的母猪，这也需要补充后备母猪，从而可以保证繁殖母猪群的规模并形成以青壮龄为主体的理想猪群结构。因此，后备母猪的选择和培育是提高猪群生产水平的重要环节。

后备母猪的选择标准

母猪不仅对后代仔猪有一半的遗传影响，而且对后代胚胎期和哺乳期的生长发育有重要影响，还影响后代仔猪的生产成本（在其他性能相同的情况下，产仔数、育成率高的母猪所产仔猪的相对生产成本低）。后备母猪的选择应考虑以下要点。

（1）生长发育快　应选择本身和同胞生长速度快、饲料利用率高的个体。

（2）体质外形好　后备母猪应体质健壮，无遗传疾患，并应审查确定其祖先或同胞亦无遗传疾患。体形外貌具有相应种性的典型特征，如毛色、头形、耳形、体形等，特别应强调的是应有足够的乳头，且乳头排列整齐，无瞎乳头和副乳头。

（3）繁殖性能高　繁殖性能是后备母猪非常重要的性状。后备母猪应选自产仔数多、哺育率高、断乳体重大的高产母猪的后代。同时应具有良好的外生殖器官，如阴户发育较好，配种前有正常的发情周期，而且发情征候明显。

（4）后备母猪的选择时期　后备母猪的选择大多是分阶段进行的。其选择的阶段一般为：

① 2月龄阶段。2月龄选择是窝选，就是在双亲性能优良、窝内仔猪数多、哺育率高、断乳体重大而均匀、同窝仔猪无遗传疾病的一窝仔猪中选择。2月龄选择时由于猪的体重小，容易发生选择错误，所以选留数目较多，一般为需要量的2~3倍。

② 4月龄阶段。主要是淘汰那些生长发育不良、体质差、体形外貌有缺陷的个体。这一阶段淘汰的比例较小。

③ 6 月龄阶段。根据 6 月龄时后备母猪自身的生长发育状况，以及同胞的生长发育和胴体性状的测定成绩进行选择。淘汰那些本身发育差、体型外貌差的个体及同胞测定成绩差的个体。

④ 初配阶段。此阶段是后备母猪的最后一次选择。淘汰那些发情周期不规律、发情征候不明显以及非技术原因造成的 2～3 个发情期配种不孕的个体。

四、后备母猪的饲养管理

1. 控制后备母猪的生长发育

猪的生长发育有其固有的特点和规律，从外部形态及各种组织器官的机能，都有一定的变化规律和彼此制约的关系。如果在猪的生长发育过程中进行人为的控制和干预，就可以定向改变猪的生长发育过程，满足生产中的不同需求。后备猪培育与商品肉猪生产的目的和途径皆有所不同，商品肉猪生产是利用猪出生后早期骨骼和肌肉生长发育迅速的特性，充分满足其生长发育所需的饲养管理条件，使其能够具有较快的生长速度和发达的肌肉组织，实现提高瘦肉产量、品质及生产效率的目的。后备猪培育则是利用猪各种组织器官的生长发育规律，控制其生长发育所需的饲养管理条件，如饲粮营养水平、饲粮类型等，改变其正常的生长发育过程，保证或抑制某些组织器官的生长发育，从而实现培育出发育良好、体质健壮、繁殖等功能完善的后备猪的目的。

后备猪生长发育控制的实质是控制各组织器官的生长发育，外部反映在体重、体型上，因为体重、体型是各种组织器官生长发育的综合结果。构成猪体的骨骼、肌肉、皮肤、脂肪等四种组织的生长发育是不平衡的，骨骼最先发育、最先停止，出生后有一相对稳定生长发育阶段，肌肉居中，出生至 4 月龄相对生长速度逐渐加快，以后下降，脂肪前期沉积很少，6 月龄前后开始增加，8～9 月龄开始大幅度增加，直至成年。不同品种有各自的特点，但总的规律是一致的。后备猪生长发育控制的目标是使骨骼得到较充分的发育，肌肉组织生长发育良好，脂肪组织的生长发育适度，同时保证各器官系统的充分发育。

2. 后备母猪的饲养

（1）合理配制饲粮　按后备母猪不同的生长发育阶段合理地配制饲粮。应注意饲粮中能量浓度和蛋白质水平，特别是矿物质元素、维生素的补充。否则易导致后备猪的过瘦、过肥或骨骼发育不充分。

（2）合理的饲养　后备母猪需采取前高后低的营养水平，后期的限制饲喂极为关键，通过适当地限制饲养既可保证后备母猪良好的生长发育，又可控制体重的高速度增长，防止过度肥胖。引入猪种的限饲一般应在体重达 90kg 后开始，但应在配种前 2 周结束限制饲喂，以提高排卵数。后期限制饲养的较好办法是增喂优质的青粗饲料。

3. 后备母猪的管理

（1）合理分群　后备母猪一般为群养，每栏 4～6 头，饲养密度适当。小群饲养有两种方式，一是小群合槽饲喂，这种方法的优点是操作方便，缺点是易造成强夺弱食，特别是后期限饲阶段；二是单槽饲喂，小群趴卧或运动，这种方法的优点是采食均匀，生长发育整齐，但需要限喂栏。

（2）适当运动　为强健体质，促使猪体发育匀称，特别是增强四肢的灵活性和坚实性，应安排后备母猪适当运动。运动可在运动场内自由运动，也可放牧运动。

（3）调教　为繁殖母猪饲养管理上的方便，后备猪培育时就应进行调教。一要严禁粗暴对待猪只，建立人与猪的和睦关系，从而有利于以后的配种、接产、产后护理等管理工作；

二要训练猪只养成良好的生活规律，如定时饲喂、定点排泄等。

（4）定期称重　定期称量个体重既可作为后备猪选择的依据，又可根据体重适时调整饲粮营养水平和饲喂量，从而达到控制后备猪生长发育的目的。

4. 后备母猪的初配年龄和体重

后备母猪生长发育到一定年龄和体重，到达性成熟，后备母猪到达性成熟后虽具备了繁殖能力，但猪体各组织器官还远未发育完善，如过早配种，不仅影响第一胎的繁殖成绩，还将影响猪体自身的生长发育，进而影响以后各胎的繁殖成绩，并且缩短利用年限。但也不宜配种过晚，配种过晚，体重过大，会增加后备母猪发生肥胖的概率，同时也会增加后备母猪的培育费用。

后备母猪适宜的初配年龄和体重因品种和饲养管理条件不同而异。一般来说，早熟的地方品种 5～6 月龄、体重 50～60kg、有两次正常的发情表现即可配种，引入品种应在 7.5～8 月龄、体重 120～130kg、有两次正常的发情表现后，进行配种利用。如果月龄达到初配时期而体重较小，最好适当推迟初配年龄；如果体重达到初配体重要求，但月龄尚小，最好通过调整饲粮营养水平和饲喂量来控制体重，待月龄达到要求再进行配种。最理想的是使年龄、体重、发情表现同时达到初配的要求。

视频：后备母猪的初配年龄和体重

➤ 任务实施与评价

详见《学习实践技能训练工作手册》。

➤ 新技术链接

智能化养猪——智能监测系统、AI 智能识别和精准饲喂

养殖场利用巡检机器人、饲喂机器人、3D 农业级摄像头等先进设备与技术，为猪提供了"全生命的管理"。智能化养殖不仅提高了猪的"生活品质"，也为企业带来良好的综合效益。

● 智能巡检监测系统（图 4-7～图 4-11）

横穿猪舍上方的轨道上安装着一个长方体的 24h 不间断巡检机器人。巡检机器人上配备了 3D 双目摄像头、广角深度摄像头、远程测温仪、声音收集器、6 项指标环控测试仪等多个设备，以便在巡检过程中感知多种情况，这个系统就是要解决人做不到或做不好的工作。

如巡检机器人具有的视觉点数和估重功能就一改传统的肉眼盘点估重、人工记录的工作方式。其搭载的农业级摄像头"扫一眼"就能清楚盘点猪舍内猪只的数量，准确率可达 100%；而深度摄像头对拍摄物体建模后，配合猪只的种类和特性就可以进行估重，整个过程仅需几秒，误差在 3% 以内。这套智能解决方案还配备了环控系统，可以监测和调整包括温湿度、光照、风速、二氧化碳含量、氨气含量等多项指标，相当于猪舍内的"新风系统"，可以给猪只营造最适宜生长的环境，让猪吃得好、心情好、运动棒。

智能化养猪解决方案中的监控系统可以 24h 不间断对全生产环境进行瘟疫防控。监测系统捕捉到猪的运动量、采食量、体温和粪便等数据异常的同时，调取数据库里这头猪的过往体温、进食记录、运动量等进行比对分析。而搭载在巡检机器人上

的声纹识别技术可以分析猪的叫声、咳嗽声，从而在早期就能判断这头猪可能患病的风险。

图 4-7　巡检机器人

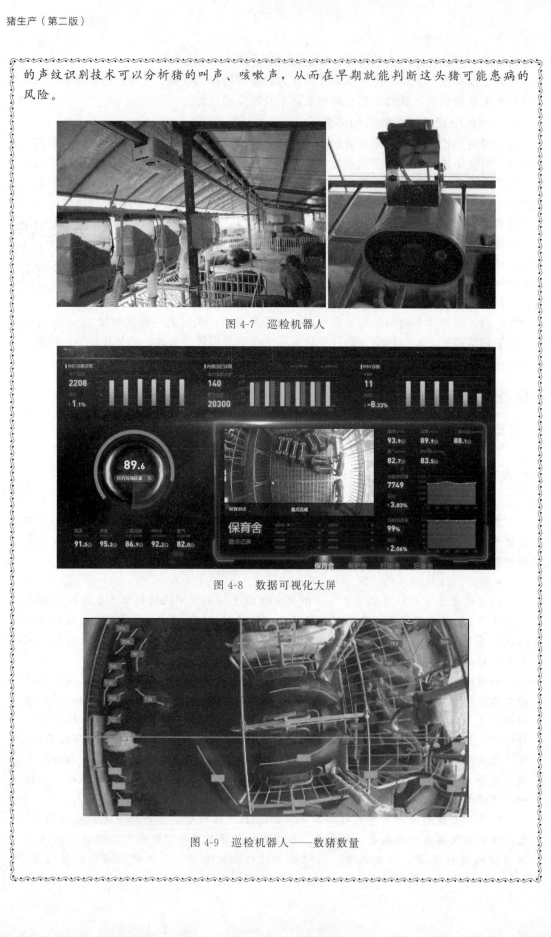

图 4-8　数据可视化大屏

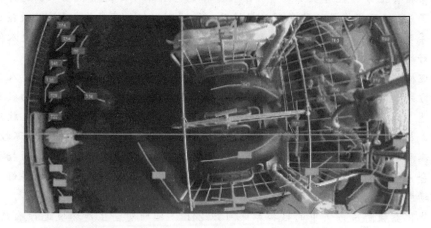

图 4-9　巡检机器人——数猪数量

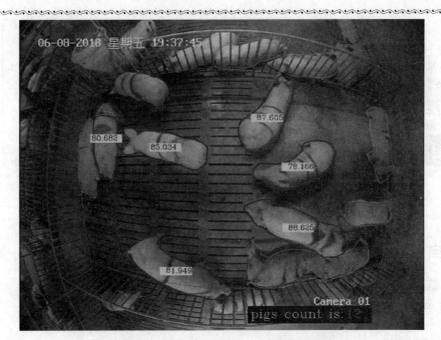

图 4-10　巡检机器人——估测猪重量

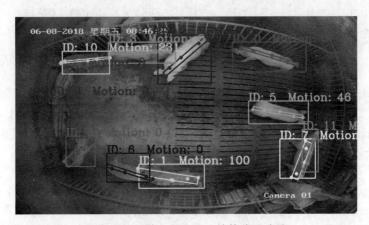

图 4-11　巡检机器人——计算猪运动量

● AI 猪脸识别技术和精准饲喂

栏体内安置的摄像头可以清楚地拍摄到每只进入栏体内的猪，通过猪脸识别技术认出这头猪，并关联所有相关数据，如父母代、品种、重量、运动量、此前进食量等，从而判断这头猪是否想要进食、是否应该进食。每头猪在不同阶段的进食量是可以计算的，猪脸识别并关联出相关信息后，中枢设备会向饲料槽上方的饲喂机器人（图 4-12）发送指令，投放这头猪应进食的量。

在传统模式下，喂猪依靠人工，很粗放，给 10 头到 15 头猪一起投料，每头猪只能凭力气抢着吃，结果同一栏猪，在出栏时往往体重差异巨大，现在采用机器人代替人力来喂猪。机器人拥有"猪脸识别"技术，不但认得每一头猪，还知道这头猪需要吃多少，结合饲喂机器人等设备，可以做到"精准到克"地饲喂每一头猪。如此一来，每头猪都能获得均衡的营养，同一栏猪出栏时的体重差异可以缩小到 5% 之内。

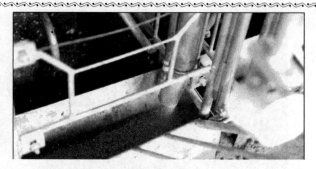

图 4-12　饲喂机器人——猪脸识别监控画面

➤ 学习自测

一、选择题

1. 种公猪一般可利用（　　）年。

A. 1～2　　　　　B. 2～3　　　　　C. 3～4　　　　　D. 5～6

2. 我国种猪场的种猪选择强度不大：一般要求公猪选留比例为（　　）。

A. （3～5）：1　　B. （1～3）：1　　C. （5～6）：1　　D. （7～8）：1

3. 种公猪开始配种的时间不宜太早，一般在（　　）月龄或体重达130～135kg 时初配为好。

A. 8　　　　　　　B. 10　　　　　　C. 12　　　　　　D. 18

4. 公猪的最适温区为（　　），30℃以上就会对公猪产生热应激。

A. 10～15℃　　　B. 18～20℃　　　C. 20～25℃　　　D. 25～30℃

5. 人工采精时种公猪的采精频率为：1 岁以内青年公猪每周采（　　）次；成年公猪每周采（　　）次。

A. 1，2　　　　　B. 2，3　　　　　C. 3，4　　　　　D. 5，6

6. 哺乳母猪的泌乳高峰应在产仔后的（　　）d。

A. 7～14　　　　B. 14～21　　　　C. 20～30　　　　D. 1～7

7. 母猪在分娩后（　　）d 就可正常发情。

A. 3～10　　　　B. 21　　　　　　C. 3～7　　　　　D. 18～24

8. 种公猪一般可利用（　　）年。

A. 1～2　　　　　B. 2～3　　　　　C. 3～4　　　　　D. 5～6

9. 母猪一般在仔猪拱乳后放奶，这段时间大约为（　　）。

A. 几分钟　　　　B. 十几分钟　　　C. 几秒　　　　　D. 十几秒到几十秒

10. 妊娠后期初产母猪应增加每天乳房按摩的次数，一般每天 2 次，至产前（　　）天停止。

A. 10　　　　　　B. 15　　　　　　C. 20　　　　　　D. 30

11. 母猪饲养的基本原则是（　　）。

A. 低妊娠、低泌乳　　　　　　　　B. 高妊娠、低泌乳

C. 低妊娠、高泌乳　　　　　　　　D. 高妊娠、高泌乳

12. （　　）不属于哺乳母猪的泌乳特点。

A．母猪各乳腺间不相连通

B．泌乳高峰为产仔后的 3～4 周

C．反射性排乳

D．一般靠近前边胸部的几对乳头泌乳量比后边的低

13．配种前体况良好的经产母猪，妊娠期采取的饲养方式是（　　）。

A．抓两头带中间　B．步步高　　　C．前粗后精　　　D．短期优势

二、填空题

1．妊娠母猪的饲养方式包括（　　　　）、（　　　　）和（　　　　）。

2．母猪妊娠期营养水平的控制应采取"前（　　　　）后（　　　　）"的饲养方式。

3．妊娠最后 1 个月胎儿增重占出生重的（　　　　）%。

4．年出栏万头商品肉猪的种猪场，需要年产 2.4 胎、每胎产仔 10 头、生产过程仔猪总成活率为 80% 的种母猪群数量为（　　　　）头。

5．若要保证每头母猪年产 2.3 窝，则其哺乳期应为（　　　）d。

6．母猪年产仔窝数＝（　　　　　　　　）。

7．初配母猪适合用（　　　　）的饲养方式。

8．胚胎死亡的 3 个高峰分别在配种后的（　　　　）、（　　　　）和（　　　　）。

三、判断题

1．一般要求每栏饲养种公猪 2～4 头为宜。

2．胎儿重量有 2/3 是在妊娠期的后 1/4 时间内增长的。

3．对于体况好的经产空怀母猪应适当减少精料量。

4．哺乳母猪的放乳规律是先仔猪"拱摩乳房"，再母猪"唤奶"，最后才是"放乳"过程。

5．一般妊娠母猪在产前 10～14d 可以迁入产房，以便对新环境的熟悉。

四、综合测试

1．结合生产实际，怎样做好母猪的分娩接产工作？

2．结合母猪泌乳特点，提出提高母猪泌乳量的技术措施。

3．种公猪在养猪生产中承担着猪群的品种改良任务，它直接影响着猪群整体繁殖性能的发挥及生产任务的完成，生产中如何正确利用种公猪？

4．某养猪场，母猪平均年产 2.2 窝，年提供断奶仔猪 18 头，请问该猪场要想提高母猪的年生产力水平，从母猪的饲养和营养方面应采取哪些措施？

5．母猪产后无乳或泌乳量不足，是中小型猪场较常见的一种现象。分析母猪产后无乳或乳量不足的原因有哪些。

6．某养猪户在母猪的饲养过程中，在母猪刚分娩后，采取自由采食的方式，而母猪断奶后马上改用低营养水平的饲料，饲喂量降低，配种后提高饲喂量和营养水平。请问该做法是否正确？并说出原因。

7．请你帮助种猪场制订母猪年产 2.4 胎的计划（母猪断奶后 7 天全部发情配种）。

8．养猪生产上常采用"依膘给料"的饲养方法，如何根据妊娠母猪的体况采取相应的饲养方式调整膘情？

9．如何对种公猪进行淘汰与更新？

10．种公猪的生理特点有哪些？

11．高温季节如何对种公猪进行饲养管理？

项目五　仔猪培育

知识目标

- 了解仔猪的生长发育和生理特点及营养需要。
- 了解各阶段仔猪死亡的原因。
- 了解僵猪产生的原因。

技能目标

- 能掌握新生仔猪的护理方法。
- 辨别真死与假死仔猪，掌握假死仔猪的抢救方法。
- 能科学地饲养和管理哺乳仔猪和断奶仔猪。

思政与职业素养目标

- 培养自主学习能力；小组合作提升团队协作能力。
- 培养在学习的过程中树立认真、严谨、节约的职业素养。

❖ 项目说明

■ 项目概述

仔猪生产是养猪生产中技术性较强的环节，仔猪是猪一生中生长发育最迅速、可塑性最大、物质代谢最旺盛、饲料利用率最高、最有利于定向选育的阶段。仔猪培育效果的好坏，直接影响到断乳育成率的高低、断乳体重的大小、母猪年生产力的高低和肥猪的出栏时间。仔猪培育的中心任务是降低哺乳期仔猪死亡数，提高仔猪断乳窝重和断乳个体体重，加速猪群周转，提高养猪的经济效益。

■ 项目载体

养猪场仔猪舍、各阶段仔猪群、仔猪饲料、猪场内实训室（配有多媒体）。

■ 技术流程

任务一　初生仔猪的护理

➤ 任务描述

　　初生仔猪一般是指出生后的最初几天的猪。出生是仔猪一生中遇到的第一次也是最大的一次应激，因此，仔猪在 7 日龄以内是第一个关键性时期，俗称初生关，应加强护理。初生仔猪应进行出生后的护理（擦干黏液、断脐带）、剪犬齿、断尾、称重、数乳头数、打耳号等。

➤ 任务分析

　　初生仔猪护理是养猪生产中的一个重要技术环节，也是最费精力的一项工作。精心护理仔猪，是减少死亡、提高仔猪成活率的重要技术保证，完成该任务需要认真了解仔猪的生理特点，掌握初生仔猪的护理及相关的处理工作。提高仔猪的成活率是该阶段的重要目标。

➤ 任务资讯

1. 擦干黏液

　　仔猪产出后身上覆盖一层黏液，为了防止仔猪窒息与受寒，需立即用清洁的毛巾擦净仔猪口腔和鼻腔周围的黏液，然后用毛巾擦净仔猪皮肤。这对促进血液循环、防止仔猪体温过多散失和预防感冒非常重要。

视频：初生仔
猪的护理

2. 断脐带

　　仔猪离开母体时，一般脐带会自行扯断，但仍会拖着 20～40cm 长的一段，此时应及时人工断脐带。首先将脐带内的血液往仔猪腹部挤压进去，然后在距腹部 3～5cm，即三指宽处用手拧断脐带，再用线结扎。断脐时最好不要用剪刀一刀剪断，否则会使仔猪体内的血液流失过多。断脐端用 5％的碘酊浸泡消毒，防止其出血与感染。如果脐带因自然断开断得过短而流血不止，则应立即用在碘酊中浸泡过的结扎线扎紧。残留的脐带一般 3d 后自行脱落。

3. 剪犬齿

　　仔猪初生就有 8 枚小的状似犬齿的牙齿，位于上下颌的左右各 2 枚。由于犬齿十分尖锐，吮乳或发生争斗时极易咬伤母猪乳头或同伴，故应将其剪掉。剪时要先用 75％的乙醇充分消毒剪牙钳，在犬齿的 1/2 处剪断，断面应平整光滑。小心操作，不要把牙齿剪得太短，不可伤及齿龈。剪牙钳用后要认真消毒，以避免交叉感染，使病原菌进入仔猪体内。断齿要清出口腔，用碘酊消毒齿龈。

4. 断尾

　　预防初生仔猪断乳、生长或育肥阶段的咬尾现象，出生后应将尾断掉。可用专业电烙断尾钳距离仔猪尾根部 2.5cm 处剪断，并用碘酊消毒断处，并每剪尾一次后一定要对钳子进行消毒。

5. 仔猪称重、数乳头数、打耳号做好初生记录

　　仔猪断脐后应立即进行称重，并记录乳头数，同时做好初生记录。

　　对作为种猪选留的仔猪，可对仔猪打耳号，也可打耳缺。打耳缺时，可利用耳号钳在猪

耳朵上打缺口，编号原则为："左大右小，上三下一"，左耳尖缺口为200，右耳100；左耳小圆洞800，右耳400，如图5-1所示。这种做法会对初生的仔猪产生很大的应激。现在规模化猪场利用耳标进行血统认定，即用专用耳标写编号或血统信息，用专用器械——耳标钳固定在一侧耳朵中间即可。

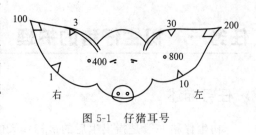

图5-1　仔猪耳号

6. 假死仔猪的急救

有的仔猪产出后全身发软、呼吸微弱，甚至停止呼吸，但心脏仍在微弱跳动，这种现象称为仔猪假死。造成仔猪假死的原因，有的是母猪分娩时间长，子宫收缩无力，仔猪在产道内脐带过早扯断而迟迟产不出来，造成仔猪窒息；有的是黏液堵塞气管，造成仔猪呼吸障碍；有的是仔猪胎位不正，在产道内停留时间过长。如果立即对假死仔猪进行救护，一般都能救活，使仔猪迅速恢复呼吸。

急救办法以人工呼吸最为简便常用。具体操作步骤是：假死仔猪出生后，立即清除口腔、鼻内和体表的黏液，然后左右手分别握住仔猪肩部与臀部，腹部朝上，而后双手向腹中心回折，并迅速复位，双手一屈一伸反复进行，一般经过几次来回，就可以听到仔猪猛然发出声音，如法徐徐重做，直到呼吸正常为止。

有时假死仔猪的急救也采用药物刺激法，即用75％乙醇、氨水等刺激性强的药液涂擦于仔猪鼻端，刺激鼻腔黏膜恢复呼吸，倒提拍打法也较常用。

7. 初生仔猪保温防压

初生仔猪体温调节能力差，对寒冷的适应能力弱。母猪的子宫内温度是39℃，出生对仔猪而言是一个很突然的环境变化。初生仔猪大脑皮层不发达，皮下脂肪层薄，被毛稀疏，调节体温和适应环境能力差，怕冷。尽管仔猪有利用血糖储备应付寒冷的能力，但由于初生仔猪体内的能源储备有限，调节体温的生理机制还不完善，这种能源利用和体温调节都是很有限的，体内的糖原和脂肪储备一般在24h之内就会消耗殆尽。在低温环境中，仔猪要依靠提高代谢效率和增加战栗来维持体温，这更加快了糖原储备的消耗，最终导致体温降低，出现低血糖症。因此，初生仔猪保温具有关键性意义。

视频：保温防压

初生仔猪的适宜环境温度为30～34℃，而成年母猪的适宜温度为15～19℃。因此，单独给仔猪创造温暖的环境是十分必要的。仔猪适宜的环境温度为：1～3日龄为30～35℃，4～7日龄为28～30℃。保温措施多采用保温箱红外线灯取暖，室内铺放干软垫草或在箱内铺垫电热板，内吊250W或175W的红外线灯，距地面40～50cm都能满足仔猪对温度的需要。

仔猪产后一周内，体质较弱，行动不灵活，对复杂的外界环境不适应，加之母猪产后疲乏、行动迟缓或母性不强，因母猪卧压而造成仔猪死亡的现象是非感染性死亡中最常见的，大约占初生仔猪死亡数的20％，绝大多数发生在仔猪生后4天内，特别是在头1天最易发生，在老式未加任何限制的产栏内会更加严重。在母猪身体两侧设护栏的分娩栏，可有效防止仔猪被压伤、压死，明显减少了初生仔猪的死亡。

8. 及早吃足初乳

初生仔猪必须通过吃初乳获得免疫力。仔猪出生6h后，初乳中的抗体含量下降一半，因此应让仔猪尽可能早地吃到初乳、吃足初乳，这是初生仔猪获得抵抗各种传染病抗体的唯一有效途径，推迟初乳的采食，会影响免疫球蛋白的吸收。

初生仔猪迅速吃到至少 50mL 的初乳。饲养人员要帮助将奶头塞入弱小仔猪嘴中并使其叼住。看起来太弱以致不能吮乳的小猪应用一个胃管喂 20mL 初乳，在最初几天每天应进行 2～3 次胃管饲喂，以提高这些弱小但有潜在价值的小猪的存活率。

视频：及早吃足初乳

仔猪出生后随时放到母猪身边吃初乳，能刺激消化器官的活动，促进胎粪排出，增加营养产热，提高仔猪对寒冷的抵抗力。初生仔猪若吃不到初乳，则很难养活。

9. 寄养

在有多头母猪同期产仔时，对于那些产仔头数过多、无奶或少奶、母猪产后生病的母猪，其仔猪采取寄养，是提高仔猪成活率的有效措施。当母猪生产头数过少需要并窝合养，或使另一头母猪尽早发情配种时，也需要进行仔猪寄养。仔猪寄养时要注意以下几方面的问题。

视频：寄养

① 猪的产期接近。实行寄养时母猪产期尽量相近，最好不超过 3～4 天。最好是将多余仔猪寄养到迟 1～2d 分娩的母猪，尽可能不要寄养到早 1～2d 分娩的母猪，因为仔猪哺乳已经基本固定了奶头，后放入的仔猪很难有较好的位置，容易造成弱仔或僵猪。

② 被寄养的仔猪一定要吃到初乳。被寄养之前，必须保证仔猪吸吮至少 6h 的初乳；如果过早进行寄养工作，会使这样的风险增加：仔猪无法吸吮到初乳，导致体内缺少母源抗体，最终引起死亡。一定要到出生 6h 后再寄养体重超过 1.5kg 的仔猪；一定要到出生 12h 后再寄养体重不足 1.5kg 的仔猪；如因特殊原因仔猪没吃到生母的初乳时，可吃养母的初乳。

③ 寄养工作必须在出生后 24h 以内完成，如果寄养工作进行得太迟，母猪的功能乳头在本窝仔猪中形成的顺序由于寄养仔猪的进入而被打乱，从而影响本窝原来仔猪的吮乳；哺乳母猪的功能乳头因为离分娩结束的时间太长以致失去泌乳能力。

④ 寄养母猪必须是泌乳量高、性情温顺、哺乳性能强的母猪，只有这样的母猪才能哺育好寄养来的仔猪。

⑤ 使寄养的仔猪与养母的仔猪有相同的气味。猪的嗅觉特别灵敏，母猪和仔猪相认主要靠嗅觉来识别。多数母猪追咬别窝仔猪，不给哺乳。为了使寄养顺利，可将被寄养的仔猪涂抹上养母的奶或尿，也可将被寄养仔猪和养母所生仔猪关在同一个仔猪箱内，经过一定时间后同时放到母猪身边，使母猪分不出被寄养仔猪的气味。

⑥ 注意看管并帮助被寄养仔猪吃奶，固定奶头。

10. 对弱仔及受冻仔猪要及时抢救

瘦弱的仔猪，在气温较低的环境中，首先表现行动迟缓，有的张不开嘴，有的含不住乳头，有的不能吮乳。此时，应及时进行救助。可先将仔猪嘴巴慢慢撬开，用去掉针头的注射器，吸取温热的 25％葡萄糖溶液，慢慢滴入口中。然后将仔猪放入一个临时的小保温箱中，放在温暖的地方，使仔猪慢慢恢复。等快到放奶时，再将仔猪拿到母猪腹下，用手将乳头送入仔猪口中。待放奶时，可先挤点奶给仔猪，当奶进入仔猪口中，仔猪会有较慢的吞咽动作，有的也能慢慢吸吮了。这样反复几次，精心喂养，该仔猪即可免于冻昏、冻僵和冻死，可以提高仔猪的成活率。

11. 矿物质的补充

哺乳仔猪生长发育需要矿物质，在哺乳期最需要补充的微量元素是铁。在缺硒的地区，硒的补充也十分必要。

（1）补铁　铁是血红蛋白的组成成分，也是许多酶的成分，仔猪缺铁易发生贫血。初生仔猪体内铁的贮量很少，仔猪出生时平均体重1.5kg，体内贮存50mg铁，仔猪日需铁7mg，每升猪乳中含铁1mg，靠吃乳不能满足对铁的需要。仔猪生后4～7d体内贮存的铁可消耗完，不补充铁就会发生缺铁性贫血，皮肤和黏膜苍白，食欲减退，抗病能力减弱，发生腹泻，生长缓慢，严重时死亡。因此，仔猪生后3日龄时就应补铁，补铁的方法有口服和肌内注射等。补铁针剂种类很多，常用的有牲血素、血多素、富血来等。一般于3～4日龄注射100～150mL。补铁后2周内若仍有贫血现象，应再补充50～100mL。口服常用铁铜合剂补饲，铁铜合剂是把2.5g硫酸亚铁和1g硫酸铜溶于1000mL水中配制而成，每日每头10mL，可涂于母猪乳头上，也可用奶瓶等滴喂，1～2次/d。能够吃料时可在饲料中获得铁。在山区农村，常有用红壤土补铁的习惯，具体做法是，将红壤土在铁锅中炒，加少量盐后，散放在仔猪补料栏内，经仔猪舔食后，补充所需的铁。

（2）补硒　硒是谷胱甘肽过氧化物酶的主要成分，与维生素E共同起到抗氧化作用，影响维生素E的吸收和利用。缺硒时发生白肌病，往往是营养状况好、生长快的仔猪突然发病或死亡，表现为体温正常或偏低、叫声嘶哑、行动摇摆、后肢瘫痪等。缺硒仔猪出生后3～5日龄，肌内注射0.1%的亚硒酸钠溶液0.5mL，60日龄时再注射1mL，即可保证仔猪的需要。近来也有给仔猪注射硒E合剂的，效果也较好，因为硒的用量很小（每千克饲料中0.1mg），以亚硒酸钠作饲料添加剂时，必须混合均匀，过量会造成中毒，所以不宜随便添加。

➢ 任务实施与评价

详见《学习实践技能训练工作手册》。

➢ 资料卡

初乳

➢ 任务拓展

初生仔猪的生理特点

1. 生长发育快，物质代谢旺盛

与其他家畜比较，仔猪出生体重相对小，不及成年体重的1%。但猪出生后生长发育特别快，一般仔猪初生重在1.5kg左右，10日龄时体重达出生重的2倍以上，30日龄达5～6倍。

仔猪出生后的飞速生长，是以旺盛的物质代谢为基础的。出生后 20 日龄的仔猪，每千克体重沉积的蛋白质相当于成年猪的 30～35 倍，每千克体重所需代谢净能为成年猪的 3 倍。因此，仔猪对营养物质和饲料品质要求都较高，对营养不全的反应敏感。所以仔猪补饲尤为重要。

2. 消化器官不发达，消化功能不完善

初生仔猪消化器官在结构和机能方面都不完善。胃的重量和容积都小，仔猪出生时胃的重量为 5～8g，只能容纳 25～40mL 乳。60 日龄时胃重 150g，容积增大约 20 倍，由于胃的容积小，排空速度快，所以哺乳次数多。因此，仔猪易饱、易饿。所以要求仔猪料体积要小、质量要高，适当增加饲喂次数，以保证仔猪获得足够的营养。

随着日龄增加，胃的容积增大，排空时间变慢。3～5 日龄胃的排空时间为 1.5h，30 日龄时为 3～5h，60 日龄时为 16～19h。小肠也强烈地生长，4 周龄时重量为出生时的 10 倍左右。消化器官这种强烈的生长保持到 7～8 月龄，之后开始降低，一直到 13～15 月龄才接近成年水平。

仔猪出生时胃内仅有凝乳酶，胃蛋白酶很少，由于胃底腺不发达，缺乏游离盐酸、胃蛋白酶，没有活性，不能消化蛋白质，特别是植物性蛋白质。这时只有肠腺和胰腺发育比较完全，胰蛋白酶、肠淀粉酶和乳糖酶活性较高，食物主要是在小肠内消化。所以，初生小猪只能吃奶而不能利用植物性饲料。

在胃液分泌上，由于仔猪胃和神经系统之间的联系还没有完全建立，缺乏条件反射性的胃液分泌，只有当食物进入胃内直接刺激胃壁后，才分泌少量胃液。而成年猪由于条件反射作用，即使胃内没有食物，到采食时同样能分泌大量胃液。

随着仔猪日龄的增长和食物对胃壁的刺激，盐酸的分泌不断增加，直到 2.5～3 月龄盐酸浓度才接近成年猪的水平。到 35～40 日龄，胃蛋白酶才表现出消化能力，到仔猪 3 月龄时，胃液中的胃蛋白酶才增加到成年猪的水平，仔猪才可利用多种饲料。

仔猪的消化主要在小肠内进行，出生时小肠前端分泌乳糖酶，专门分解乳糖，生后第一周乳糖酶活性最强，随日龄增加而活性逐渐减弱，被胰淀粉酶替代。3 周龄时胰淀粉酶活性最高，对淀粉和其他糖类消化利用较好。出生时仔猪蔗糖酶和麦芽糖酶较少，生后 10 日龄内很难消化蔗糖。

为此，要给仔猪早开食、早补料，以促进消化液的分泌，进一步锻炼和完善仔猪的消化功能。

3. 免疫力弱，易得病

由于母猪胎盘结构的特殊性，母猪和胎儿的血液循环被几个组织层隔开，限制了免疫抗体由母体转移到胎儿。因而，仔猪出生时先天免疫力较弱。只有吃到初乳后，才能获得更好的免疫力。母猪初乳中蛋白质含量很高，每 100mL 中含总蛋白 15g 以上，但维持的时间较短，3d 后即降至 0.5g。仔猪出生后 24h 内，由于肠道上皮对蛋白质有通透性，同时乳清蛋白和血清蛋白的成分近似，因此，仔猪吸食初乳后，可将其直接吸收到血液中，免疫力迅速增加。肠壁的通透性随肠道的发育而改变，36～72h 后显著降低。因此仔猪生后应尽早吃到初乳。

仔猪 10 日龄以后才开始自产免疫抗体，到 30～35 日龄前数量还很少，直到 5～6 月龄才达成年猪水平（每 100mL 含 γ-球蛋白约 65mg）。因此，14～35 日龄是免疫球蛋白的青黄不接的阶段，最易下痢，是最关键的免疫期。同时，仔猪这时已吃食较多，胃液又缺乏游离盐酸，对随饲料、饮水进入胃内的病原微生物抑制作用较弱，从而成为仔猪多病的原因之一。

4. 体温调节能力差，行动不灵活，反应不灵敏

仔猪出生时大脑皮层发育不健全，不能通过神经系统调节体温。并且，仔猪只能利用乳糖、葡萄糖、乳脂、糖原氧化供热，体内可用于氧化供热的物质较少，遇到寒冷，血糖含量很快就会降低。仔猪的正常体温比成年猪高 1℃ 左右，单位体重维持体温的能量需要是成年猪的 3 倍；加之初生仔猪皮薄毛稀、皮下脂肪较少，其保温能力较差。在低温环境中，仔猪行动迟缓，反应不灵敏，易被压死或踩死，即使不被压死或踩死也有可能被冻昏、冻僵，甚至被冻死。1 周龄以后，仔猪体内甲状腺素、肾上腺素的分泌水平逐渐提高，物质代谢能力增强。到 3 周龄左右，仔猪调节体温的能力接近正常。初生仔猪的适宜温度为 32～35℃，当处于 13～24℃ 环境时，仔猪 1h 内体温就会下降 1.7～7℃。特别是最初 20min，下降更快，0.5～1h 后开始回升。全面恢复到正常体温约需 48h，初生仔猪裸露 1℃ 环境中 2h 可被冻昏、冻僵甚至被冻死。

任务二　哺乳仔猪的饲养管理

➤ 任务描述

哺乳仔猪一般是指出生后至断奶前的仔猪。

➤ 任务分析

此阶段仔猪的主要生理特点是生长发育快而生理上不成熟，生理上的不成熟主要表现在消化器官不发达，胃蛋白酶很少且基本无活性，不能很好地消化蛋白质，特别是植物性蛋白质；同时由于缺乏先天免疫力，且自身不产生抗体，其抗病力差。此外，由于此阶段仔猪神经系统发育不完全，调节体温的能力差。哺乳仔猪阶段的饲养任务是使其获得最高的成活率和最大的断奶重。

➤ 任务资讯

仔猪生后 20d 以内主要靠母乳生活，初生期的主要特点是怕冷易病，因此，让仔猪获得充足的乳汁是促使仔猪健壮生长的根本措施，保暖防压是护理的关键。

一、加强补料

对哺乳仔猪除了加强初生仔猪的护理外，在饲养上，还应抓好提早教槽环节，使仔猪尽早开食；通过教槽，促进仔猪胃肠道发育，减少仔猪断奶后肠绒毛的损伤，尽可能提高仔猪断奶前的饲料采食量，同时增加哺乳期母乳不足的营养补充。因为哺乳仔猪体重的迅速增加，对营养物质的需求量与日俱增，母猪的泌乳量在分娩后第三周达到高峰后逐渐下降，不能满足仔猪对营养物质的需求，如不及时补饲，直接影响仔猪的生长发育，及早补料还可以锻炼仔猪的消化器官，促进其机能发育，又可防止下痢，并为安全断奶奠定基础。

仔猪有探查周围物质的习性，喜爱香甜味食物。仔猪生后5～7d开始长牙，特别喜欢拱啃东西，这时要调教仔猪吃料。开始仔猪并不认真吃只是咬到嘴里磨牙，可以在饲槽或补料间地面上放些香甜的饲料，如仔猪专用教槽料，引诱仔猪自由拱食。也可在饲料中加入甜味剂或香味剂（诱食剂）效果更好。开始诱食时也可采用强制方法，将饲料抹入仔猪口中然后任其舔食。

视频：加强补料

能促使仔猪早开食。20日龄左右仔猪就能建立吃料的反射和欲望，逐渐增加采食量。仔猪学会采食后就要按照仔猪营养需要饲喂全价配合饲料。每次投料要少，利用仔猪抢食的习性和爱吃新料的特点，每日可多次投料。个别仔猪不开食可人为掰开嘴喂给少一些的饲料。开食第一周仔猪采食很少，因母乳基本上可以满足需要，投料的目的是训练仔猪习惯采食饲料。

一般以营养平衡、适口性好的全价饲料诱食仔猪，使仔猪的采食量显著增加，进入旺食期。补料方法应少喂勤添，保证饲料新鲜。每日喂料4～6次，料量由少至多。进入旺食期后，夜间可加喂一次。有的母猪泌乳量高，所带仔猪往往不易上料，则应有意识地进行"逼料"，即每次喂奶后，把仔猪关进补料栏，时间为1～1.5h，仔猪产生饿感后对补料栏的饲料或青饲料产生一定兴趣，逼其上料。应注意每次关栏的时间不宜过长，以免影响母猪正常泌乳。

（1）建议补饲量　现在规模化猪场4周龄前均断奶，建议第一周即教槽，达4周龄前独立采食量不低于250g标准。

（2）诱食　仔猪喜爱甜食，开始对5～7日龄仔猪诱食时，应首选仔猪专用教槽料，或香甜、清脆、适口性好的料，如将带甜味的南瓜、胡萝卜切成小块，或将炒熟的麦粒、谷粒、豌豆、玉米、黄豆、高粱等喷上糖水或糖精水，裹上一层配合饲料或拌少许青饲料，于9：00～15：00放在仔猪经常去的地方，任其自由采食。也可采用以下方法进行诱食。

① 鹅卵石法。在仔猪的补料槽中，放几块洗干净的鹅卵石，仔猪因其具有探究行为，对异物感兴趣，会去拱鹅卵石，不知不觉中吃进饲料；在找鹅卵石不易的猪场，也有用洗干净的青霉素瓶代替，有一定的效果。

② 吊瓶法。在补料槽上方吊一个特殊颜色的塑料瓶，仔猪在拱瓶的时候会闻到饲料的气味，产生采食欲望。

③ 抹料法。给仔猪嘴里抹料，是现有方法中效果最好的。抹料最简单的办法是在仔猪睡觉时，饲养人员轻轻走过去，一手将猪嘴掰开，一手用指头蘸上糊状料抹到猪嘴里，抹料时，不必将所有猪都抹到，一窝中抹两到三头即可，而且抹料时不要惊醒仔猪，这样的操作不费很多工夫，容易被饲养人员接受。

（3）补料注意事项

① 为了让仔猪加快建立吃料的条件反射，不要随意改变饲料配方和补料地点。

② 仔猪料的质量要求：仔猪料应具有营养平衡、易消化、适口性好、具有一定的抗菌抑菌作用以及仔猪采食后不易腹泻等特点。要尽量与母乳相符，体现高能量低蛋白的特性。

③ 乳猪料的原料组成：应选用一部分乳制品（如乳粉或乳清粉），效果较好。乳清粉中含70％以上乳糖，乳蛋白为10％～15％，具有非常好的适口性（甜味）且易消化。其他原料，可选用燕麦（去壳、压扁，最好经过膨化）、小麦、部分大麦、玉米等作能量饲料。这些原料最好经过炒熟或膨化加工，效果更好。蛋白质饲料除奶粉外，还可选择优质鱼粉、经过加工的豆粕和经过炒熟或膨化的全脂大豆。

猪胃肠适宜的 pH 值环境是发挥消化酶活性和控制有害微生物的重要保证。病原微生物如大肠埃希菌、沙门菌、葡萄球菌等细菌最适宜的 pH 值为 6～8，pH 值在 4 以下失活。在仔猪料中添加有机酸，如柠檬酸、乳酸等，可降低胃肠道的 pH 值，减少病原微生物的感染和下痢，改善饲料适口性。

④ 饲料必须清洁新鲜，不能喂霉烂变质或不卫生的饲料。食槽和补料间要经常清扫，保持干净。

⑤ 补料要少给勤添，次数要多。不要让仔猪饥饱不匀吃顶食。

⑥ 注意仔猪粪便情况，如有腹泻要及时采取措施。

(4) 水的补充　哺乳仔猪生长迅速，代谢旺盛，母猪乳中和仔猪补料中蛋白质含量较高，需要较多的水分，及时给仔猪补喂清洁的饮水，不仅可以满足仔猪生长发育对水分的需要，还可以防止仔猪因喝脏水而导致下痢。

在仔猪 3～5 日龄，给仔猪开食的同时，一定要注意补水，教槽先让仔猪学会饮水，会饮水是教槽的前提和保障。最好是在仔猪补料栏内安装仔猪专用的自动饮水器或设置适宜的水槽。

二、人工哺育

如果母猪产后死亡或无乳，又没有寄养的条件，可考虑人工哺育。为了保证仔猪摄入足量的初乳，可在母猪分娩的时候收集初乳，装在奶瓶里喂给弱小仔猪。初乳收集可在母猪产出 1～2 头仔猪后进行，收集到广口容器里。收集过程中大部分乳头都应挤到。

如果当日初乳没有用完，可放在冰箱里冷冻保存，待需要时用，用前加热至体温。小型冰块冷冻托盘很适合用来冷冻初乳。

此外，也可购买商品人工初乳。每头弱小仔猪每 2h 需要 20～30mL 初乳，直到其恢复活动能力为止。通常用奶瓶喂饲即可。

但如果仔猪尚未形成正常的吞咽反射，就要采用胃管进行饲喂，或腹腔内注射 20% 葡萄糖溶液 10mL。

如果没有母猪初乳，也可以用初乳替代品或奶牛初乳进行饲喂，可以用注射器或胃管来完成，实践证明，牛初乳和人工初乳的效果非常好。

(1) 人工乳的配制　可预先配制，放在冰箱里冷冻保存。用之前取适量加热至体温。每次饲喂 3～5min，在此期间让仔猪能吃多少就吃多少。作为参考，开始的时候每头仔猪每次喂 10～20mL，以后逐渐增至 80～100mL（每日 3～4 次）。重要的是，不要过量饲喂，否则容易发生腹泻。

(2) 具体饲喂方案

① 1～2 日龄每 4h 饲喂 1 次，即每日饲喂 4～6 次。

② 3～4 日龄每 6h 饲喂 1 次，即每日饲喂 3～4 次。

此后每 8h 喂 1 次，即每日 3 次，直到 10～14 日龄，以后可完全用固体饲料来替代人工乳。

三、防止腹泻

仔猪腹泻是影响仔猪成活和生长的主要因素。造成仔猪腹泻的原因有：环境变化引起的应激，病菌的侵袭和饲喂管理不当等。仔猪腹泻多发生在出生至 7 日龄和 2～4 周期间。7 日龄前的腹泻一般全窝发生，死亡率高，损失很大。发病后应立即治疗，但更重要的是采取预防措施。

防治仔猪腹泻可使用抗生素类药物，常用土霉素、金霉素、杆菌肽锌、硫酸黏杆菌素、泰乐菌素和北里霉素，合成抑菌药物有呋喃唑酮、磺胺类药物和喹乙醇等。

在仔猪管理方面要减少应激。猪舍温度应保持稳定，不因外界天气变化而忽冷忽热。防止仔猪喝脏水和吃脏东西。母猪临产前将圈舍消毒，将母猪清洗干净。

豆粉中含有蛋白抑制因子和使仔猪肠道产生过敏反应的大豆抗原。在仔猪饲料中应使用熟豆粕或膨化豆粉。有的仔猪饲料中在满足赖氨酸需要的前提下适当降低蛋白质水平。

四、做好防疫

仔猪 30 日龄左右，用猪瘟、猪丹毒和猪肺疫三联疫苗进行预防接种，增强仔猪免疫力，减少疾病发生，确保仔猪健康生长发育。

注射疫苗，时间上要与断乳、去势恰当分开，不能同时进行，以免加重刺激而影响仔猪的生长。

➢ 任务实施与评价

详见《学习实践技能训练工作手册》。

➢ 任务拓展

新生仔猪死亡的原因与防护

1. 疾病原因

① 新生仔猪感染病原微生物（如仔猪黄痢）而造成死亡。仔猪黄痢是由大肠埃希菌引起的，新生仔猪的一种急性、高度致病性传染病，仔猪下痢，呈黄色透明水样便，尤以 1～3 日龄仔猪发病最多，病程短而致死率高，7 日龄以上仔猪发病较少。

② 母猪产后因患乳房炎或子宫内膜炎等，不仅母猪体温升高，而且母猪乳中含有毒素，会引起仔猪发生腹泻、脱水而死亡。

③ 先天遗传因素引起的疾病，如仔猪先天性震颤和癫痫造成的死亡，还有因先天性弱仔或消化不良等原因引起的。

2. 非疾病原因

（1）冻死　新生仔猪由于体温调节机能还不够完善，一般被毛稀疏，皮下脂肪少，其体表面积大，热调节功能差。仔猪的正常体温为 39～40℃，比一般成年猪高出 1℃左右，仔猪出生后 1～2d，主要依靠储存于肝、心、肌肉内的糖原来提供热源，3d 后才能利用脂肪、蛋白质提供热源。由于仔猪体温调节机能差，对温度变化敏感，主要表现为对寒冷的抵抗力差，常因环境温度不适宜造成仔猪不活泼，食欲减少，不愿意吃奶，有时冻僵或冻死。

（2）饿死　新生仔猪消化机能不完善，体内储存的热量物质少，很容易引起饥饿，或因母猪产后患病，尤其是乳房炎、子宫内膜炎、无乳综合征或引起发热的疾病，使母猪泌乳障碍，造成产后母猪奶量不足、奶质差，使仔猪不能尽早地吃到母乳，或补给其他代用品不及时、量不够。有时母猪的乳头少，致使有的仔猪抢不到乳头而吃不到母乳等，使一些新生仔猪由于饥饿而死亡。

（3）踩压死　新生仔猪因寒冷变得行动迟缓，怕冷向母猪腹部过于贴近而被压死。母猪分娩后疲劳，母猪身体过肥行动不便，年老的母猪、初产母猪护仔性能差或患有某些疾病，猪舍环境不安静，引起母猪惊跑等原因，均可造成仔猪被踩压死。

另外，还有一些因仔猪先天性发育不良，造成的死亡等。

3. 综合防治措施

（1）预防疾病，提高仔猪的抵抗力　仔猪饮水要充足，出生后 3d 的仔猪因母猪的乳较稠，很难满足仔猪对水的需要，所以必须供给仔猪足够的清洁饮水，以免仔猪找不到水，去喝污水或尿液，引起下痢。加强接产工作，仔猪出生后要及时保温、断脐带，剪犬齿，断尾，吃初乳，固定乳头。在新生仔猪开奶前，需用 0.1% 高锰酸钾水溶液将母猪乳头洗净，并挤通乳汁后让仔猪吸吮，使仔猪很快获得母源抗体；仔猪生后 1 日龄、7 日龄、21 日龄，可用氟尔康（主要含氟苯尼考）三针保健，1 日龄注射 5% 氟尔康 0.5mL、7 日龄注射 0.6mL、21 日龄注射 2.3mL，可有效地预防仔猪腹泻和早期呼吸道综合征，显著提高仔猪的成活率。仔猪补铁补硒。仔猪生后 3d 肌注牲血素 1mL；3～5d 补硒，肌注 0.1% 的亚硒酸钠维生素 E 0.5mL，断奶前再补 1 次。

（2）加强保温防冻　冬季天气寒冷，冷应激是仔猪的大敌，特别是第一天最重要。为避免仔猪冻死，应设有保温设备，如仔猪保温箱、保温间、红外线灯泡或电热恒温保温板等，这样才能保证有适宜的温度环境，确保仔猪健康生长。同时，注意防止贼风侵袭、舍内潮湿。

（3）让仔猪尽早吃上初乳　仔猪生后 1h 内，由人工辅助吃上初乳，生后 2～3d 内要固定好乳头，把初生体重小的仔猪固定在前排乳头、初生体重大的仔猪固定在后排乳头。如果母猪的产仔数超过母猪乳头的数量或者乳量不足，要及时做好寄养或人工喂给牛乳等代乳品。

（4）加强护理，防止母猪踩压死仔猪　要掌握母猪压死仔猪的规律，一般在产后 1 周内要有专人看护，并对母猪进行护仔训练，这对初产母猪特别重要。在圈内设置护仔间，母仔分开饲养，定时喂奶，这种方法既防压防冻又卫生；采用护仔栏，在母猪靠墙的地方，用圆木或铁管在离墙和地面各 25cm 处设护仔栏，以防母猪沿墙躺卧时将仔猪压死。

（5）增加母猪营养　除了正常的饲养外，对怀孕母猪添加脂肪补给，在母猪分娩前 10～15d，补给脂肪可以增加仔猪体内能量储存，提高仔猪的出生重、降低死亡率。补充脂肪还有利于提高初乳和常乳的含脂率。在母猪产前 1 周的日粮中添加维生素 C，可大大减少仔猪脐带出血及仔猪产中的死亡率。

任务三　保育仔猪的饲养管理

➤ 任务描述

保育仔猪指仔猪断奶后到仔猪 60～70 日龄转入生长育肥之前的一个阶段。

➤ 任务分析

断奶仔猪也叫保育仔猪，这个阶段的饲养效果直接关系到以后的育肥效果。断奶仔猪的主要生理特点是消化系统由发育不完全向正常过渡，随神经系统的逐步发育，其对环境的适应能力逐步加强。这一阶段的饲养管理要点是如何解决好饲料过渡及避免因环境变化带来的应激。饲养目标：①达 20kg 体重时死亡率低于 1%；②保育期平均日增重 500g，到 48 日龄时平均体重为 18kg。保育仔猪体重达 25～30kg 时，转入生长或育肥猪舍。

➤ 任务资讯

保育仔猪的饲养管理要做到以间为单位的全进全出，在一间保育舍内饲养日龄相近、体重差别不大的仔猪，且公、母分栏和大小分栏饲养。注意圈舍卫生，随时清除网床上的粪便，精心护理，及时治疗病弱猪。

视频：保育仔猪
的饲养管理

一、断奶方法

断奶是仔猪生活中的一次大转折。断奶仔猪处于强烈生长发育时期，但消化机能和抗病能力较弱。仔猪断奶后由依靠母乳转为独立采食饲料，同时又失去母仔共同生活环境，由于一系列应激因素的刺激，仔猪断奶后 2 周内往往食欲不振，精神不安，增重缓慢甚至体重下降形成僵猪，所以必须注意断奶方法和断奶后的饲养管理。

（1）一次断奶 当仔猪达到断奶日期时，一次性地将母猪与仔猪分开。由于突然改变生活环境和营养来源，常会引起仔猪消化不良、精神不安。同时，母猪突然停止哺乳，易造成乳头胀痛不安或发生乳房炎。这一方法简单，使用此法断奶时，应于断奶前 3～5d 逐渐减少母猪饲料喂量，让仔猪多采食饲料，断奶后加强对母猪和仔猪的护理。一般规模化猪场多采用一次断奶。

（2）逐步断奶 为避免一次断奶的不利影响，常在预定断奶日龄前 3～5d，逐步减少母猪的精料和青料喂量，并把母猪赶到离原圈较远的栏圈内，定时赶回让仔猪哺乳，哺乳次数逐日减少，至预定日期停止哺乳。此法对母仔均安全有利。

（3）分批断奶 按仔猪发育状况的好坏、采食量及用途分别先后断奶。一般是将发育好、食欲强、作育肥用的仔猪先断奶，体格弱、食量小、留作种用的仔猪适当延长哺乳期。此法断奶时间拖得长，对仔猪的管理也有困难，可将需要延长哺乳期的仔猪合并到一起，由一头母猪继续喂养。

二、营养和日粮

保育仔猪的营养要求根据日龄和体重而变化，5～10kg 体重的仔猪，日粮蛋白质含量需 20%、消化能 3500kcal/kg、脂肪 6%～8%，这一阶段的日粮要注意适口性，可消化率至少要达到 92%；10kg 以上体重的仔猪日粮蛋白质含量为 18%、消化能为 3300kcal/kg，此阶段可利用消化率稍低、低成本的蛋白质和能量饲料。

在仔猪断奶后的头几周内，日粮中添加 1.5g 甲酸钙，可使仔猪的生长速度提高 1.2% 以上，饲料转化率提高 40%，并能减少仔猪的发病率。

三、饲养与管理

1. 饲养

为减少断乳应激对保育仔猪的影响，仔猪断奶后保持哺乳期间所用饲料配方不变，并适量添加维生素、有机酸和氨基酸等，以减轻应激。维持 7d 左右，逐步增加断奶仔猪料，减少哺乳期间饲料，一般于断奶后 15d 过渡到全部饲喂断奶的猪料。从外场引进的断奶仔猪，最好购回原场的饲料。饲喂方法：过渡期就是仔猪断奶后 3～5d 最好限量饲喂，每日平均采食量 160g，5d 后自由采食。

饲养制度过渡：稳定的生活制度和适宜的饲料调制是提高仔猪食欲、增加采食量、促进仔猪增重的保证。仔猪断奶后 15d 内，应按哺乳期的饲喂方法和次数进行饲喂，夜间应坚持饲喂，但开始不宜过多，以后可适当减少饲喂次数，增加每次的饲喂量。

要养好早期断奶仔猪，应供给仔猪高消化率、高吸收率的饲料，这是仔猪不腹泻、快速生长的秘诀。饲料中可添加些酶制剂、半发酵的粉状饲料。半流质状的饲料更接近母乳的状态，可以克服早期断奶仔猪尚未能区别采食和饮水的许多问题，可满足仔猪对营养和水分的需要。以半流质状饲料饲喂仔猪，其采食量多、增重快。

2. 管理

（1）圈舍固定　断奶时将母猪赶走，仔猪留在原圈，使它们在熟悉的环境中生活。

（2）人员固定　原来喂养泌乳母猪的饲养员继续喂养断奶仔猪，使饲喂习惯不变。

（3）保育舍的环境条件　由于断奶后的几天里，仔猪的采食量较低和体脂损失较大，保育舍的温度应该比产房温度稍高，达到 25℃ 最为合适，待仔猪达 8.0kg 时，温度可降到 24℃，8.0～12.0kg 时降至 23℃，12.0kg 以上可以降至 21℃。保育期日温差不应过大，断奶后第 1 周，日温差超过 2℃，仔猪就可能发生腹泻、生长不良。

保育舍每头猪占地面积 0.3～0.4m^2，一般 10 头猪一个栏，每头猪的采食面积 8cm^2 左右，每栏一个饮水器，饮水器高度在 26cm 较合适。

保育舍空气要流通，但又要避免有贼风进入。

应该保持仔猪舍清洁干燥，地面要干燥。潮湿的地面使体温散失增加，原本热量不足的仔猪更易着凉和体温下降。

（4）饮水　保育仔猪要供给充足、清洁的饮水，自动饮水器高低应恰当，保证不断水，若无自动饮水器，饲槽内放清洁的水，刚进栏的猪可适当在饮水中加入多种维生素。

（5）分群　断奶以后原窝仔猪不要拆散，要维持原窝仔猪不变。如果立即并窝会引起仔猪互相咬斗，影响仔猪生长。

断奶后仔猪约 1 周可以重新组群。分群时严禁个体大小差别较大的合群饲养，将日龄一致、体重接近（相差不超过 2kg）、健康、强弱一致的仔猪分在一栏，密度适中，不宜过大或过小。分群原则：原圈培育，留弱不留强，拆多不拆少，夜并昼不并。合群仔猪会有打斗、争位次现象，需进行看管，防止咬伤、咬死。防止抢食，帮助建立群居秩序，分开排列均匀采食。

（6）调教管理　新断奶转群的仔猪需人为引导、调教使仔猪养成定点采食、排粪尿、睡觉的习惯，这样既可保持栏内卫生，又便于清扫。

仔猪培育栏最好是长方形（便于训练分区），在中间走道一端设自动食槽，另一端安装自动饮水器，靠近食槽一侧为睡卧区，另一侧为排泄区。训练的方法是：排泄区的粪便暂时不清扫，诱导仔猪来排泄，其他区的粪便及时清除干净。当仔猪活动时，对不到指定地点排泄的仔猪用小棍轰赶，当仔猪睡卧时可定时轰赶到固定区排泄，经过 1 周的训练可形成定位。

（7）免疫　在断奶饲养阶段，必须完成各种传染病疫苗的防疫注射，使猪只对各种传染病产生免疫力，则仔猪顺利生长，有一个健康的体质，也为以后的管理打下坚实的基础。

① 自繁自养（或规范化猪场）都有规定的免疫程序，对未完成的免疫，按规定日期继续执行。

② 从市场上购买的仔猪，在饲养第一周内，应立即进行猪瘟疫苗防疫。1 周后再分别进行猪丹毒、猪肺疫、仔猪副伤寒疫苗防疫。按疫苗说明书剂量注射（口服）。为提高免疫力，也可对其他猪场购进仔猪再进行 1 次防疫。70 日龄进行链球菌病疫苗防疫 1 次。80 日龄（每年 4 月、9 月）进行口蹄疫疫苗防疫 1 次。

③ 经常进行观察，发现病猪及时隔离治疗。死亡猪只解剖后进行深埋。

（8）驱虫　疫苗防疫结束，待猪只一切正常，对猪进行驱虫，驱除体内外寄生虫。可选用虫克星、阿维菌素、伊维菌素、左旋咪唑、敌百虫、肥猪散、六合一（含有中药绵马、贯中、槟榔等成分）。驱虫 1 次后过 1 周左右再重复驱虫 1 次，也可更换不同的驱虫药。驱虫时必须及时清除粪便（或冲刷栏舍）防止排出体外的线虫和虫卵被猪吞食，影响驱虫效果。驱虫后再消毒 1 次则效果更好。

➤ 任务实施与评价

详见《学习实践技能训练工作手册》。

➤ 任务拓展

传统养猪仔猪 60 日龄断奶，母猪年产仔不足两窝。为了提高母猪年生产力，实行仔猪早期断奶技术，仔猪出生后 21～28 日龄断奶。

1. 早期断奶的好处

① 缩短母猪产仔间隔，增加母猪年产仔数。传统养猪仔猪哺乳 60d，母猪年产仔 1.8 窝，育成仔猪 16 头左右；仔猪哺乳 45～50d，母猪年产仔两窝；仔猪哺乳 28d，母猪年产仔 2.4 窝左右，育成仔猪 20 头以上。

② 节省饲料，提高仔猪饲料利用率。仔猪断奶后可直接利用饲料，不受母乳限制，仔猪发育整齐。仔猪采食饲料时饲料利用率为 50%～60%，饲料通过母乳的转化利用率只有 20%，比母猪吃料经二次转化分泌乳汁的饲料利用率高 2 倍。据研究，能量每转化一次要损失 20%。早期断奶增加了母猪的年产窝数和育成仔猪数，因此可减少母猪饲养数量，并可淘汰低产母猪，从而节省饲料量。早期断奶还可使母猪减少失重，减少妊娠母猪饲喂量。

③ 按照仔猪营养需要配制饲粮，任其自由采食，不受母猪泌乳的影响。

④ 提高劳动生产率，降低饲养成本。仔猪早期断奶，缩短母猪繁殖周期，提高母猪年育成头数，从而减少母猪饲养量，节省饲料，加快猪舍周转，提高猪舍利用率，减少饲养管理人员，提高劳动效率。进而降低仔猪培育成本，提高母猪经济效益。

2. 早期断奶日龄

早期断奶是指 3～4 周龄断奶的仔猪。断奶愈早对仔猪打击愈大，断奶后恢复时间愈长。3 周龄断奶，仔猪恢复到断奶体重的时间需 10～14d，4 周龄断奶需 9～10d，5 周龄断奶需 5～8d。

仔猪 3～4 周龄时，已过了母猪的泌乳高峰期，大约采食母猪泌乳总量的 60%，从母乳中获得一定的营养物质，自身免疫能力亦逐步增强。由于早期补料仔猪已能采食饲料，仔猪对外界环境变化的适应能力增强，这时断奶，仔猪完全可以独立生活。

母猪产后子宫恢复大约需要 20d，3 周龄前断奶母猪子宫还未完全恢复，即使断奶后母猪发情，受胎率也不高，胚胎死亡增加，每窝产仔头数减少。从母猪体况分析仔猪 3～5 周龄断奶最好。生产实践表明，我国南方地区仔猪 4 周龄、北方地区仔猪 5 周龄断奶为宜。

3. 断奶仔猪常出现的问题

断奶意味着仔猪不再通过母乳获取营养。仔猪需要一个适应过程（一般为 1 周），这就是通常所说的"断奶关"。这期间若饲养管理不当，仔猪会出现一系列的问题。

（1）负增长　断奶仔猪由于断奶应激，断奶后的几天内食欲较差，采食量不够，造成仔猪体重不仅不增加，反而下降。往往需 1 周时间，仔猪体重才会重新增加。断奶后第一周仔猪的生长发育状况会对其一生的生长性能有重要影响。据报道，断奶期仔猪体重每减轻 0.5kg，则达到上市体重标准所需天数会增加 2～3d。

（2）腹泻　断奶仔猪通常会发生腹泻，表现为食欲减退，饮欲增加，排黄绿稀粪。腹泻开始时尾部震颤，但直肠温度正常，耳部发绀，死后解剖可见全身脱水，小肠胀满。

（3）发生水肿病　仔猪水肿病多发生于断奶后的第二周，发病率一般为 5%～20%，死亡率可达 100%。表现为震颤、呼吸困难、运动失调，数小时或几天内死亡。尸检可见胃内容物充实，胃大弯和贲门部黏膜水肿，腹股沟淋巴结、肠系膜淋巴结肿大，眼睑和结肠系膜水肿，血管充血和脑腔积液。

（4）僵猪　又称"小老猪"，是指那些发育受阻、生长落后的猪，月龄不小体重不大。外观表现曲背拱腰，被毛粗乱，精神呆滞或神经质，无论怎样加强营养也达不到育肥的目的，给生产造成很大损失。

① 僵猪产生的原因。

a. 妊娠母猪饲养管理不当，营养缺乏使胎儿生长发育受阻，造成先天不足，形成"胎僵"。b. 泌乳母猪饲养管理不当，母猪没奶或缺乳，影响仔猪在哺乳期的生长发育，造成"奶僵"。c. 仔猪多次或反复患病，如营养性贫血、下痢、喘气病、体内外寄生虫病等，严重地影响了仔猪的生长发育，形成"病僵"。d. 仔猪开食晚补料差，仔猪料质量低劣，使仔猪生长发育缓慢，形成"料僵"。e. 一些近亲繁殖或乱交滥配所生仔猪，生活力弱，发育差，易形成遗传性僵猪。

② 防止僵猪产生的措施。

a. 加强母猪妊娠期和泌乳期的饲养管理。保证蛋白质、维生素、矿物质等营养和能量的供给，使仔猪在胚胎阶段先天发育良好；生后能吃到充足的乳汁，使之在哺乳期生长迅速，发育良好。b. 搞好仔猪的养育和护理，创造适宜的温度环境条件。早开食、适时补料，并保证仔猪料的质量，完善仔猪的饲粮，满足仔猪迅速生长发育的营养需要。c. 搞好仔猪圈舍卫生和消毒工作，使圈舍干燥清洁，空气新鲜。d. 及时驱除仔猪体内外寄生虫，有效地防制仔猪下痢等疾病，对发病的仔猪，要早发现、早治疗。尽量避免重复感染，缩短病程。e. 避免近亲繁殖，以保证和提高其后代的生活力和质量。

➢ 新技术链接

一、仔猪多功能处理车

产房仔猪多功能处理车（图 5-2）可实现从抓猪—打耳标—称重—记录—断尾—灌服驱虫—滴鼻伪狂犬—补铁—保健—打疫苗等产房 SOP 操作流程，大大降低人工成本，减少药苗浪费，降低仔猪伤口感染，提升产房仔猪成活率。

图 5-2　仔猪多功能处理车

二、液体发酵饲料

液体发酵饲料是利用微生物对饲料进行发酵后的液体饲料，作为一种新型饲料，在荷兰、法国、瑞典、瑞士等许多国家已被广泛使用。

随着我国现代食品工业的迅速发展，大量液态或半液态副产物的处理问题变得日益棘手，在这种情况下，许多企业就会选择将这些液态农副产品以较低的价格出售给养殖户。从养殖企业投入成本角度出发，液态饲料可以使用低成本的饲料原料，如啤酒糟、饼干废料、面包废料、糖分等。这些原材料分落于全国各地，对于食品企业来说都是要处理的垃圾废料，但是对于养殖企业来说，这些就是低成本液态饲料原料最好的选择。

液体发酵料（图 5-3）的优势：符合猪的消化生理特点。猪对饲料的适口性好、采食量大、易消化、利用率高；充分利用各种农产品和农产品加工副产品，可有效降低饲料成本；减少猪舍内颗粒粉尘，有利于猪舍环境卫生和减少猪呼吸道疾病发生；限量饲喂的母猪有饱腹感，有利于母猪的发情、配种、妊娠和胎儿发育；饲料中酶制剂和微生态制剂的作用被放大，增强猪只免疫力、提高猪只健康程度，可以尽量避免使用抗生素；适于自动化操作、智能化管理，很容易实现分段饲喂和精确饲喂；利于添加各种（特别是水溶性）微量元素、酶制剂和药物等。

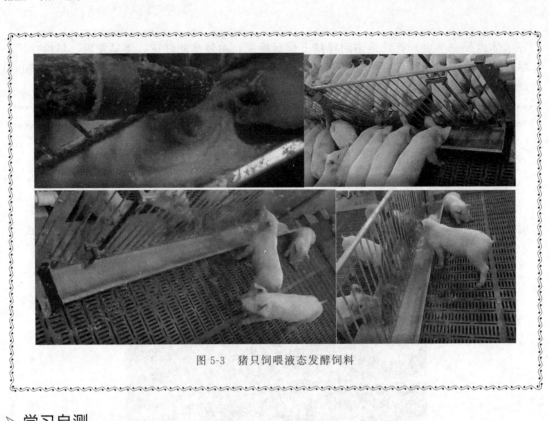

图 5-3 猪只饲喂液态发酵饲料

➢ 学习自测

一、选择题

1. 仔猪初生期缺乏（　　　）。

A. 凝乳酶　　　　　B. 乳糖酶　　　　　C. 胰蛋白酶　　　　　D. 胃蛋白酶

2. 万头猪场的生产指标中，哺乳仔猪的成活率一般应达到（　　　）％。

A. 99　　　　　　　B. 98　　　　　　　C. 95　　　　　　　D. 90

3. 猪的初生期生长强度最大的是（　　　）。

A. 皮肤　　　　　　B. 骨骼　　　　　　C. 肌肉　　　　　　D. 脂肪

4. 仔猪的初生重还不到它成年体重的（　　　）％。

A. 1　　　　　　　B. 3～4　　　　　　C. 5～7　　　　　　D. 9～10

5. 哺乳仔猪生后（　　　）d内必须要进行固定乳头。

A. 5～7　　　　　　B. 4～5　　　　　　C. 2～3　　　　　　D. 1

6. 哺乳期仔猪一般不容易患的疾病是（　　　）。

A. 仔猪白痢　　　　B. 猪瘟　　　　　　C. 仔猪红痢　　　　　D. 传染性胃肠炎

7. 哺乳仔猪贫血的主要原因是（　　　）。

A. 缺铁　　　　　　B. 缺钙　　　　　　C. 缺镁　　　　　　D. 缺锌

8. 规模化猪场采用的仔猪断奶方式一般是（　　　）。

A. 一次性断奶　　　B. 分批断奶　　　　C. 自然断奶　　　　D. 逐渐断奶

9. 若要保证每头母猪产仔2.4窝，则其哺乳期应为（　　　）d。

A. 45　　　　　　　B. 38　　　　　　　C. 35　　　　　　　D. 28

10. 早期断奶日龄多推荐在（　　　）日龄。

A. 56～60　　　　　B. 30～45　　　　　C. 21～28　　　　　D. 28～35

二、简答题

1. 结合仔猪生理特点，应怎样做好仔猪出生后第一周的养育与护理？

2. 说明僵猪发生的原因，怎样防止其产生？

3. 如何预防仔猪下痢？

4. 如何降低断奶仔猪的死亡率？

5. 结合生产实际，提出提高仔猪断奶个体体重的技术措施。

6. 结合生产实际，提出搞好仔猪早期断奶的技术措施。

三、综合测试

1. 某养猪场，仔猪哺乳期成活率为 85%，保育阶段成活率为 90%，请问怎样能提高该猪场仔猪的成活率？

2. 某养猪场，冬季分娩舍内平均温度在 10℃左右，仔猪腹泻情况严重，仔猪哺乳期成活率低，请分析该猪场仔猪哺乳期成活率低的原因，并提出解决管理措施。

项目六　生长育肥猪的饲养管理

 知识目标

- 了解育肥猪生长发育的一般规律。
- 熟悉影响肉猪生长育肥的因素。

 技能目标

- 掌握生长育肥猪的饲养管理技术。
- 熟练掌握提高生长育肥猪育肥效果的方法。

思政与职业素养目标

- 培育肉品安全意识。
- 培养吃苦耐劳的精神。

❖ 项目说明

■ 项目概述

饲养生长育肥猪的目的就是在尽可能短的时间内，使用尽可能少的饲料、人工等开支，获得数量多、肉质好的猪肉，提高肉猪的日增重、出栏率。育肥猪的饲养效果关系到整个养猪生产的效益，在生长育肥猪的生产中要力求提高增重速度，增加瘦肉产量，降低饲料消耗，促使肉猪早日达到屠宰体重，提高出栏率，提高猪舍和设备利用率，加速资金周转，增加经济效益。

■ 项目载体

生长育肥猪舍、杂交肉猪群、饲料加工厂设备、各类型饲料、实训室（配有多媒体）。

■ 技术流程

分析影响肉猪生产力的因素 ⟹ 生长育肥猪营养提供 ⟹ 科学管理

任务一　生长育肥猪的饲养

➤ 任务描述

生长育肥猪的饲养是通过对日粮的合理配制，选择正确的饲料、饲喂方法及适宜的饲养方式所进行的饲养和管理。

➤ 任务分析

本任务的根本目标在于解决生长育肥猪的饲养问题。为此，将任务分解为与之相关的四个部分，即合理配置日粮、饲料的选择和调制、饲喂方法以及饲养方式等。完成这些子任务主要是为了维持猪群良好的健康状况，达到最低的死淘率、良好的胴体品质、最佳的日增重和最低的增重成本。应重点掌握生长育肥猪饲养中饲料的管理技术要点。

➤ 任务资讯

一、合理配制日粮

饲料费用占养猪成本的 70％左右。饲料是肉猪生长发育的物质基础。在生长育肥猪各种营养得到充分满足并保持相对平衡时，生长育肥猪才能获得最佳的生产成绩和产品质量。任何营养的不足或过量，对育肥都是不利的。因此，控制营养水平，才能获得育肥生产的最佳效益。

视频：生长育肥
猪的饲养

1. 能量水平

能量供给水平与增重和胴体品质有密切关系，一般来说，在日粮中蛋白质、必需氨基酸水平相同的情况下，肉猪摄取能量越多，日增重越快，饲料利用率越高，背膘越厚，胴体脂肪含量也越多。实验表明，在体重 50kg 以下，蛋白质沉积、日增重和膘厚随日粮能量含量的增加而上升，每千克增重的饲料消耗则随着日粮浓度的提高而下降。因此，在 18～50kg 这一阶段，最佳的饲喂手段是尽可能地提高日粮的能量摄入量，从而充分发挥肌肉的生长潜力，也能降低饲料的消耗。

针对我国具体的饲料条件，在不限量饲养条件下，兼顾肉猪的增重速度、饲料利用率和胴体瘦肉率，饲粮消化能水平在 11.91～12.54MJ/kg 为宜。为获得较瘦的胴体，饲粮能量浓度还可降低，但饲粮消化能应不低于 10.87MJ/kg。否则，虽可得到较瘦的胴体，但增重速度、饲料利用率降低太多，经济上不合算。

2. 蛋白质和必需氨基酸水平

蛋白质不仅是肌肉生长的营养要素，而且又是酶、激素和抗体的主要成分，对维持机体生命活动和正常生长发育有重要作用。日粮的蛋白质水平对商品肉猪的日增重、饲料转化率和胴体品质影响极大。蛋白质和必需氨基酸不足，会使生长发育受阻，日增重降低，饲料消耗增加。饲粮中粗蛋白每降 1 个百分点，胴体瘦肉率降 0.5 个百分点。大量试验表明，20～90kg 阶段的育肥猪，日粮粗蛋白在 11％～18％范围内，日增重速度随蛋白质水平的提高而加快，超过 18％，对日增重无明显效果，但可以提高瘦肉率。蛋白质水平过高时，猪需要排泄多余的氨基酸，增加猪的代谢负担，或者有些蛋白质转化为能量，会增加单位增重的耗料量。同时由于蛋白质饲料价格较贵，因此在生产上不采用提高蛋白质水平来提高育肥猪胴体瘦肉率。为了提高饲料蛋白质的利用效率，应根据猪的肌肉生长潜力和肌肉的生长规律，在肌肉高速生长期适当提高蛋白质水平，特别是必需氨基酸浓度，以促进肌肉生长发育。一般瘦肉型育肥猪日粮粗蛋白水平，前期（20～55kg阶段）为16%～18%、后期（55～90kg阶段）为14%～15%为宜。其中，上下幅度视不同品种或不同杂交猪的肌肉生长能力而变化。

对肉猪体的生长，只考虑饲粮中粗蛋白水平还不够，还必须重视必需氨基酸尤其是赖氨酸的供给水平。近年研究成果表明，对瘦肉型肉猪，为取得较高的增重速度和胴体瘦肉率，赖氨酸水平以占饲粮风干物的0.9%～1.0%，或占粗蛋白的6.2%左右为宜。猪对蛋白质需要的实质是对氨基酸的需要，必需氨基酸中赖氨酸达到或超过需求量时，可节省粗蛋白1.5%～2%。

3. 矿物质和维生素水平

肉猪日粮中应含有足够数量的矿物质和维生素，特别是矿物质中某些微量元素的不足或过量时，会导致肉猪物质代谢紊乱，轻者使肉猪增重速度缓慢，饲料消耗增多，重者能引发疾病或死亡。肉猪必需的常量元素和微量元素有十几种。除需要考虑微量元素供给外，在配合饲粮时主要考虑钙、磷和食盐的供给。肉猪生产时，特别是在小猪阶段，应适当添加微量元素添加剂，以提高肉猪的日增重和饲料转换率。

肉猪对维生素的需要量随其体重的增加而增多。在现代肉猪生产中，饲粮必须添加一定量的多种维生素。生长猪对维生素的吸收和利用率还难准确测定，目前饲养标准中规定的需要量实质上是供给量。而在配制饲粮时一般不计算原料中各种维生素的含量，靠添加维生素添加剂满足需要，或每日给肉猪饲喂1～2.5kg青绿饲料，基本上可以满足对维生素的需要。

4. 粗纤维水平

猪对粗纤维的利用能力较低，日粮粗纤维水平直接影响日粮消化能水平和有机物消化率。粗纤维的含量是影响饲粮适口性和消化率的主要因素，饲粮粗纤维含量过低，肉猪会出现拉稀或便秘；饲粮粗纤维含量过高，则适口性差，并严重降低饲粮养分的消化率，同时由于采食的能量减少，降低猪的增重速度，也降低了猪的膘厚，所以粗纤维水平也可用于调节肥瘦度。为保证饲粮有较好的适口性和较高的消化率，生长育肥猪饲粮的粗纤维水平应控制在6%～8%，若将肥育分为三个时期，则10～30kg体重阶段粗纤维不宜超过3.5%、30～60kg阶段不要超过4%、60～90kg阶段饲料中粗纤维的含量应控制在7%以内。在决定粗纤维水平时，还要考虑粗纤维来源，稻壳粉、玉米秸粉、稻草粉、稻壳酒糟等高纤维粗料，不宜喂肉猪。

二、饲料的选择和调制

猪肉品质与日粮能量、蛋白质和脂肪密切相关。饲料要多样合理，保证营养全面。喂猪的青饲料、粗饲料、精饲料，只有合理搭配才能保证猪对各种营养的需要。通过调控日粮营养的手段可在一定程度上对猪肉品质进行调控。但在实际的饲养操作过程中，尚需要进一步研究日粮营养素的科学选择及各营养素间的更合理的配合。

1. 饲料的选择

饲料的消化性、适口性、营养价值等对肥育效果有一定的影响。在日粮配合时要选择多种饲料搭配，满足生长育肥猪的营养需要。动物蛋白如脱脂奶粉、优质鱼粉，虽然价格较高，但对仔猪和幼猪生长效果好，在仔猪饲料中，应适当选用。动物脂肪可以提高日增重，改善饲料效率，国内在饲料中采用较少，今后应适当选用。据美国堪萨斯州立大学报道，谷物饲料中添加脂肪，可以显著地提高日增重和改善饲料效率。

软脂肪由于含不饱和脂肪酸多，不耐贮存，保鲜期短，有时宰后即发生脂肪氧化。软脂肪自身氧化时，形成羰基化合物，有苦味和腐败味，烹调时有异味。背膘中的不饱和脂肪酸高于12％～13％时，自身氧化过程即会发生，如有足量的维生素 E（育肥猪 1kg 日粮加 50mg 维生素 E）在胴体中存在，可防止不饱和脂肪酸氧化。育肥猪脂肪的品质除与饲料种类有关外，也与饲料中的高铜和生物素含量有关，同时也受猪的品种、年龄及营养水平的影响。日粮能量比较小时，胴体脂肪不饱和程度降低；生物素可降低胴体中不饱和脂肪酸含量，育肥猪出栏前 4 周，1kg 日粮中加 200mg 生物素，可预防软脂，同时生物素还能提高猪的生产性能（促生长和改进饲料利用率）；高铜日粮可提高脱饱和酶的活性，从而造成猪体内不饱和脂肪酸含量增加，使育肥猪形成软脂；猪体脂肪随日龄和体重的增加，饱和程度提高；瘦肉率高的猪种，其胴体脂肪硬度低。不同饲料对胴体脂肪品质的影响见表 6-1。

表 6-1 不同饲料对胴体脂肪品质的影响

脂肪品质	饲料种类
沉积白色硬脂肪	薯类、麦类、淀粉、淀粉渣、麸皮、脱脂乳、棉籽饼、甜菜、以米饭为主的剩饭等
沉积微黄色软脂肪	酱油渣、米糠、豆饼、花生饼、菜籽饼、豆腐渣、玉米、大豆等
沉积中性脂肪	脱脂米糠（大豆、豆饼、玉米）等
沉积黄褐色软脂肪	鱼屑类、淘汰公雏、鱼油、动物油渣、花生等

2. 饲料的调制

饲料的形态和饲喂效果直接影响育肥效果。过去在农村喂育肥猪有用稀料（料水比为 1：10 左右）的习惯，但这种"稀汤灌大肚"的做法，使饲料消化率降低，增重缓慢，单位增重的饲料消耗增加。

（1）饲料粉碎 玉米、高粱、大麦、小麦、稻谷等谷实饲料，喂前粉碎或压片是十分必要的。这样做可减少咀嚼消耗的能量，增加与消化液的接触面积，有利于消化吸收。粉碎细度可分细（微粒直径在1mm以下）、中（微粒直径在1～1.8mm）和粗（微粒直径在1.8～2.6mm）三种。研究与实践证明，玉米等谷实粉碎的细度以中等细度为好，肉猪吃起来爽口，采食量大，增重快，饲料利用率高。据试验，喂给直径 0.3～0.5mm 配合饲料的比喂给中等细度配合饲料的肉猪，延迟 15d 达到相同的出栏体重。饲料配合相同，喂给微粒直径 1.2mm 配合饲料的肉猪的日增重为 700～720g，而喂给微粒直径 1.6mm 配合饲料的肉猪的日增重为 758～780g。谷实饲料的粉碎细度也不是绝对的，当饲粮含有青饲料或糠麸比例较大时，并不影响适口性，也不致造成溃疡病；用大麦、小麦喂猪时，用压片机压成片状喂给比粉碎的效果好。干粗饲料一般都应予以粉碎，以细为好，虽然不能明显提高消化率，但缩小了体积，改善了适口性，对整个饲粮的消化有利。

（2）生喂与熟喂 玉米、高粱、大麦、小麦、稻谷等谷实饲料及其加工副产品糠麸类，可加工后直接生喂，煮熟并不能提高其利用率。相反，饲料经加热，蛋白质变性，生物学效价降低，不仅破坏其中的维生素，还浪费能源和人工。因此，谷实类饲料及其加工副产物应生喂。青绿多汁饲料，只需打浆或切碎饲喂，煮熟会破坏维生素，处理不当还会造成亚硝酸盐中毒。

（3）饲料的掺水量 配制好的干粉料，可直接用于饲喂，只要保证充足饮水就可以获得较好的饲喂效果，而且省工省时，便于应用自动饲槽进行饲喂，但干粉料降低猪的采食速度，使猪呼吸道疾病增多。将料和水按一定比例混合后饲喂，既可提高饲料的适口性，又可避免产生饲料粉尘，但加水量不宜过多，一般按料水比例为（1：0.5）～（1：1.0）调制成潮拌料或湿拌料，在加水后手握成团、松手散开即可。如将料水比例加大到（1：1.5）～（1：2.0）时，即成浓粥料，虽不影响饲喂效果，但需用槽子喂，费工费时，夏季在喂潮拌料或湿拌料时，要特别注意饲料腐败变质问题。饲料中加水量过多，会使饲料过稀，一则影响猪的干物质采食量，二则冲淡胃液不利于消化，三是多余的水分需排出，造成生理负担。因此，会降低增重和饲料利用率，应改变农家养猪喂稀料的习惯。

（4）饲喂颗粒料的效果　在现代养猪生产中，常采用颗粒料喂猪，即将干粉料制成颗粒状（直径 7～16mm）饲喂。多数试验表明，颗粒料喂肉猪优于干粉料，可提高日增重和饲料利用率 8%～10%。但加工颗粒料的成本高于粉状料。

三、饲喂方法

猪的饲喂方法有分次饲喂和昼夜自由采食两大类。按投料量又可划分为限量饲喂与敞开饲喂（自由采食）两种形式。

自由采食（需要有自动饲槽、自动饮水器）对生长速度有利，但对胴体品质不利。为克服这一缺点，国外有人主张喂 6 天、停食 1 天，可对饲料效率和胴体品质有所改善。

限量饲喂使日增重降低，料重比上升，但胴体瘦肉率增加，全程限量对肌肉增长不利，使肥育效益下降。阶段限量是根据猪的生长发育规律，控制营养水平，在肌肉高速生长期（55～60kg 以前）给予营养平衡的高能高蛋白饲料，充分饲喂（若前期饲喂不足或者限量饲喂则会降低日增重和瘦肉产量，对肥育效果不利）；在肥育后期，肌肉生长高峰已过，生长速度下降，进入脂肪迅速增长期，此时限量饲喂是根据饲料营养水平和猪的肌肉生长能力供给相当于自由采食量80%～90%的饲料量，以改善饲料效率，降低胴体脂肪量，提高瘦肉率。

1. 限量饲喂与不限量饲喂

限量饲喂就是每天给肉猪吃多少饲粮定量。不限量饲喂，一种方法是将饲粮装入自动饲槽任猪自由采食；另一种方法是每天按顿饲喂，但不限量。

不限量饲喂的肉猪采食多，增重快，但饲料利用率稍差，胴体较肥。限量饲喂对肉猪增重不利，但饲料利用率高，胴体较瘦。

根据我国当前的饲料条件，在肉猪饲养中，为兼顾增重速度、饲料利用率和胴体瘦肉率三项指标，体重达 60kg 以前应采取自由采食或不限量按顿饲喂的方法；体重在 60kg 以后，适当限食，采取每顿适当控制喂量的方法，或采取适当降低饲粮能量浓度的方法，即适当加大糠麸和青粗饲料的比例，仍不限量按顿饲喂。

2. 日喂次数

肉猪每天的饲喂次数，应根据肉猪的年龄和饲粮组成灵活掌握。幼龄猪胃肠容积小，消化能力差，而对饲料需要量相对要多，每日至少喂 3～4 次。长到中猪阶段，胃肠容积大了些，消化能力增强，可适当减少饲喂次数。若饲粮是精料型的，则每日不限量饲喂 2 次或 3 次，增重速度和饲料利用率基本无差异。如果饲粮中青粗饲料较多，则每日可喂 3～4 次，这样能增加日采食总量，有利于增重。但更多地增加饲喂次数，不仅浪费人工，还会影响肉猪的休息和消化。

四、饲养方式

肉猪饲养模式对其增重速度、料肉比和胴体品质都有着重要影响。

1. 直线饲养法

直线饲养法，就是根据肉猪的生长发育需要，给予相应的营养，全期实行全价平衡日粮敞开饲喂的一种肥育方式。具体做法是：根据肉猪饲养标准，喂给全价饲粮，不限量饲喂，一直养到出栏。这种方法能缩短育肥期，减少维持消耗，节省饲料，提高出栏率和商品率。

2. 前高后低饲养法

瘦肉型猪 20～60kg 阶段每日体蛋白质增长量从 48g 上升到 119g；体重 60kg 以后基本上稳定在每日增长量为 125g。而脂肪的生长规律相反，体重 60kg 前绝对增长量很少，体重 20～60kg 期间，每日增长 29～120g，体重 60kg 以后则直线上升，每日增长量由 120g 猛增到 378g。试验证明，为提高商品肉猪胴体瘦肉率，在保持日粮中一定蛋白质和必需氨基酸水平的前提下，控制肉猪饲养期的能量水平，以前高后低的方式为最好。

具体做法是：在体重 60kg 以前采用高能量、高蛋白饲粮，饲粮消化能在 12.54～12.96MJ/kg，粗蛋白为 16%～17%，自由采食或按顿饲喂不限量，日喂 3～4 次；肉猪体重 60kg 以后，限制采食量，让猪吃到自由采食量的 75%～80%。这样做，既不会影响肉猪的增重，又能减少体脂肪的沉积量。研究结果表明，大体上肉猪每少食 10% 饲粮，瘦肉率可提高 1%～1.5%。限饲方法：一是定量饲喂，通过延长饲喂间隔时间来达到目的；二是在饲粮中搭配一些优质草粉等能量较低、体积较大的粗饲料，使每千克饲粮中营养浓度降下来，同样可达到以限食来提高胴体瘦肉率的目的。这种方法比定量饲喂限食简便易行，更适合于专业养猪户。但后期搭配掺入饲料中的青粗饲料必须是优质的。搭配量也要适可而止，以干饲粮含消化能不低于 10.87MJ/kg 为宜，否则会严重影响增重，降低经济效益。在当今人们喜爱食用瘦肉的情况下，这种育肥方法正逐步得到推广普及。

➤ 任务实施与评价

详见《学习实践技能训练工作手册》。

➤ 任务拓展

生长育肥猪的生长发育规律

在育肥猪饲养过程中，应随时观察猪的生长发育规律，根据猪的表现采取相应的饲养管理措施。生长育肥猪的生长发育规律决定了后期的生长速度较慢。育肥猪的生长发育主要表现在：体重增长速度的变化、体组织的变化和化学成分的变化。

1. 体重增长规律

在正常的饲料条件、饲养管理条件下，猪体的每月绝对增重是随着年龄的增长而增长，而每月的相对增重（当月增重÷月初增重×100%）是随着年龄的增长而下降，到了成年则稳定在一定的水平。就是说，小猪的生长速度比大猪快，一般猪在 100kg 前，日增重由少到多，而在 100kg 以后，猪的日增重由多到少，至成年时停止生长。也就是说，猪的绝对增长呈现慢—快—慢的增长趋势（图 6-1），而相对生长率则以幼年时最高，然后逐渐下降。日增重的转折点大约出现在 5～6 月龄，体重相当于成年猪体重 40% 左右

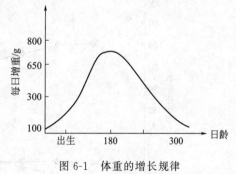

图 6-1 体重的增长规律

的时候。在生长速度最快的时期，对育肥猪加强饲养，在生长速度转折点，使育肥猪早日达到适宜的出栏体重，提高育肥效果。如果在增速生长期营养供应不足则降低日增重，增加饲养成本。

2. 猪体内组织增长规律

猪体骨骼、肌肉、脂肪、皮肤的生长强度也是不平衡的。一般骨骼是最先发育，也是最先停止的，肌肉处于中间，脂肪生长期长，生长高峰出现得晚，是最晚发育的组织。猪整体生长发育从头部和四肢开始有两个生长波。主生长波是从头部向躯干到腰部，次生长波是从四肢下部及尾部向躯干部到腰部。骨骼是先向纵行方向长（即向长度长），后向横行方向长。骨骼最先发育，从出生到4月龄生长最快，4月龄后开始下降；肌肉在4～6月龄、体重30～70kg时增长最快，体重90kg左右开始下降；脂肪生长强度一直在上升，6～7月龄、体重90～100kg时生长强度达最高峰，以后下降，但其绝对增重仍随体重的增加而直线上升，直到成年（图6-2）。小肠生长强度随年龄增长而下降，大肠则随着年龄的增长而提高，而胃随年龄的增长而提高。

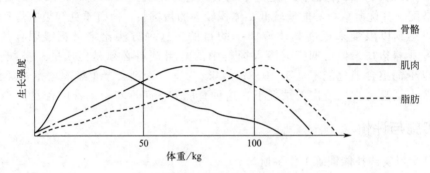

图6-2　体组织的生长

3. 猪体内化学成分的变化规律

脂肪在幼年沉积很少，而后期加强，直至成年。脂肪先长网油，再长板油。从出生到6月龄（体重100kg）猪体脂肪随年龄增长而提高。水分则随年龄的增长而减少；矿物质从小到大一直保持比较稳定的水平；蛋白质，在20～100kg这个主要生长阶段沉积，实际变化不大，每日沉积蛋白质80～120g（图6-3，表6-2）。总的来说，育肥期20～60kg为骨骼发育的高峰期，60～90kg为肌肉发育高峰期，100kg以后为脂肪发育的高峰期。所以，一般杂交商品猪应于90～110kg进行屠宰为适宜。

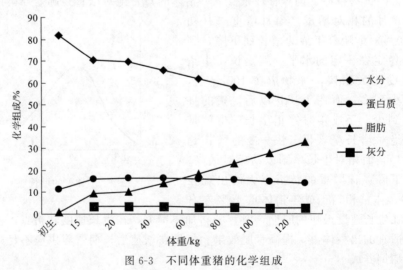

图6-3　不同体重猪的化学组成

表 6-2　猪体化学成分

	分类	水分/%	蛋白质/%	脂肪/%	灰分/%
日龄	初生	77.95	16.25	2.45	4.06
	25d	70.67	16.56	9.74	3.06
	45d	66.67	14.94	16.16	3.12
体重/kg	68	56.07	14.03	29.08	2.85
	90	53.99	14.48	28.54	2.66
	114	51.28	13.37	32.14	2.75
	136	42.48	11.63	42.64	2.06

现代的养猪生产以注重经济效益为主，有时一再缩短育肥时间来提高经济效益，而忽视了猪的正常生长发育规律，将后期正常的生长发育速度视为生长速度慢。掌握育肥猪的生长发育规律，就可以在生长发育的不同阶段，控制饲料类型和营养水平，加速或抑制猪体某些部位和组织生长发育程度，以改变猪的体型结构、生产性能和胴体品质，使它向高产、高效、优质的方向发展。

任务二　生长育肥猪的管理

➤ 任务描述

生长育肥猪的管理是通过对育肥猪的合理分群、注重调教、加强观察与监测、保证充足清洁的饮水、创造适宜的环境条件和做好驱虫与防疫，使育肥猪尽早达到屠宰要求标准的育肥管理过程。

➤ 任务分析

生长育肥猪的管理是猪生产中的一个关键环节，生长育肥猪的管理技术是否科学会直接影响到猪生产的经济效益。

分群技术是要根据猪的品种、性别、体重和吃食情况进行合理分群，以保证猪的生长发育均匀；供给充足的清洁饮水，因水是调节体温、饲料营养的消化吸收和剩余物排泄过程不可缺少的物质，水质不良会带入许多病原体，因此既要保证水量充足，又要保证水质；对生长育肥猪创造适宜的环境条件既有利于减少猪病，又有利于提高猪的日增重和饲料利用率。本任务主要是使学生能正确掌握生长育肥猪的管理方法。

➤ 任务资讯

一、合理分群

猪是群居动物，来源不同的猪并群时，由于群内重新排序，往往出现剧烈的咬斗，相互攻击，强行争食，分群躺卧，各据一方，这一行为严重影响了猪群生产性能的发挥，个体间增重差异明显，而原窝猪在哺乳期就已经形成的群居秩序，肉猪期仍保持不变，这对肉猪生产极为有利。但在同窝猪整齐度稍差的情况下，难免出现些弱猪或体重轻的猪，可把来源、体重、体质、性格和吃食等方面相近似的猪合群饲养，同一群猪个体间体重差异不能过大，在小猪（前期）阶段群体内体重差异不宜超过 2～3kg，分群后要保持群体的相对稳定。在育肥期间不要变更猪群，否则每重新组群一次，由于咬斗影响体重，使育肥期延长。为尽量减轻合群时的咬斗对增重的影响，一般把体质较弱的猪留在原圈，把体质强的调进弱的圈舍内，由于到新环境，猪有一定的恐惧心理，可减轻强猪攻击性。另外，也可以把少数的留原圈，把数量多的外群猪调入少数的群中。合群应在猪未吃食的晚上合并。总之是采取"留弱不留强""移多不移少""夜并昼不并"的办法，减轻咬斗的强度。猪合群

视频：生长育肥猪的管理

后要有专人看管，干涉咬斗行为，控制并制止强猪对弱猪的攻击。群饲分次饲喂时，由于强弱位次不同的影响，可使个体间增重的差异达 13％；自由采食时，则差异缩小，但采食量和增重仍有差异。在管理上要照顾弱猪，使猪群发育均匀。

二、注重调教

要做好调教工作，首先要了解猪的生活习性和规律。猪喜欢卧睡，在适宜的圈养密度下，约有 60％的时间躺卧或睡觉，猪一般喜躺卧于高处、平地、圈角黑暗处、木板上、垫草上，夏季喜睡在风凉处，冬季喜睡于温暖处；猪排便有一定的地点，一般在洞口、门口、低处、湿处及圈角处，并在喂食前后和睡觉刚起来时排便。此外，在进入新的环境或受惊恐时也排便，只要掌握这些习性，就能做好调教工作。

第一，限量饲喂要防止强夺弱食。在饲喂时要注意所有猪都能均匀采食，除了要有足够长度的食槽外，对喜争食的猪要勤赶，使不敢采食的猪能够采食，帮助建立群居秩序，分开排列，同时采食。

第二，固定生活地点，使采食、睡觉、排便三定位，保持猪圈干燥清洁。通常将守候、勤赶、积粪、垫草等方法单独或交错使用进行调教。例如，在调入新圈时，把圈栏打扫干净，将猪床铺上少量垫草，饲槽放入饲料，并在指定排便处堆放少量粪便，然后将猪赶入新圈，督促其到固定地点排便。一旦有的猪未在指定地点排便，应将其撒拉在地面的粪便清扫干净，铲放到粪堆上，并坚持守候、看管和勤赶。这样，很快就会使猪只养成三点定位的习惯。有的猪经积粪引诱其排便无效时，利用猪喜欢在潮湿处排便的习性，可洒水于排便处，进行调教。

做好调教工作，关键在于抓得早（当猪群进入新圈时应立即抓紧调教）、抓得勤（勤守候、勤赶、勤调教）。待猪进圈后马上驱赶到指定地点排便，连续几次使之形成习惯。另外，为保持猪舍干燥清洁，可在夜间赶猪 1～2 次，使其到指定地点排便。

三、加强观察与监测

在整个养猪生产过程中，做好猪群健康的监测工作，及时发现亚临床症状，早期控制疫情，把疾病消灭在萌芽状态非常重要。同时，通过对猪群健康的监测，还可发现营养、饲养、管理上存在的问题，使其及时得到解决。通过对猪群健康的监测，也可发现温度、湿度、圈养密度等环境条件是否适宜，以便及时采取措施。

要求饲养人员对所养猪只随时进行观察，发现异常，及时汇报。猪场技术人员和兽医，每日至少巡视猪群 2～3 遍，并经常与饲养员取得联系，互通信息，以掌握猪群动态。

观察猪群要做到平时看神态、吃食看食欲、清扫看便。一般健康猪的表现是：反应灵敏，鼻端湿润发凉，皮毛光滑，眼光有神。走路摇头摆尾，喂料争先恐后，食欲旺盛，睡时四肢摊开，呼吸均匀，尿清无色，粪便成条，体温 38～39℃，呼吸每分钟 10～20 次，心跳每分钟 60～80 次。如果喂料时大部分猪都争先上槽，只有个别猪不动或吃几口就离开，可

能这头猪已患病，须进一步检查。如果喂料时，全栏猪都不来吃或只吃几口，可能是饲料方面的问题或猪中毒。观察猪的粪便：在天亮这段时间，猪一般要排粪尿一次，粪便新鲜易干，再者晚上排的粪便因猪活动少未被踩烂，容易观察。如果粪便稀烂，腥臭，混有鼻涕状的黏液，可能是猪消化不良或患慢性胃肠炎。同栏猪个别生长缓慢，毛长枯乱，消瘦，很可能是患有消化性疾病，如寄生虫病、消化道实质器官疾病和热性疾病。

观察中发现的不正常情况，应及时分析，查明原因，尽早采取措施加以解决。发现不正常的猪进行隔离观察，尽早确诊。如属一般疾病，应采用对症治疗或淘汰，如是烈性传染病，则应立即捕杀，妥善处理尸体，并采取紧急消毒、紧急免疫接种等措施，防止其蔓延扩散。

四、保证充足清洁的饮水

水是猪体的重要组成部分，对调节体温，养分的消化、吸收和运输，以及体内废物的排泄等各种新陈代谢过程，都起着重要的作用。水也是猪的重要营养之一。因此，必须供给充足清洁的饮水。

肉猪的饮水量随体重、环境温度、日粮性质和采食量等而变化，一般在冬季，肉猪饮水量为采食风干饲料量的 2～3 倍或体重的 10% 左右，春、秋季其正常饮水量约为采食风干饲料量的 4 倍或体重的 16% 左右，夏季约为 5 倍或体重的 23%。饮水不足或限制给水，在采食大量饲料的情况下，会引起肉猪食欲减退，采食量减少，发生便秘，日增重下降和增加饲料消耗，增加背膘，严重缺水时会引发疾病。

不应用过稀的饲料来代替饮水，饲喂过稀的饲料，会减弱肉猪的咀嚼功能，冲淡口腔的消化液，影响口腔的消化作用，另一方面也减少饲料采食量，影响增重。

五、创造适宜的环境条件

猪舍要干燥、清洁、定期消毒，定时清扫粪便，即使是在漏缝地板或网上肥育，也要清理不能漏下去的粪便。普通地面要坚固结实，便于清扫冲洗；舍内地面有一定坡度，排水良好，不积水、尿等污物；猪舍通风良好，空气新鲜，温度适宜，促进生长，提高饲料利用率和氮沉积率。

1. 适宜的温度、相对湿度、气流速度

在自由采食条件下，生长育肥猪最佳的临界温度是 18～20℃，低于这个范围，饲料效率就会降低。20～15℃时，每降低 1℃，饲料增重的比率增加 0.028；从 15～10℃时，温度下降 1℃，增加 0.04。在自由采食条件下，饲料效率的降低一般可以通过增加采食量得以补偿。因此在 18～20℃，猪的生长速度不会降低。如温度高于 20℃，猪自由采食量减少，增重速度降低，温度在 20～32℃时，每升高 1℃，日采食量下降 12g。

在限制饲养条件下，环境温度低于 20℃时，每下降 1℃，猪日增重降低 24g。如要维持日增重不变，温度每下降 1℃，每日需多喂饲料 37～44g。在 37℃时，猪不但不长，还失重 350g。由此可见防寒防暑十分重要。在适宜的温度下，肉猪表现舒适自如，食欲旺盛，增重速度快，饲料利用率高。

舍内相对湿度在 65%～75% 较为合适。在 21℃ 及以下温度时，气流不高于 0.25m/s。

2. 控制有害气体和尘埃

猪舍内有害及恶臭的物质主要有 13 种甚至更多，如氨、甲硫醇、硫化氢、甲基硫、二甲硫、三甲胺、乙醛、苯乙烯、正丁酸、正戊酸、偏戊酸、一氧化碳、二氧化碳等。其中以氨、硫化氢、一氧化碳、二氧化碳等有害气体的不良影响最为严重。据测定，粪尿在 25℃、含水 80% 时，由于微生物的分解作用，可以产生大量复合臭气。粪尿产生的氨是猪舍内的

主要恶臭物质，对人和猪都有危害，调整日粮、补充必需氨基酸、降低蛋白质水平可降低粪中含氮量；在饲料中添加去臭添加剂，如丝兰属植物的提取物，可降低猪舍中游离氨浓度。另外，在猪舍内采用粪尿分离后加以处理，可以最大限度地减轻氨的产生。

用粉状料喂猪时适度用水拌料可降低舍内尘埃。

3. 合理的光照

阳光及其他可见光，可影响猪的活动，促进激素分泌和蛋白质沉积。在黑暗环境下的育肥猪较肥。一般认为，一定的光照对瘦肉型生长育肥猪是有利的。对育肥猪光照的时间和强度，苏联曾经规定，在自然光照时，肥育期光照系数应为0.5，人工照明强度（lx）前期应为30～60、后期为30～50。全封闭无窗猪舍人工光照时间，2～4月龄猪5h（每日三次，一次1h 40min），4月龄至出栏，光照时间为3h（每日两次，一次1h 30min）。

4. 控制圈养密度和猪群大小

圈养密度影响舍温、相对湿度、通风、有毒有害物质在空气中的含量，也影响猪的采食、饮水、排便、活动和休息。同一圈舍猪群的大小直接影响猪的咬斗行为和猪之间的互相干扰。猪群太大，如超过40头时，不易建立固定的位次关系。因此，群体太大或密度高时，对育肥猪的健康和生产性能都是不利的，增重速度和饲料效率随群体增大或密度升高而下降。表6-3列举了群体规模与生产性能间的关系。

表6-3   猪群大小对日增重和饲料利用率的影响

每群头数/头	平均日增重/g	每千克增重耗料/kg
10	616	3.365
20	605	3.502
40	588	3.674

六、做好驱虫与防疫

1. 驱虫

肉猪的寄生虫主要有蛔虫、姜片吸虫、疥螨和虱子等内外寄生虫，仔猪一般在哺乳期易感染体内寄生虫，以蛔虫感染最为普遍，对幼猪危害大，患猪生长缓慢、消瘦、贫血、被毛蓬乱无光泽，甚至形成僵猪。通常在90日龄时进行第一次驱虫，必要时在135日龄左右时再进行第二次驱虫。驱除蛔虫常用驱虫净（四咪唑），每千克体重为20mg；丙硫苯咪唑，每千克体重为100mg，拌入饲料中一次喂服，驱虫效果较好。驱除疥螨和虱子常用敌百虫，每千克体重0.1g，溶于温水中，再拌和少量精料空腹时喂服。

服用驱虫药后，应注意观察，若出现副作用时要及时解救，驱虫后排出的虫体和粪便，要及时清除发酵，以防再度感染。

网上产仔及育成的幼猪每年抽样检查是否有虫卵，如有发现则按程序进行驱虫，现代化养猪生产中对内外寄生虫防治主要依靠监测手段，做到"预防为主"。

2. 防疫

预防免疫注射是预防猪传染病发生的关键措施，用疫苗给猪注射，能使猪产生特异性抗体，在一定时间内猪就可以不被传染病侵袭，保证较高的免疫强度和免疫水平。必须制定科学的免疫程序和预防接种，做到头头接种。新引进的猪种在隔离舍期间无论以前做了何种免疫注射，都应根据本场免疫程序进行接种各种传染病疫苗。同时对猪舍应经常清洁消毒，杀虫灭鼠，为猪的生长发育创造清洁的环境。

在现代化养猪生产工艺流程中，仔猪在育成期前（70日龄以前）各种传染病疫苗均进行了接种，转入肉猪群后到出栏前无须再进行接种，但应根据地方传染病流行情况，及时采血监测各种疫病的效价，防止发生意外传染病。

➤ 任务实施与评价

详见《学习实践技能训练工作手册》。

➤ 任务拓展

一、猪肉品质

猪肉品质的定义在不同的国家间、同一国家不同的市场间有不同的概念。流传最广的是由 Hoffman 提出的，认为猪肉品质包括肉的感官特性、技术指标、营养价值、卫生（毒性或食品安全方面）状况等。不管如何定义猪肉品质，在消费者看来还是喜欢瘦肉率高、脂肪和胆固醇含量低的猪肉，同时又要求其色泽好、嫩度高、多汁、风味鲜美、不饱和脂肪酸含量适当的猪肉。常用的肉质指标有 pH 值、色值、系水力、肌肉脂肪、大理石纹、嫩度、滴水损失、品尝评定和风味等。

1. pH 值

它是衡量肉质的重要指标，与肉色、肉味密切相关。通常检测猪倒数第三肋骨和第四肋骨间眼肌的 pH 值。正常猪肉的 pH 值（宰后 45min 内）为 6.1~6.4，pH 值 5.5~5.9 为轻度 PSE（pale soft exudative meet，简称 PSE）肉（俗称白肌肉），pH 值 5.5 以下为 PSE 肉；pH 值大于 6.0 为 DFD（dark，firm and dry muscle）肉（俗称黑干肉）。猪屠宰后 24h，pH 值大于 6.0，同时伴有肉色暗褐色及表面干燥现象的猪肉失水率小于 0.5%。一般发生在猪屠宰前受长时间的刺激，肌糖原耗尽而几乎不产生乳酸，宰后肌肉 pH 值保持较高值，蛋白质变性程度低，失水少，表面渗水少。

2. 肉色

肉的颜色主要决定于其中的肌红蛋白含量和化学状态。当肉接触到空气后 30min，切口表面，由于与空气接触，肌红蛋白与氧结合成氧合肌红蛋白，肉色鲜红。随着时间延长，肌红蛋白的氧化也在进行，形成高铁肌红蛋白，这个过程比较慢。随着高铁肌红蛋白的逐渐增多（超过 30% 时），肉的颜色开始变褐。肉的颜色可通过比色板、色度仪、色差计等以及化学方法进行评定。猪肉色的评定需在室内白天正常光度下进行。评定时间，新鲜猪肉在宰后 1~2h；冷却肉样在宰后 24h。评定部位在胸腰椎接合处背最长肌横断面。

3. 嫩度

嫩度是肉的主要食用品质之一，是猪肉口感好坏的重要评判依据。它反映了肉的质地，由肌肉中各种蛋白质结构决定。影响肉嫩度的因素很多，有品种、年龄、性别、肌肉部位、屠宰方法及宰后处理等。猪肉嫩度评价方法有两种：主观评价法和客观评价法。肉嫩度的主观评定主要根据其柔软性、易碎性和可咽性来判定。肉嫩度的客观评定是借助于仪器来衡量切断力、穿透力、咬力、剁碎力、压缩力、弹力和拉力等指标，而最通用的切断力又称剪切力，即用一定钝度的刀切断一定粗细的肉所需的力量，以千克（kg）为单位。猪肉嫩度主要取决于肌肉组织各组分和肌肉内部物质的生物特性，也与肌肉组织中内源性酶的含量和活性有关。

4. 系水力

系水力指宰后肌肉保持原有水分和添加水分的能力，肌肉中通过化学键固定的水分很少，大部分是靠肌原纤维结构和毛细血管张力而固定。正常猪肉都含有大量水分，平均均 75% 左右。肌肉系水力是一项重要的肉质性状，它不仅影响肉的色香味、营养成分、多汁性、嫩度等食用品质，而且有着重要的经济价值。如果肌肉保水性能差，那么从猪屠宰后到肉被烹调前这一段过程中，肉因为失水而失重，造成经济损失。pH值对系水力影响很大，当 pH 值降到蛋白质的等电点（5.3）时，维持肌原纤维结构的电荷斥力最小，此时肌肉系水力最小。肌肉系水力的测定方法通常采用滴水损失或失水力来衡量猪肉的系水力。

二、 SPF 猪

SPF（specific pathogen free）是指无特定病原。SPF 猪是指猪群中不存在某些特定病原的净化猪。它是从妊娠末期的健康母猪，在无菌状态下通过子宫切除或剖腹产手术取出胎儿，在已知悉生菌（乳酸菌）状态下用无菌奶饲养 21d，然后转入环境适应间育成，从而获得初级 SPF 猪。再由初级 SPF 猪互相交配自繁获得二级 SPF 猪。SPF 猪在种猪育种、仔猪繁殖及成猪饲养、育肥等各个环节都需要在特定的无特异病原菌的环境下进行，并且具有严格的操作程序和质量控制。此外，还需要通过严格的环境卫生控制措施避免由鼠、鸟、蚊、蝇传播多种疾病及多种体内外寄生虫病的发生，最后，通过严格的消毒、卫生、防疫措施，切断外部疾病的传播途径，维持 SPF 猪群的高度健康状态。这种生产过程可以阻断母猪将自身携带的、非胎盘垂直传播的病原传播给仔猪，从而有效阻断几乎所有细菌性病原、寄生虫病原和部分病毒性病原的母子间传播。

根据国内外的生产经验，SPF 猪与普通猪群比较具有如下的优点：一是由于严格的疾病控制措施，SPF 猪不但可以消除特定控制的病原体，同时净化了绝大多数对人畜有害的病原微生物，使其成为人类渴望食用的放心肉。二是 SPF 猪生产能减少兽用药物使用量，因此具有较少的药物残留。常规的养猪生产，由于疾病的困扰，大量使用抗生素及使用高铜、高锌液体进行消毒，而过量使用这些抗生素和金属元素，会造成猪肉内残留，给人们的身体健康带来危害。SPF 猪由于饲养环境中就没有特定病原体，就不需要使用抗生素及消毒液，也就不存在猪肉内残留的问题。

1952 年以后，许多发达国家逐步实施了 SPF 猪计划，取得了很好的经济效益和社会效益。1990 年，我国开始从丹麦引进 SPF 猪生产技术，选用二胎以上临产母猪，成功地建立了 SPF 猪群。经专家论证，我国 SPF 猪要求控制七种病原：猪喘气病（MPS）、猪萎缩性鼻炎（AR）、猪痢疾（SD）、猪传染性胃肠炎（TGE）、猪伪狂犬（PR）、猪血虱和螨。

非 SPF 猪群即普通猪群，为以常规分娩和饲养方式获得的猪，其疫病感染种类和卫生状况因场所差异很大，MPS、PR、SD、AR 的感染率很高。另外，猪瘟（HC）、猪繁殖与呼吸综合征（PRRS，又称猪蓝耳病）、细小病毒（PPV）传染率也很高，给养猪业造成很大损失。口蹄疫（FMD）、传染性胸膜肺炎（APP）、弓形体病（TOX）、旋毛虫病也存在。猪群疫病的复杂与危害已成为养猪业的重要问题之一。目前采用最普遍的方法是药物治疗和疫苗防疫相结合，这会造成成本增加以及肉品品质的下降等问题。

➤ 新模式链接

楼房养猪

　　集约化养殖与土地资源紧缺的矛盾，已成为制约现代养殖业发展的重要因素。我国年出栏生猪数量占全球的一半，养殖模式也已从千家万户养殖转变成规模化生产，同时由于土地资源的限制，要求在有限的养殖用地上，提高单位面积的出栏量。

　　楼房猪场近年受到国内外的广泛关注，自2017年起我国也有越来越多楼房猪场落成，近两年，猪场投资火热，然而受限于土地资源紧张，楼房养猪成为很多投资者的一种选择。现在楼房养猪的项目（图6-4）相对比较集中，大部分都是在土地资源比较稀缺的地方，如东南沿海一带投资楼房养猪项目的比较多，四川、湖北、湖南也有一些，但是西北、东北地区等较少。所以，楼房养猪这种形态和土地有很大的关系。在土地资源稀缺的地方，还要做到稳产保供。

图6-4　楼房养猪项目示例

　　楼房养猪最大的优点在于能够节约土地。另外，楼房养猪因为猪群更加集中，更便于进行智能化设备的安装和操作，使用高度自动机械可以极大地降低饲养人工成本。相对来说，楼房养猪单平方的造价比平层养猪要高30％左右。虽然土地的面积是可以节省一些，但是其他的投入更大。

　　从设计理念上，采用楼房养猪对现代化技术配套要求更高，生物安全管理要求更严。实际操作中，猪场应制定相应的管理制度与操作规范，猪场技术及生产管理人员都应该接受新型养殖模式的系统化培训，从而实现"高安全、高效率"养猪生产。

➤ 学习自测

一、选择题

1. 育肥猪的粗纤维最好控制在（　　）的范围。

A. 6％～8％　　　　B. 8％～10％　　　　C. 8％～12％　　　　D. 10％～12％

2. 肉猪日粮中的粗蛋白水平应为（　　）。

A. 12％～16％　　　B. 8％～12％　　　　C. 12％～20％　　　　D. 12％～18％

3. 肉猪在整个育肥期饲粮的能量水平保持在一定的水平，瘦肉量的增长取决于饲料中

（　　）的水平。

    A. 蛋白质　　　　　　　　　　　　B. 氨基酸

    C. 蛋白质和氨基酸　　　　　　　　D. 蛋白质和赖氨酸

4. 猪体组织生长发育中最早停止发育的是（　　）。

    A. 骨骼　　　　　B. 皮肤　　　　　C. 肌肉　　　　　D. 脂肪

5. 猪的后期生长强度最大的是（　　）。

    A. 皮肤　　　　　B. 骨骼　　　　　C. 肌肉　　　　　D. 脂肪

6. 生长猪各体组织的生长规律是（　　）。

    A. 骨骼—皮肤—脂肪—肌肉　　　　B. 骨骼—皮肤—肌肉—脂肪

    C. 皮肤—骨骼—肌肉—脂肪　　　　D. 骨骼—肌肉—皮肤—脂肪

7. 某工厂化养猪场育肥期为 8 周，每周转群 300 头猪入舍，实行同窝转群，不考虑发展和机动，则该场至少应该准备（　　）个育肥猪栏。

    A. 120　　　　　B. 300　　　　　C. 240　　　　　D. 200

8. 在猪舍中，测定（　　）气体含量的多少，其卫生学意义在于它是评定有害气体污染严重与否的重要标志。

    A. NH_3　　　　B. H_2S　　　　C. CO_2　　　　D. CO

9. 商品肉猪出栏体重一般为（　　）kg 比较适宜。

    A. 70～80　　　　B. 80～90　　　　C. 90～100　　　　D. 100～110

10. 肉质性状分析不包括（　　）指标。

    A. 肉色　　　　　B. 瘦肉率　　　　C. 肌肉大理石纹　　　D. 肌肉化学成分

11. 育肥猪生产中其能量指标应保证在（　　）。

    A. 12.50～12.97MJ/kg　　　　　　B. 11.55～13.27MJ/kg

    C. 10.88～12.50MJ/kg　　　　　　D. 12.50～14.77MJ/kg

12. 关于"SPF"的说法错误的是（　　）。

    A. "SPF"猪即为无特定病原体猪

    B. 建立 SPF 猪群的接产方法有剖腹取胎法和无菌接产法两种

    C. SPF 猪能获得免疫，永葆健康

    D. 配制科学的人工乳是培育 SPF 猪成功的保证

13. （　　）生产工艺流程最适合于工厂化养猪生产。

    A. 两阶段肥育法　　　　　　　　　B. 三阶段肥育法

    C. 四阶段肥育法　　　　　　　　　D. 都不是

14. 育肥猪的光照强度不必过大，其原因主要是（　　）。

    A. 猪根本不需要光照　　　　　　　B. 光对猪的刺激大，不促进生长发育

    C. 猪的视觉不发达　　　　　　　　D. 节省能源

二、填空题

1. 生长育肥猪按体重划分的三阶段是（　　）、（　　）和（　　）。

2. 肉猪的组织生长发育强度规律为（　　）。

3. 工厂化育肥猪养殖生产中四段式饲养工艺流程是（　　）。

4. 饲料需求量＝（　　）。

5. 育肥肉猪的粗纤维最好控制在（　　）的范围内。

6. 最容易出现 PSE 劣质肉的猪种是（　　）。

7. 现代养猪业中商品肉猪出栏时间一般为（　　）月，体重一般为（　　）kg 比较

适宜。

8. 猪合群分圈时应遵循（　　）、（　　）和（　　）的原则。

9. 生长育肥猪的绝对生长强度最快时期为（　　）月。为提高育肥猪的瘦肉率，最好采取（　　）的育肥方式。

10. 生长猪的育肥方式有（　　）、（　　）和（　　）三种。

11. 在肉猪生产中，如果有良好的饲料与环境条件，生产追求的主要目标是尽可能获得较高的日增重，而不过分强调瘦肉率，这种情况下最佳的肥育方式应为（　　）。

12. 瘦肉型育肥猪适宜的上市体重是（　　）kg。

13. 年出栏10034头商品肉猪的工厂化养猪场，若育肥期是63天，则该场育肥期间育肥猪的存栏数量应该为（　　）头。

三、判断题

1. 我国常用的猪的肥育方法有阶段肥育法、一贯肥育法和淘汰成年种猪肥育法。

2. 猪对粗纤维的消化能力随年龄增长而减弱。

3. 预防猪瘟首先应接种猪瘟疫苗。

4. 直线育肥方式是根据生长育肥猪的体重增长规律和营养需要特点，在育肥的各阶段供给充足的营养，促进猪体各组织充分生长，以达到快速育肥的饲养方式。

5. 猪的采食量与胴体瘦肉量呈正相关。

6. 肉猪日粮中蛋白质水平应控制在12%～16%。

7. 猪群分圈分群原则是拆少不拆多、留大不留小、夜并昼不并。

8. 猪的初生期生长强度最大的是骨骼。

9. 驱除蛔虫常用驱虫净（四咪唑），一般在90日龄进行第一次驱虫，必要时在135日龄左右时再进行第二次驱虫。

10. 育肥猪饮水时可以采用较稀的饲料来代替饮水。

四、简答题

1. 生长育肥猪饲料特点是什么？

2. 生长猪的育肥方式有哪几种？比较其优缺点。

3. 生长育肥猪各阶段饲养管理应注意的问题有哪些？

4. 生长育肥猪的饲养期为什么越短越好？

5. 某猪群60头猪从4月龄时平均体重35kg开始，到7月龄时平均体重为90.8kg，该育肥期间全群共耗料11610kg。问该育肥期平均日增重和饲料利用率各为多少？

项目七　猪群保健防疫

📚 知识目标

- 掌握猪场生物安全体系实施的基本内容。
- 掌握猪场消毒的制度。
- 掌握猪场猪群的基础免疫程序。
- 掌握猪场寄生虫病的控制与净化方案。

📖 技能目标

- 会识别各种消毒药物并根据不同消毒对象合理使用。
- 会免疫接种的各种方法；会制定猪场猪传染病的免疫程序。
- 会识别寄生虫病治疗的药物，并学会合理使用。

📑 思政与职业素养目标

- 培养安全合理使用常用药物的职业素养。
- 培养合理使用疫苗的职业素养，树立社会责任意识。

❖ 项目说明

■ 项目概述

猪场消毒、猪场免疫和驱虫，是控制传染性疾病流行的重要措施。应在各个阶段都严格实行，防患于未然，可以大大降低猪场的生产成本。

■ 项目载体

猪场、猪场药房、各类用药记录、实训室（配有多媒体）。

■ 技术流程

建立猪场生物安全体系 ➡ 猪场消毒 ➡ 制定免疫程序 ➡ 制订驱虫计划

任务一 猪场生物安全体系

➤ 任务描述

建立猪场生物安全体系可以杜绝或减少致病微生物的传播和扩散，从而防止或减少对猪的致病攻击。为保持猪群健康和高生产性能，规模化猪场需要建立生物安全体系并有效实施。

➤ 任务分析

通过对生物安全体系每项内容进行严格实施，才能保证猪群健康安全生长。

➤ 任务资讯

一、猪场生物安全体系的建立

生物安全体系是指采取必要的措施，最大限度地减少各种物理性、化学性和生物性致病因子对动物造成危害的一种动物生产体系。其总体目标是防止有害生物以任何方式侵袭动物，保持动物处于最佳的生产状态，以获得最大的经济效益。

视频：猪场生物安全体系

生物安全体系是目前最经济、最有效的传染病控制方法，同时也是所有传染病预防的前提。它将疾病的综合性防制作为一项系统工程，在空间上重视整个生产系统中各部分的联系，在时间上将最佳的饲养管理条件和传染病综合防制措施贯彻于动物养殖生产的全过程，强调了不同生产环节之间的联系及其对动物健康的影响。该体系集饲养管理和疾病预防为一体，通过阻止各种致病因子的侵入，防止动物群受到疾病的危害，不仅对疾病的综合性防制具有重要意义，而且对提高动物的生长性能，保证其处于最佳生长状态也是必不可少的。因此，它是动物传染病综合防制措施在集约化养殖条件下的发展和完善。

猪场生物安全体系的内容主要包括规模猪场的建设、"全进全出"的管理模式、卫生及消毒管理、人员的活动管理、车辆的管理、引种的管理、免疫体系的建立、疫病的监测及疫病的净化。

二、猪场生物安全体系的实施

1. 规模猪场的建设

猪场场址选择、合理布局、远离传染病原的猪场建筑是猪群生物安全体系的基础条件。

（1）场址选择 场址是考虑生物安全时最重要的一个因素。在养猪密集的地区，高度接触性的传染病容易发生传染。在这样的地区，难以防止某些疾病传入猪场。口蹄疫、喘气病以及蓝耳病等疾病可随风传播；对于相邻近的猪场来说，钩端螺旋体病、传染性胃肠炎和猪痢疾等疾病很可能成为地方性流行病；如果一个猪场感染了如猪痢疾这样的疾病，那么完全可以认为，邻近的其他猪场迟早也会受到同样的感染。

在理想情况下，猪场应坐落于隔离的区域内，应远离其他猪场，与其他猪场核心场的最小距离为5km，与扩繁场的最小距离为2km。应尽可能远离其它牲畜，与其它牲畜如牛、山羊、绵羊的最小距离为1km。要远离市场和屠宰场。

（2）建筑布局　一个功能齐全的养猪场的建筑分为四个独立区域，即生活区、生产管理区、生产区和隔离与粪污处理区。生活区应距猪场 500m 以上；生产管理区位于猪场的一端，形成独立的建筑群，与生产区之间有消毒室相联；隔离与粪污处理区，在猪场下风方向50m 处。生产区按三点布局，公猪、配种、母猪、妊娠母猪以及产仔舍放置一点，断奶以后的保育期的猪单独放置一点，生长育肥猪放置一点。各点距离尽可能在 500m 以上，彼此用绿化带、水渠或围墙隔开，三点间有道路或门控制，不能随意往来。

2. "全进全出"管理模式

在规模化养猪场，采取"全进全出"、隔离消毒的饲养管理模式，有助于控制疾病而改善生产。在传统的连续进出的养猪方式中，由于圈栏一直处于占用状态，只能带猪消毒，一方面限制了强消毒剂的使用，另一方面，由于不能彻底地搞好清洁，去除粪便和污物，消毒时由于粪便和污物对微生物有保护作用而对消毒剂有拮抗作用，从而使消毒的效果也很不理想，这样就给疾病连续滞留创造了条件。以至于在一些猪场中，病原的种类和数量不断地积累，猪的患病率和死亡率较高，几乎达到无法控制的局面；有的猪场虽然用大剂量的药物控制了发病率和死亡率，但猪群长期处于亚临床状态，生产水平较低。

"全进全出"管理方式则保证了对圈栏的彻底清扫和消毒，不仅有效防止了病原菌的积累和条件性微生物向致病性微生物的转化，而且阻止了疾病在猪场中的垂直传播（主要是大猪向小猪的传播）。

"全进全出"并不强调一场一地的大规模全进全出，强调的是一栏或一舍的全进全出。

3. 卫生及消毒管理

良好的环境卫生和消毒措施能够有效地控制病原微生物的传入和传播，从而能显著降低猪只生长环境中的病原微生物数量，为猪群健康提供良好的环境保证。

（1）卫生管理　对猪舍中粪便、尿液、饲料残渣等应及时清理，猪舍每天打扫 2 次。舍内整体的环境卫生，包括屋顶灰尘、门窗、走廊等平时不易清扫的地方，结合猪场"全进全出"每次彻底打扫。猪舍要保持温暖、干燥，适时通风换气，排出有害气体，保持舍内空气新鲜。场区必须搞好绿化，保持清洁卫生，每天打扫一次。

猪场要有专门的堆粪场，猪场粪便需及时进行无害化处理并加以合理利用。猪场应把灭蝇、灭蚊和灭鼠列入日常工作，猪场内不得饲养其它畜禽及动物。

（2）消毒实施

① 猪场应建立门口消毒池，猪舍内外、猪场道路要定期消毒；根据不同的要求选择不同的消毒剂；严格按照消毒剂的使用说明来配制消毒液，要现配现用；根据消毒液的浓度、环境温度以及污染程度调整消毒时间。

② 按照不同日龄分群，做好不同猪群间的隔离；生产人员工作顺序应从仔猪到母猪或是老年猪；在产仔舍的入口处建立一个洗澡消毒池，在母猪移入产仔舍之前，用消毒液对母猪进行清洗；定期利用空舍期，通过清扫和消毒等措施来打断疫病自身的循环模式，控制疫病在群体内的传播。

③ 围栏、转猪车及猪群之间使用的设备要进行清洗和消毒；风扇、天花板、给料器、饮水器也要进行清洗和消毒，角落更不能忽视；所有的设备，特别是常与猪群接触的（如注射器、手术器具等）要进行严格的清洗和消毒；还要注意窗户、内部通信工具等的消毒。

4. 人员的活动管理

（1）关于本场职工　本场职工应该严格遵守猪场所采取的防范措施。工作人员进场要进行沐浴、更衣、消毒，穿已消毒过的工作服和胶靴，戴上工作帽。工作服及鞋帽应保持干净、整洁，并定期消毒。饲养员不得串舍，各舍间用具不得相互借用，进出猪舍要脚踏消毒药液并用消毒液洗手；饲养员原则上不允许外出，特殊情况外出后必须在生活区宿舍彻底洗澡更衣后，隔离 2 天以上才能进入生产区。场内工作人员不要接近本场以外的任何猪只，不要进出屠宰场和畜禽交易市场。技术员不准对外出诊，参加业内相关会议后必须彻底洗澡更衣，在生活区隔离 3 天以上，再次洗澡换衣后才能进入猪场生产区。

（2）关于来访者　来猪场办事或探亲访友的人员一律在接待室接洽，不准进入生产区。猪场应谢绝所有参观活动，禁止买猪者参观猪场。所有来访者在进入猪场前必须在门卫室登记。登记内容包括：日期、姓名、来访原因、上次接触猪或污染物的时间和地点等。如来访者进入生产核心场，必须在生活区隔离 48h。

5. 车辆的管理

场内的车辆，只能在场内行驶，严禁驶出场外，每次使用完毕都要进行清洗与消毒，并放置在指定地点。场外的车辆包括装人员的车、装饲料的车和装猪粪的车，在离猪场 1km 以外的地点设立消毒点，对进入的车辆实施全方位消毒，到达猪场的边缘再度进行消毒，并详细登记消毒记录与车辆信息。严禁场外的车辆驶入到生产区内部。在办公区设立停车点，消毒后的车辆停放在指定位置。

6. 引种的管理

新猪的引进是至今为止最重要的危险因素，它是将新病引进猪场的重要途径。原种猪场引种频率及数量要有长远规划，减少引种次数，必须引种的，在引种之前，需通过实验室检测等方法了解种源提供场的猪群基本健康状况，必须是从已检测为主要传染病阴性的猪场引进种猪。严禁从烈性传染病病原检测结果为阳性的种猪场引种，严禁从健康等级低于本场的种源提供场引种。

视频：引种的管理

引进的种猪由于长途运输等应激因素，其健康状况可能发生改变，并影响本场其他猪群的健康状况。因此，引进的种猪必须经过至少 45 天的隔离适应，隔离期对全部种猪进行抽血化验，确保重大传染病病原的检测结果均为阴性，方能混群。混群后根据本场的免疫程序，接种疫苗。

7. 免疫体系的建立

免疫体系的建立在整个猪场生物安全体系构建中占据着重要的位置。猪场必须根据本场、本地区疫病流行情况，制定科学规范的免疫程序，并且严格执行，使猪只获得较强的免疫，达到常规预防免疫接种的目的。

免疫接种的方法分为预防和控制两类。对于大多数流行病来说，免疫接种的目的在于预防猪只免受感染，从而将损失降低。然而，在不存在某些疾病（如不存在伪狂犬病）的猪场，免疫接种的目的在于当生物安全措施万一被突破时，可对猪群提供必需的保护。在这样的情况下，免疫接种被看作是预防疾病暴发的一种保证。

建立免疫程序后，接着便是筛选疫苗。选择疫苗厂家，应遵循规模化、专业化生产及口碑良好的原则；要针对疫苗进行动物试验，从疫苗接种的副反应，如发烧、食欲减退等，以及接种后抗体产生的最短时间与持续存在时间等多方面进行综合评估，从而确立最佳的疫苗供应商。

疫苗的运输与保存均需要冷链设备，针对不同类型的疫苗，其保存的最佳温度要求是不同的。因此，保存疫苗要根据温度要求精准调控冷链的保存温度，同时使用温度计监控冷链温度，每天上午、下午各记录一次，防止因冷链设备的原因导致疫苗失效。

免疫注射后的针头、注射器、疫苗空瓶需进行消毒处理，避免污染环境。

8. 疫病的监测

猪群健康状态的描述，是疫病控制的重要措施，最常用的评价方法是定期对猪群进行疫病和免疫状态的监测。通过疫病监测有利于猪场实时掌握疫病的流行和病原感染状况，有的放矢地制订和调整疫病控制计划，及时发现疫情，及早防治。对疫苗免疫效果进行监测可以了解和评价疫苗的免疫效果，同时为免疫程序的制订和调整提供依据。

猪场应定期对全场猪群开展疫病监测和免疫监测，采用血清学抽样方法进行监测，监测时间一般每 4～6 个月进行 1 次。每次监测结果均应做好详细的记录，并根据监测结果分析猪群的健康状态。病原体检测为阳性的猪群，要立即进行隔离，半个月后进行复检，如果仍为阳性，实施淘汰处理。

9. 疫病的净化

猪场对重点动物疫病应有计划地实施净化。疫病净化的标准：种用猪群重点疫病血清学阳性率低于 0.2%，一般猪群低于 1%。疫病净化的方法：依据猪群疫病监测结果，对猪群进行重点净化疫病的血清学全群检疫，隔离并淘汰阳性猪；实施疫病净化后 3～6 个月，对猪群再次进行疫病监测，以确定种猪群是否达到疫病净化标准。

➤ 任务实施与评价

详见《学习实践技能训练工作手册》。

任务二 猪场的科学消毒

➤ 任务描述

猪场的消毒是指用各种方法消除或杀灭病原微生物，预防猪传染病的发生和流行，从而保证猪群健康。

➤ 任务分析

猪场常用的科学消毒法主要包括物理消毒法、化学消毒法和生物热消毒法。在进行消毒工作时，先明确消毒对象，再选择合适的消毒法，严格执行猪场的消毒操作规程，认真、全面地完成消毒任务。

➤ 任务资讯

消毒是指用物理、化学或生物的方法清除或杀灭病原微生物。猪场的消毒就是采用一定方法将猪舍、环境、用具以及饲养人员或物品、动物产品等存在的病原微生物清除或杀灭。消毒时，应根据病原体的弱点，采用不同的消毒药物和消毒方法。

一、消毒分类

根据消毒的目的、时间和区域，消毒可分为预防消毒、紧急消毒和终末消毒。

1. 预防消毒（日常消毒）

为了预防各种传染病的发生，对猪场环境、猪的圈舍、设备、用具、饮水等进行的常规性、长期性、定期性的消毒工作。或对健康的动物群体或隐性感染的群体，在没有被发现有某种传染病或其他疫病的病原体感染情况下，对可能受到某些病原微生物或其他有害病原微生物污染的环境、物品进行严格消毒，称为预防性消毒。预防消毒是猪场的常规性工作之一，是预防猪的各种传染病的重要措施。另外，对猪场的附属部门，如兽医站、门卫以及提供饮水、饲料和运输车等部门的消毒均为预防性消毒。

（1）经常性消毒　指在未发生传染病的条件下，为了预防传染病的发生，消灭可能存在的病原体，根据日常管理的需要，随时或经常对猪场环境以及经常接触到的人以及一些器物如工作衣、帽、靴进行消毒。消毒的主要对象是接触面广、流动性大、易受病原体污染的器物、设施和出入猪场的人员、车辆等。在场舍入口处设消毒池（槽）和紫外线杀菌灯，是最简单易行的经常性消毒方法，人员、猪群出入时，踏过消毒池（槽）内的消毒液以杀死病原微生物。消毒池（槽）需由兽医管理，定期清除污物，更换新配制的消毒液。另外，进场时人员经过淋浴并且换穿场内经紫外线消毒后的衣帽，再进入生产区，也是一种行之有效的预防措施，即使对要求极严格的种猪场，淋浴也是预防传染病发生的有效方法。

（2）定期消毒　指在未发生传染病时，为了预防传染病的发生，对于有可能存在病原体的场所或设施如圈舍、栏圈、设备用具等进行定期消毒。当猪群出售、猪舍空出后，必须对猪舍及设备、设施进行全面清洗和消毒，以彻底消灭微生物，使环境保持清洁卫生。

2. 紧急消毒

在疫情暴发和流行过程中，对猪场、圈舍、排泄物、分泌物及污染的场所及用具等及时进行的消毒为紧急消毒。其目的是在最短的时间内，隔离消灭传染源排泄在外界环境中的病原体，切断传播途径，防止传染病的扩散蔓延，把传染病控制在最小区域范围内。或当疫区内有传染源存在时，如某一传染病正在某一区域流行时，针对猪群、猪舍环境采取的消毒措施。目的是及时杀灭或消除感染的病原体。

3. 终末消毒（大消毒）

终末消毒是指猪场发生传染病以后，待全部病猪处理完毕，即当猪群痊愈或最后一只病猪死亡后，经过2周再没有新的病例发生，在疫区解除封锁之前，为了消灭疫区内可能残留的病原体所进行的全面彻底的消毒，即对被发病猪所污染的环境（圈、舍、物品、工具、饮食具及周围空气等整个被传染源所污染的外环境及猪群分泌物或排泄物）进行全面彻底的消毒。

二、消毒的方法

猪场常用的消毒方法包括物理消毒法、化学消毒法和生物热消毒法三种。

1. 物理消毒法

物理消毒法是指应用物理因素杀灭或消除病原微生物的方法。猪场物理消毒法主要包括机械性消毒（清扫、擦抹、刷除、高压水枪冲洗、通风换气等）、紫外线消毒、高温消毒（干热、湿热、蒸煮、煮沸、火焰焚烧等）的方法，这些方法是较常用的简便经济的消毒方法，多用于猪场的场地、猪舍设备、各种用具的消毒。猪场常用的物理消毒法见表7-1。

2. 化学消毒法

化学消毒法是使用化学消毒剂杀死病原微生物或使其失去活性的方法，是猪场中最常用的消毒方法之一。常用的化学消毒法有清洗法、浸泡法、喷雾法、熏蒸法和气雾法。

表 7-1　猪场常用的物理消毒方法

方法	采取措施	适用范围及对象	注意事项
机械性消毒	用清扫、擦抹、铲刮、高压水枪冲洗、通风换气等手段达到清除病原体的目的；必要时舍内外的表层土也一起清除，减少场地和猪舍病原微生物的数量	适用于其他方法消毒之前的猪舍清理，可除掉70%以上的病原体，并为化学消毒效果的提高创造必要条件	机械清除并不能完全达到杀灭病原体的目的，而是消毒工作中一个主要的消毒环节，在生产中不能作为唯一有效的消毒方法来利用，必须结合化学性和生物性消毒方法使用
紫外线照射	利用紫外线对病原微生物（细菌、病毒、芽孢等）的辐射损伤和破坏核酸的功能，使病原微生物致死，从而达到消毒的目的	适用于猪圈舍的垫草、用具、进出的工作人员等的消毒，对被污染的土壤、猪场、场地表层的消毒	紫外线只能杀灭物体表面和空气中的微生物。当空气中微粒较多时，紫外线的杀菌效果降低。紫外线的杀菌效果还受环境温度的影响，消毒效果最好的环境温度为20℃～40℃
高温消毒	利用高温灭活包括细菌、真菌、病毒和抵抗力最强的细菌芽孢在内的一切病原微生物	火焰灭菌，适用于用具、地面、墙壁以及不怕热的金属医疗器材；对于受到污染的易燃且无利用价值的垫草、粪便、器具及病死禽尸体等应焚烧以达到彻底消毒的目的；煮沸消毒常用于体积较小且耐煮物品如衣物、金属、玻璃等器具的消毒；高压蒸汽消毒常用于医疗器械等物品的消毒	煮沸消毒温度接近100℃，10～20min可以杀死所有细菌的繁殖体，若在水中加入5%～10%的肥皂或某些碱性物质，或1%的碳酸钠，或2%～5%的石炭酸可增强杀菌力。对于寄生虫性病原体，消毒时间应加长。高压蒸汽灭菌使许多无芽孢杆菌（如伤寒杆菌、结核杆菌等）在62～63℃下20～30min死亡。大多数病原微生物的繁殖体在60～70℃条件下0.5h内死亡；一般细菌的繁殖体在100℃下数分钟内死亡

①　清洗法　用一定浓度的消毒剂对消毒对象进行擦拭或清洗，以达到消毒的目的。常用于对猪舍地面、墙裙、器具进行消毒。

②　浸泡法　如接种或打针时，对注射局部用酒精棉球、碘酒擦拭；对一些器械、用具、衣物等的浸泡。一般应洗涤干净后再进行浸泡，药液要浸没物体，浸泡时间应长些，水温应高些。猪舍入口消毒槽内，可用浸泡药物的草垫或草袋对人员的靴鞋进行消毒。

③　喷雾法　即将消毒药配制成一定浓度的溶液，用喷雾器对需要消毒的地方进行喷洒消毒。此法方便易行，大部分化学消毒药都用此法。消毒药液的浓度，按各种药物的说明书配制。

④　熏蒸法　常用的是福尔马林（40%的甲醛水溶液）配合高锰酸钾等进行熏蒸消毒。此法的优点是熏蒸药物能扩散到各个角落，消毒较全面，省工省力，但要求猪舍密闭。熏蒸时，猪舍及设备必须清洗干净，消毒后有较浓的刺激气味，猪舍不能立即使用。

⑤　气雾法　气雾是消毒液倒进气雾发生器后喷射出的雾状微粒，是消灭空气携带病原微生物的理想办法。猪舍的空气消毒和带猪消毒等常用。

3. 生物热消毒法

生物热消毒法主要用于对粪便、垫料的无害化处理，常用堆积发酵法。在粪便堆积发酵过程中，利用粪便中的嗜热菌发酵产热，可使内部温度达60～70℃，经1～3周可杀死一般的病原体，达到消毒的目的。粪便发酵可产生沼气，既可消毒粪便，又能提供能源，有利于环保。

三、猪场消毒制度

在进行消毒工作时，应严格执行消毒操作规程，认真、全面完成消毒任务，保证每次消毒的实效性。

1. 人员消毒

工作人员进入生产区净道或猪舍前要经过更衣、消毒池、紫外线消毒等。猪场一般不允许参观，严格控制外来人员随意进入。必须进入生产区时需要洗澡、换鞋和更换工作服，并遵守场内防疫制度，按指定路线行走。

2. 环境消毒

猪舍周围环境每 2～3 周用 2% 氢氧化钠（火碱）消毒或撒生石灰一次，猪场周围及场内污水池、排粪坑、下水道出口，每月用漂白粉消毒一次。在大门口、猪舍入口设消毒池，使用 2% 火碱（氢氧化钠）或 5% 来苏儿溶液，注意定期更换消毒液。每隔 1～2 周，用 2%～3% 火碱溶液喷洒消毒通道；用 2%～3% 火碱或 3%～5% 的甲醛或 0.5% 的过氧乙酸喷洒消毒场地。

3. 猪舍消毒

根据猪场生产特点必须对各类猪舍实行"全进全出"的消毒，即每批猪只调出后要彻底清扫干净，用高压水枪彻底清除猪舍内污物（包括猪栏、饲料槽、地面、墙壁、天棚、下水道等），再用 2% 火碱进行喷雾消毒。消毒顺序为，先喷洒地面，然后再喷洒墙壁，最后用清水彻底冲洗一遍，开门窗通风。对受污染特别严重的猪舍，需用高锰酸钾和甲醛进行熏蒸消毒，每立方米需用 6.25g 高锰酸钾和 40% 甲醛 12.8mL 溶液相混合，关闭门窗熏蒸 48h，进猪前至少通风 24h。在进行猪舍消毒时，也应将附近场院以及病畜、污染的地方和物品同时进行消毒。

4. 带猪消毒

（1）一般性带猪消毒　定期进行带猪消毒，有利于减少环境中的病原微生物。猪体消毒常用喷雾消毒法，即将消毒药液用压缩空气雾化后，喷到猪体表上，以杀灭或减少体表和畜舍内空气中的病原微生物。带猪喷雾消毒应选择毒性、刺激性和腐蚀性小的消毒剂，例如过硫酸氢钾带猪喷雾消毒浓度为 1:（200～400），雾滴控制在 40～80μm 之间（在空气中悬浮时间 3～5min），每平方米喷洒 100～150mL。喷雾消毒要尽量在封闭空间中进行，以保持雾滴良好悬浮性。正常情况下，3～5 天带猪喷雾消毒一次即可。

（2）不同类别猪的保健消毒　妊娠母猪在分娩前 5 天，最好用热毛巾对全身皮肤进行清洁，然后用 0.1% 高锰酸钾水擦洗全身，在临产前 3 天再消毒 1 次，重点要擦洗会阴部和乳头，保证仔猪在出生后和哺乳期间免受病原微生物的感染。哺乳期母猪的乳房要定期进行清洗和消毒。

5. 用具消毒

定期对保温箱、补料槽、饲料车、料箱、针管等进行消毒。一般先将用具冲洗干净后，再用 0.1% 新洁尔灭或 0.2%～0.5% 过氧乙酸消毒，然后在密闭的室内进行熏蒸。

6. 污水和粪便的消毒

猪场产生的粪便和污水，含有大量的病原菌，而以病猪粪尿更甚，更应对其进行严格消毒。对于猪只的粪便，可用发酵池法和堆积法消毒；对污水可用含氯 25% 的漂白粉消毒，用量为每立方米中加入 6g 漂白粉，若水质较差可加入 8g。

7. 垫料消毒

对于猪场的垫料，可以通过阳光照射进行消毒。这是一种最经济、最简单的方法，是将垫草等放在烈日下，曝晒2～3h，能杀灭多种病原微生物。对于少量垫草，可以直接用紫外线等照射1～2h，可以杀灭大部分病原微生物。

四、影响化学消毒效果的因素

视频：影响消毒
效果的因素

1. 化学消毒剂

(1) 消毒剂的特性　同其他药物一样，消毒剂对病原微生物具有一定的选择性，某些药物只对某一部分病原微生物有抑制或杀灭作用，而对另一些病原微生物效力较差或不发生作用。也有一些消毒剂对各种病原微生物均有抑制或杀灭作用，称为广谱消毒剂。所以在选择消毒剂时，一定要考虑消毒剂的特异性。

(2) 消毒剂的浓度　消毒剂的消毒效果一般与其浓度成正比，也就是说，化学消毒剂的浓度愈大，其对病原微生物的毒性作用也愈强。但有些消毒剂在适宜的浓度时，具有较强的杀菌效力，如75%的乙醇。

(3) 消毒剂作用时间　消毒剂的抗菌作用与其浓度大小和作用时间的长短成正比，浓度越大，时间越长，消毒效果越好；浓度太低，接触时间太短，则往往不能取得消毒效果。

(4) 消毒剂的物理状态　物理状态影响消毒剂的渗透，只有溶液才能进入病原微生物体内，发挥应有的消毒作用，而固体和气体则不能进入病原微生物细胞中，因此，固体消毒剂必须溶于水中，气体消毒剂必须溶于病原微生物周围的液层中，才能发挥作用。所以，使用熏蒸消毒时，增加湿度有利于消毒效果的提高。

2. 病原微生物

(1) 病原微生物的种类　由于不同种类病原微生物的形态结构及代谢方式等生物学特性不同，对化学消毒剂的反应也不同。即使是同一种类而不是同一类群对消毒剂的敏感性也不完全一样。因此，在生产中要根据消毒和杀灭的对象选用消毒剂，才能达到理想效果。

(2) 病原微生物的数量　同样条件下，病原微生物的数量不同，对同一种消毒剂的作用也不同。一般来说，细菌的数量越多，要求消毒剂的浓度越大或消毒的时间也越长。

3. 环境因素

(1) 环境中的有机物质　当病原微生物所处的环境中有如粪便、痰液、脓液、血液及其他排泄物或分泌物等存在时，严重影响到消毒剂的效果。

(2) 环境温度、相对湿度　多数消毒剂在较高温度下的消毒效果比较低温度下的效果好。相对湿度作为一个环境因素也能影响消毒效果，如用过氧乙酸及甲醛熏蒸消毒时，保持温度24℃以上、相对湿度在60%～80%时，效果最好，如果湿度过低，则效果不佳。

(3) 环境酸碱度　多数消毒剂的消毒效果均受消毒环境pH值的影响。如碘制剂、酸类、福尔马林等阴离子消毒剂，在酸性环境中杀菌作用增强，而阳离子消毒剂如新洁尔灭等，在碱性环境中杀菌力增强。又如2%戊二醛，在pH 4～5的酸性环境下，杀菌作用很弱，对芽孢无效，若在溶液内加入0.3%碳酸氢钠碱性激活剂，将pH值调到7.5～8.5，即成为2%的碱性戊二醛溶液，杀菌作用显著增强，能杀死芽孢。另外，pH值也影响消毒剂的电离度，一般来说，未电离的分子较易通过细菌的细胞膜，杀菌效果较好。

➤ 任务实施与评价

详见《学习实践技能训练工作手册》。

➤ 任务拓展

消毒剂的分类

常用的消毒剂有如下几类，见表 7-2。

表 7-2 化学消毒剂的种类及特性

分类	常用消毒剂举例	特性及适用范围	注意事项
含氯消毒剂	有机含氯消毒剂、无机含氯消毒剂	在水中能产生具有杀菌作用的活性氯，可杀灭各种类型的病原微生物，如肠道杆菌、肠道球菌、金黄色葡萄球菌、口蹄疫病毒、猪轮状病毒、猪传染性水疱病毒和胃肠炎病毒；使用方便；价格适宜	对金属有腐蚀性；药效持续时间较短；储存容易失效
醛类消毒剂	甲醛、戊二醛、聚甲醛、邻苯二甲醛	杀菌广谱，可杀灭细菌(芽孢)、真菌和病毒；性质稳定，耐储存；受有机物影响小，醛类熏蒸消毒效果最佳	有一定毒性和刺激性，如对人体皮肤和黏膜有刺激和固化作用，并可使人致敏；有特殊臭味；受湿度影响大
碘类消毒剂	碘水溶液、碘酊(俗称碘酒)、碘甘油和碘伏类制剂(包括聚维酮碘和聚醇醚碘)	能杀死细菌(芽孢)、真菌、病毒和藻类。对金属设施及用具的腐蚀性较低，低浓度时可以进行饮水消毒和带猪消毒	碘伏类制剂又分为非离子型、阳离子型及阴离子型三大类。非离子型碘伏是使用最广泛、最安全的碘伏
氧化剂类消毒剂	过氧乙酸、高锰酸钾等	在低温环境下仍有很好的杀菌效果，过氧乙酸用于环境消毒是较好的消毒剂，高锰酸钾用于畜禽运输工具和畜禽舍内的消毒	易分解，应于用前配制，避免接触金属离子
酚类消毒剂	复合酚制剂(含酚 41%～49%，乙(醋)酸 22%～26%)	广谱、高效的消毒剂，性质稳定，通常一次用药，药效可以维持 5～7 天；生产简易；腐蚀性轻微；常用于空舍消毒	杀菌力有限，不能作为灭菌剂；不能带猪消毒和饮水消毒(有明显的致癌、致敏作用，频繁使用可以引起蓄积中毒，损害肝、胃功能以及神经系统)，且气味滞留(宰前可影响肉质风味)，长时间浸泡可破坏颜色，并能损害橡胶制品；与碱性药物或其他消毒剂混合使用效果差
表面活性剂(双链季铵盐类消毒剂)	阳离子表面活性剂，包括新洁尔灭、洗必泰、百毒杀等	抗菌广谱，对细菌、霉菌、真菌、藻类和病毒均具有杀灭作用；具有性质稳定、安全性好、无刺激性和腐蚀性等特点；对常见猪瘟病毒、口蹄疫病毒均有良好的效果	要避免与阴离子活性剂，如肥皂等共用，也不能与碘、碘化物、过氧化物等合用，否则能降低消毒的效果。不适用粪便、污水消毒及芽孢菌消毒
醇类消毒剂	乙醇、异丙醇	可快速杀灭多种病原微生物，如细菌繁殖体、真菌和多种病毒(单纯疱疹病毒、乙肝病毒、人类免疫缺陷病毒等)	不能杀灭细菌芽孢。受有机物影响，易挥发，因此应采用浸泡消毒的方法或反复擦拭以保证消毒时间
强碱类消毒剂	氢氧化钠、氢氧化钾、生石灰	对病毒和革兰阴性杆菌的杀灭作用最强，生产中比较常用	腐蚀性强

续表

分类	常用消毒剂举例	特性及适用范围	注意事项
酸类消毒剂	有机酸、无机酸	高浓度的酸类能使菌体蛋白变性和水解,低浓度的酸类可以改变菌体蛋白两性物质的离解度,抑制细胞膜的通透性,影响细菌的吸收、排泄、代谢和生长。还可以与其他阳离子在菌体内表现为竞争性吸附,阻碍细菌的正常活动	有机酸的抗菌作用比无机酸强

任务三　猪群免疫接种

➤ 任务描述

猪群免疫接种是控制猪传染性疾病发生和流行的最重要手段之一。按合理的免疫程序预防接种，才能更好地发挥疫苗的免疫作用，使猪群获得较强的免疫力。

➤ 任务分析

完成猪群免疫接种的任务，首先猪场应根据当地猪病流行情况制订或调整本场的免疫程序，同时需要综合考虑以下因素：疫苗的选购及使用、母源抗体、饲养管理、免疫抑制性因素、猪场的卫生及消毒制度等。

➤ 任务资讯

一、免疫接种的概念与类型

1. 免疫接种概念

根据特异性免疫的原理，采用人工方法给易感动物接种疫苗、类毒素或免疫血清等生物制品，使机体产生对相应病原体的抵抗力（即主动免疫或被动免疫），易感动物也就转化为非易感动物，从而保护个体达到群体预防和控制疫病的目的。

2. 免疫接种的类型

根据免疫接种进行的时机不同，免疫接种分为以下 3 种。

（1）预防免疫接种　是指为防止传染病的发生、流行，平时有计划地给健康猪群进行的免疫接种。

（2）紧急免疫接种　是指在发生传染病时，为了迅速控制和扑灭疫病的流行，而对疫区和受威胁区尚未发病的猪进行的应急性免疫接种。

（3）临时免疫接种　是指当猪引进、外调、运输或去势、手术时，临时为避免发生某些传染病而进行的免疫接种。

二、猪场免疫程序

免疫程序是根据猪群的免疫状态和传染病的流行季节，结合当地的具体疫情而制定的预防接种的疫病种类、疫苗种类、接种时间、次数及间隔等。只有按合理的免疫程序预防接种，才能更好地发挥疫苗的免疫作用，使猪群获得较强的免疫力。

猪场主要传染病的阶段性免疫程序可以参考表7-3。

表 7-3　猪场阶段性免疫程序

猪群	疫苗种类	免疫时间	免疫方法	剂量
种公猪	猪瘟疫苗	春秋两季	肌内注射	4～6 头份
	猪口蹄疫 O 型灭活疫苗	春秋两季	肌内注射	3mL
	伪狂犬病基因缺失疫苗	每年 3 次	肌内注射	2 头份
	乙型脑炎弱毒疫苗	每年 3 月底 4 月初	肌内注射	1 头份
	细小病毒疫苗	每年 4 月上旬	肌内注射	2 头份
生产母猪	猪瘟疫苗	配种前 14 天	肌内注射	4～6 头份
	猪口蹄疫 O 型灭活疫苗	配种前或产前 45 天	肌内注射	3mL
	伪狂犬病基因缺失疫苗	产前 35 天	肌内注射	2 头份
	乙型脑炎弱毒疫苗	每年 3 月底 4 月初,两周后加强免疫一次	肌内注射	1 头份
	细小病毒疫苗	产后 14 天	肌内注射	2mL
后备种猪	伪狂犬病基因缺失疫苗	配种前 45 天	肌内注射	2mL
	细小病毒疫苗	配种前 40 天	肌内注射	2mL
	乙型脑炎弱毒疫苗	配种前 35 天	肌内注射	1 头份
	猪口蹄疫 O 型灭活疫苗	配种前 30 天	肌内注射	3mL
	猪瘟疫苗	配种前 25 天	肌内注射	4～6 头份
商品猪	伪狂犬病基因缺失疫苗	1～3 日龄	滴鼻	1 头份
	圆环病毒疫苗	14 日龄	肌内注射	1mL 或 2mL
	猪瘟疫苗	21 日龄	肌内注射	2～4 头份
	伪狂犬病基因缺失疫苗	35 日龄	肌内注射	1 头份
	猪口蹄疫 O 型灭活疫苗	45 日龄	肌内注射	2mL
	猪瘟疫苗	60 日龄	肌内注射	4～6 头份
	猪口蹄疫 O 型灭活疫苗	70 日龄	肌内注射	3mL

三、提高猪群免疫效果

1. 正确选择疫苗，规范操作程序

① 到国家认定的经营单位购买有正规的企业名称、标签说明书、产品批准文号、生产批号、生产日期和有效期等质量可靠的疫苗。

② 按照生物制品管理有关规定，正确保存、运输和使用疫苗。疫苗的保存及整个流转过程（包括运输、入库、储存直至接种）都必须保证在低温状态下，按规定避光保存，使疫苗中的病毒含量保证在有效范围内。冻干疫苗一般需要在－5℃以下冷冻保存，温度越低，保存时间越长；一些进口冻干疫苗因加入了耐热保护剂，可以在 4～6℃保存；油乳剂疫苗

的保存温度一般在 2～8℃。

③ 严格按照说明书使用疫苗。使用时首先要注意疫苗包装是否完好，是否在有效期内，严格按要求选择合适的稀释液进行稀释使用。稀释液温度不能太高，刚取出的冻干疫苗要放置一段时间，待到与稀释液温度相近时，再按说明进行稀释，防止疫苗由于温差变化过大而失活。不能在稀释液中随便添加抗生素等物质。稀释后的疫苗要振荡均匀后抽取使用。

④ 疫苗要现配现用，稀释后的疫苗要及时使用，气温 15℃ 左右当天用完；15～25℃，6h 用完；25℃ 以上，4h 以内用完。未用完的疫苗及空瓶要经高温灭活处理后废弃，以防余毒扩散、弱毒返强和污染环境。

⑤ 选择恰当的针头。正确地进行消毒，掌握熟练的接种技术。在免疫接种时，应根据对象不同，选择恰当的针头。给小猪免疫时，针头可短些，但给大猪进行颈部肌内注射时，注射器针头（35mm 长）应垂直于皮肤注入猪的颈部肌肉层内，防止注入皮下脂肪层而影响疫苗的实效性。注射前应做好注射部位的消毒和脱毒处理。注射时防止打空针、漏针。

2. 疫苗接种前，制定科学的免疫程序，严格按照规程执行

根据当地疫病发生和流行情况，以及省、市、区（县）动物防疫部门制定的免疫程序，结合养猪场的综合防治条件及猪的抗体水平来确定接种疫苗的种类、时间、方法、次数、剂量。制定免疫程序应遵循以下原则：一是规模猪场的免疫程序由传染病的特性决定，对持续时间长、危害程度大的某些传染病应制定长期的免疫防制对策；二是根据疫苗的种类、接种途径、产生免疫力需要的时间、免疫力的持续期等相关的疫苗免疫学特性制定科学的免疫程序；三是各规模猪场根据本场实际制定免疫程序，在执行过程中应有相对的稳定性；四是在确定免疫程序时，最好先测定仔猪断奶时的母源抗体效价，再确定免疫的时间和剂量。

一般情况，传染性胃肠炎、流行性腹泻等传染病应当在每年的流行季节来临时进行。一些隐性内源性传染病如伪狂犬病、细小病毒感染、乙型脑炎、喘气病、萎缩性鼻炎、猪繁殖与呼吸综合征等在猪场内长期潜伏、不定期发生，可以通过检验、检疫判断其危害程度和发病方式，酌情选用疫苗，一般对种猪进行基础免疫即可。

控制一些急性内源性传染病，如仔猪的黄白痢、链球菌病、轮状病毒感染等，应当着重改善猪场环境条件，适当使用药物，是否接种疫苗要根据猪场实际情况决定。

3. 克服母源抗体干扰

通过母源抗体水平的检测制定合理的免疫程序，如果仔猪群存在较高水平的抗体，则会影响疫苗的免疫效果。

据报道，仔猪 1 日龄中和抗体滴度在 1∶512 以上，10 日龄中和抗体滴度在 1∶128 以上，15 日龄下降至 1∶64 以上，这期间保护率为 100%；20 日龄时抗体滴度下降至 1∶32，保护率为 75%，此时为疫苗的临界线；30 日龄时抗体滴度下降至 1∶16 以下，无免疫力。如果新生仔猪有母源抗体存在，且抗体水平未降到适当水平（中和抗体滴度为 1∶32）就给仔猪接种疫苗，这样就会造成母源抗体封闭，破坏猪机体的被动免疫，从而发生猪瘟。也有仔猪在 21～25 日龄接种了疫苗，从此再也没有免疫接种，由于仔猪体内尚残留部分母源抗体，能干扰疫苗的免疫力，免疫时间较短，抵抗不住野毒的侵袭而得病，导致免疫失效。

4. 加强饲养管理，减少应激，防止免疫抑制性疾病发生

一是要注意饲料营养成分的监测，确保不含霉菌毒素和其他化学物质，饲喂近期生产的优质全价饲料，夏季应注意添加多种维生素（许多维生素在夏季容易被还原而失效），增加机体抵抗力。二是要搞好环境卫生，消灭传染源。三是减少应激因素的产生，在免疫前后

24h内应尽量减少应激、不改变饲料品质、不安排转群、减少噪声、控制好温度、饲养密度、通风和勤换垫料，适当增加蛋氨酸、缬氨酸、维生素A、B族维生素、维生素C、维生素D及脂肪酸等。接种疫苗时要处置得当，防止猪受到惊吓。遇到不可避免的应激时，应在接种前后3～5天，在饮水中加入抗应激制剂，如电解多维、维生素C、维生素E；或在饲料中加入利血平、氯丙嗪等抗应激药物，以有效缓解和降低各种应激，增强免疫效果。四是认真做好免疫抑制性疾病的防治工作，勤观察，发现疾病及时治疗，等猪健康后再进行免疫。

5. 建立健全各项制度并严格执行

一是猪场应建立卫生管理制度，实行生产区与生活区分区管理，严禁人员随意进出，加强猪群的健康管理。二是建立切实可行的消毒制度，如在进出口设消毒池。猪舍内定期消毒，"全进全出"清洗消毒，定期全场大消毒等。三是建立预防接种和驱虫制度，按时做好药物驱虫工作。四是建立检疫与疫病监测制度，尤其是做好引种的隔离防疫工作。五是建立健全病死猪无害化处理制度，及时隔离病猪，规范病死猪的无害化处理。六是猪场应针对存在的细菌性疾病种类和发生阶段，规范使用兽药，采用集体处理与个别用药相结合，注意用药方式、剂量和疗程，减少或避免用药对免疫工作的影响。

6. 树立"养重于防，防重于治"的理念

在饲养管理过程中，要始终树立"养重于防，防重于治"的饲养管理理念。不要盲目迷信和夸大免疫的作用，免疫只是防控疾病的重要手段之一。要在定期开展免疫工作的同时，切实加强猪生产各个环节的消毒卫生工作，降低和消除猪场内的病原微生物，减少和杜绝猪群的外源性感染机会，加强饲养管理，提高猪只自身抗病力。

总之，猪场防疫的好坏是关系到猪生产效益高低和成败的重要环节。要加强对基层免疫人员的技术培训，提高从业人员水平。制定免疫程序一定符合本场实际情况，在疫苗的选购、运输、存储、使用等各个环节都需要具有高度的责任心和进行细致周到的工作，才能更好地发挥免疫效果。

➤ 任务实施与评价

详见《学习实践技能训练工作手册》。

➤ 任务拓展

免疫失败原因分析

1. 疫苗

（1）疫苗质量　疫苗质量达不到规定的效价，有效抗原含量不足，免疫效果差；疫苗瓶失真空，使疫苗效价逐渐下降乃至消失；若疫苗毒株（或菌株）的血清型不包括引起疾病病原的血清型或亚型，则可引起免疫失败；佐剂的应用不合理，忽视了黏膜免疫。

（2）疫苗贮藏与运输　任何疫苗都有它的有效期与保存期，即使将疫苗放置在符合要求的条件下保存，它的免疫效价也会随着时间的延长而逐渐降低。疫苗保存温度不当，阳光直射或者反复冻融，均会造成疫苗的效价迅速下降，疫苗在长时间运输过程中，由于不能达到贮藏的温度要求致使疫苗中有效抗原成分减少、疫苗失效或效价降低。

（3）疫苗使用　疫苗在免疫接种前放置时间过长，稀释后疫苗在使用时未充分摇匀，疫苗稀释后未在规定时间内用完，都会影响疫苗的效价；疫苗稀释方法与稀释液的选择不当会造成免疫效价降低或免疫失败。

2. 人为因素

（1）免疫程序不合理　猪场未根据当地猪病流行情况和本场疫病发生的实际情况制定出合理的免疫程序，会导致免疫失败。

（2）疫苗接种的方法、剂量不当　一是技术不熟练，注射时打空针、漏针，或反复在同一点注射，造成该部位肌肉坏死，或用过短过粗的针头注射，造成疫苗外溢。二是选择的免疫方法、剂量不当，擅自减少剂量或操作不精，随意加大剂量。应用口服式饮水免疫时，疫苗混合不均，造成饮入量过大或过小。疫苗剂量过大也会产生副作用或出现免疫麻痹反应；疫苗剂量过小不能产生足够的抗体，易出现免疫耐受现象。

（3）疫苗接种途径　对每一种疫苗来说都有其特定的接种途径。如将皮下接种的疫苗错误地进行了肌内接种就会导致失败。

（4）器械、用具、接种部位消毒不严　稀释疫苗的工具及器械（针头、注射器）未经消毒、消毒不严或虽经正确消毒但存放时间过长，超过消毒有效期，操作时造成疫苗被污染等，会影响免疫效果。

3. 母源抗体干扰

母源抗体是从母体中获得的，具有双重性，既对初生仔猪有保护作用，又会干扰仔猪的首次免疫效果，尤其是用弱毒疫苗时。在给仔猪使用高质量的疫苗时，能否有良好的免疫效果与母源抗体滴度有关。体内未消失的母源抗体与注射疫苗中和，可影响仔猪主动免疫的产生。母源抗体有一定的消长规律，需待母源抗体水平降到一定程度时，方可进行免疫接种，否则不能产生预期的免疫效果。

4. 营养水平和健康状况

营养的缺乏将导致猪群免疫功能低下。缺乏维生素 A、B 族维生素、维生素 D、维生素 E 和多种微量元素及全价蛋白时能影响机体对抗原的免疫应答，免疫反应明显受到抑制。

猪健康状况差，发育异常，有遗传类疾病等，都会降低机体的免疫应答能力，增加对其他疾病的易感性，引起免疫抑制。

5. 猪体的免疫功能受到抑制

（1）自身的免疫抑制　动物机体对接种抗原有免疫应答，在一定程度上是受遗传控制的。猪的品种繁多，免疫应答各有差异，即使同一品种不同个体的猪只，对同一疫苗的免疫反应其强弱也不一致。另外，猪只由于有先天性免疫缺陷，也会导致免疫失败。

（2）毒物与毒素所引起的免疫抑制　霉菌毒素、重金属、工业化学物质和杀虫剂等可损害免疫系统，引起免疫抑制。

（3）药物所引起的免疫抑制　免疫接种期间使用了免疫抑制药物，如地塞米松（糖皮质激素），可导致免疫抑制。

（4）应激所引起的免疫抑制　如环境过冷过热、湿度过大、通风不良、拥挤、饲料突变、运输、转群、混群、限饲、噪声、保定、疾病等应激因素，导致血浆皮质醇浓度显著升高，抑制猪群免疫功能。

（5）病原体感染所引起的免疫抑制 引起免疫抑制的感染因素包括以下几个方面。

① 猪肺炎支原体感染损害呼吸道上皮黏液纤毛系统，引起单核细胞流入细支气管和血管周围，刺激机体产生促炎细胞因子，降低巨噬细胞的吞噬杀菌作用，引起免疫抑制。

② 猪繁殖与呼吸综合征病毒损伤猪体的免疫系统和呼吸系统，特别是肺，感染肺泡巨噬细胞或单核细胞，引起免疫抑制。人工感染猪Ⅱ型圆环病毒和猪繁殖与呼吸综合征病毒，可出现断奶仔猪多系统衰竭综合征（PMWS）。在猪肺炎支原体免疫时或免疫之后，感染猪繁殖与呼吸综合征病毒将降低猪肺炎支原体的免疫效果。

③ 猪伪狂犬病毒能损伤猪肺的防御体系，抑制肺泡巨噬细胞的功能。如伪狂犬病毒可在单核细胞和肺泡巨噬细胞内进行复制并损害其杀菌和细胞毒功能。

④ 猪细小病毒可在肺泡巨噬细胞和淋巴细胞内复制，并损害巨噬细胞的吞噬功能和淋巴细胞的母细胞化能力。

⑤ 胸膜肺炎放线菌的细胞毒素对肺泡巨噬细胞有毒性。

（6）免疫前已感染了所免疫预防的疾病或其他疾病，会降低机体的抗病能力及对疫苗接种的应答能力。猪群免疫功能受到抑制时，猪群不能充分对免疫接种做出应答，甚至在正常情况下具有较低致病性的微生物或弱毒疫苗可引起猪群发病，使猪群发生难以控制的复发性疾病、多种疾病综合征，导致猪只死亡率增加。在这种情况下必要时应使用死苗免疫。

6. 强毒株流行

强毒株流行，是免疫失败的重要原因，如猪瘟病毒的强毒株流行导致的猪瘟免疫失效。怀孕母猪感染猪瘟强毒株、野毒株后，通过胎盘造成仔猪在出生前即被感染，发生仔猪猪瘟。

7. 免疫干扰

（1）已有抗体和细胞免疫的干扰 体内已有抗体的干扰是指母源抗体的存在，可使仔猪在一定时间内被动得到保护，但又给免疫接种带来影响。在此期内接种疫苗，由于抗体的中和吸附作用，不能诱发机体产生免疫应答，导致免疫失败。在母源抗体完全消失后再接种疫苗，又增加了小猪感染病原的风险。

（2）病原微生物之间的干扰作用 同时免疫两种或多种弱毒苗往往会产生干扰现象，干扰的原因可能有两个方面：一是两种病毒感染的受体相似或相等，产生竞争作用；二是一种病毒感染细胞后产生干扰素，影响另一种病毒的复制。

（3）药物的作用 在使用由细菌制成的活苗（如巴氏杆菌苗、猪丹毒杆菌苗）时，猪群在接种前后 10 天内使用（包括拌料）敏感的抗菌类药物（包括敏感的具有抗菌作用的中药），易造成免疫失败。将病毒苗与弱毒菌苗混合使用，若病毒苗中加有抗生素则可杀死弱毒菌苗，从而导致免疫失败。在使用活菌制剂（包括猪丹毒、猪肺疫、仔猪副伤寒弱毒苗）前 10 天和后 10 天，应避免给予猪只敏感的抗菌药（如在饲料、饮水中添加或肌注等）。若料中有敏感的抗菌药，应选用适宜灭活菌苗，而不能用活菌苗。

总之，导致猪群免疫失败的因素有很多。防制猪病不能期望单纯依赖疫苗提供 100% 的保护。只有结合防制措施，才能充分发挥疫苗的作用，避免免疫失败。

任务四　猪场寄生虫病控制与净化

➤ 任务描述

　　寄生虫病是降低养殖效益的主要因素之一，由于规模化猪场可不同程度地感染寄生虫，使猪场受到很大的损失。因此，正确预防控制与净化寄生虫病，是提高猪场养殖效益的有效办法。

➤ 任务分析

　　规模化猪场寄生虫病的控制与净化是一种综合性措施。完成该任务，首先要熟悉猪场常见寄生虫病的类型，明确常用的驱虫药物，掌握寄生虫病的综合防制措施，提出不同寄生虫病的控制与净化方案。

➤ 任务资讯

　　猪的寄生虫病对养猪业的危害主要表现在由于寄生虫慢性消耗所造成的经济损失，许多文献资料上称寄生虫病为亚临床症状，寄生虫病也可以像传染病一样引起母猪的流产（如弓形虫病、附红细胞体病）、猪只的死亡（如疥螨病初次的严重感染、仔猪等孢球虫及鞭毛虫等的严重感染）等。在规模化猪场流行并造成危害的寄生虫，虽不至于造成猪只死亡，但会出现难治愈、易多发及场内流行率很高的现象，如猪蛔虫、猪结肠小袋纤毛虫和猪毛首线虫，这些寄生虫生活史简单、不需中间宿主（为土源性线虫），且虫卵抵抗力强，容易通过饮水或地面感染。此外，如猪等孢球虫病、猪附红细胞体病、弓形体病、类圆线虫病等日益成为规模化猪场的主要寄生虫病。

一、规模化猪场主要寄生虫病的类型

　　① 皮肤寄生虫病　如疥螨病、蠕形螨病、三色依蝇蛆病以及由猪血虱和虻与蚊引起的皮肤病等。
　　② 肌肉寄生虫病　如旋毛虫病、猪囊虫病。
　　③ 心脏及血液寄生虫病　如附红细胞体病、猪浆膜丝虫病。
　　④ 消化道线虫绦虫病　如蛔虫病、食道口线虫病（结节虫病）、毛首线虫病（鞭虫）、钩虫病、类圆线虫病、膜壳绦虫病。

视频：猪场常见
寄生虫类型

　　⑤ 肾虫病。
　　⑥ 弓形体病。
　　⑦ 仔猪球虫病。
　　⑧ 隐孢子虫病。
　　⑨ 结肠小袋纤毛虫病。

二、规模化猪场常用驱虫药物的使用

　　生产中常用的驱虫药物及使用方法见表7-4。

表 7-4 猪场常用驱虫药物及使用方法

适用对象	药物	使用方法
线虫	阿维菌素类	阿维菌素内服或皮下注射,用量为 0.3mg/kg 体重,0.2% 预混剂拌料 1500g/t
	抗生素类	伊维菌素内服或皮下注射,用量为 0.2～0.3mg/kg 体重;多拉菌素皮下或肌注,用量为 0.2～0.3mg/kg 体重;莫西菌素内服或皮下注射,用量为 0.2mg/kg 体重(安全性好,可用于怀孕母猪)
	咪唑并噻唑类	左旋咪唑内服或注射,用量为 7.5mg/kg 体重
	苯并咪唑类	丙硫咪唑(阿苯达唑、抗蠕敏)内服,用量为 5～10mg/kg 体重;缓释注射液肌注,用量为 30mg/kg 体重;芬苯达唑内服,一次量 5～7.5mg/kg 体重,分次给药内服用量 3mg/kg 体重,连用 6 天
	四氢嘧啶类	噻吩嘧啶(抗虫灵)、酒石酸噻吩嘧啶片内服,用量为 20mg/kg 体重;双羟萘酸噻吩嘧啶片内服,用量为 15mg/kg 体重
	有机磷化合物类	敌百虫片剂内服,用量为 80～100mg/kg 体重,药浴或喷淋,浓度为 0.5%～1%
	驱蛔灵	内服,用量为 250～300mg/kg 体重
体外寄生虫	阿维菌素类	同驱线虫药物
	拟除虫菊酯类	溴氰菊酯药浴或喷淋,治疗浓度为 50～80μL/L,预防为 30μL/L;氰戊菊酯(速杀丁),药浴或喷淋,浓度为 80～200μL/L
	有机磷化合物类	倍硫磷,喷淋 5～10mg/kg 体重,重复用药应间隔 14 天以上;辛硫磷,药浴或喷淋,浓度为 0.1% 的乳液;二嗪农(螨净),药浴或喷淋,治疗浓度为 250mg/1000mL 水
	其他	双甲脒(特敌克),药浴或喷淋,用量为 500μL/L;环丙氨嗪预混剂,混饲 5μL/L,连用 4～6 周
原虫	贝尼尔	三氮脒或血虫净,深部肌注,用量为 5～8mg/kg 体重,连续用药不超过 3～5 天
	氨丙磷预混剂	产前或产后 15 天的母猪饲料中按 250mg/kg 添加
	磺胺间甲氧嘧啶	片剂内服,首次用为 50～100mg/kg 体重,维持量 25～50mg/kg 体重,连用 3～5 天

三、综合防制措施

① 保证整个猪群的营养和良好的生长环境。

② 建立生物安全的概念,减少寄生虫发病的机会;不引进感染某种寄生虫病的猪只,人员不串岗,猪舍及饲料袋、饲料车、工作服、工作鞋等要彻底消毒驱虫。严禁饲养猫、狗等宠物,定期做好灭鼠、灭虫等工作。

③ 坚持自繁自养的原则,确实需引进种猪时,应远离生产区隔离饲养,进行全方位检查,并进行药物驱虫,隔离期满经检查确认无寄生虫病方可转入生产区。

④ 采用"全进全出"和"早期隔离断奶"等饲养方式。有条件的猪场可在仔猪断奶后转入其他场饲养。

⑤ 加强环境控制。外环境包括猪舍墙面、地面、过道、栏杆等,在全群使用驱虫药后,要及时对外环境进行彻底清洗、打扫,同时对外环境进行喷雾驱虫处理,降低猪群再感染机会。

⑥ 注意水源和青饲料等的生物安全性。

⑦ 每年进行一次寄生虫的普查和抽查工作,发现患猪及时治疗,以驱除其体内或体表的寄生虫,同时防止治疗过程中病原扩散。

⑧ 根据本场寄生虫的感染情况及寄生虫的生长发育变化规律,制定本场预防性驱虫方案。

四、规模化猪场寄生虫的控制与净化

1. 猪疥螨的控制与净化方案

(1) 长效驱虫注射液(伊维菌素)+体外高效喷雾杀虫药(溴氰菊酯) 种公猪每年注射长效驱虫注射液(伊维菌素的升级产品"通灭"或"全灭")2 次;母猪产仔前 2 周注射 1 次;仔猪断奶时注射 1 次;商品猪引进当日注射 1 次;注射长效驱虫注射液后全场喷雾杀

虫 2 次。适用于疥螨和内寄生虫感染严重的猪场。连续使用，可以达到净化的效果。

（2）长效驱虫预混剂（芬苯达唑、伊维菌素的升级产品）＋体外高效喷雾杀虫药　首先全群猪只用药 1 次；种公猪、种母猪，每 3 个月用预混剂拌料驱虫 1 次；仔猪，在断奶后转群时拌料驱虫 1 次；育成猪，转群时拌料驱虫 1 次；引进猪，并群前拌料驱虫 1 次；用预混剂驱虫的同时全场喷雾杀虫 2 次。适用于疥螨和内寄生虫感染不严重的猪场。

2. 规模化猪场猪蛔虫病的控制与净化方案

控制和净化猪蛔虫的关键是正确使用驱虫药物，以防止猪蛔虫的反复感染。

（1）猪蛔虫中、轻度感染的猪场　针对不同猪群，可采用以下用药程序：怀孕母猪在其怀孕前和产仔前 1～2 周进行驱虫 1 次；种公猪在每年至少驱虫 2 次；断奶仔猪在转入新圈前驱虫 1 次，并且在 4～6 周后再驱虫 1 次；后备猪在配种前驱虫 1 次；新引进的猪必须驱虫后再并群。

（2）猪蛔虫重度感染的猪场　采用成熟前连续驱虫法进行猪蛔虫的控制和净化。针对不同猪群可采用以下用药程序：商品仔猪出生后 30 日龄第 1 次驱虫，以后每隔 1～1.5 个月驱虫 1 次；种公猪及后备母猪每隔 1～1.5 个月驱虫 1 次；母猪配种前和怀孕母猪产前 2 周内各驱虫 1 次；新引进的猪必须驱虫后再并群。

驱蛔虫药物：可选用左旋咪唑、丙硫咪唑、芬苯达唑、氟苯达唑及伊维菌素等。同时，应注意猪舍的清洁卫生，产房和猪舍在进猪前都需进行彻底清洗和消毒，可减少蛔虫卵对环境的污染。尽量将猪的粪便和垫草在固定地点堆积发酵。

3. 规模化猪场猪弓形体病的控制

（1）选用药物见表 7-5。

表 7-5　治疗猪弓形体病的药物及使用方法

药物	使用方法
10％增效磺胺-5-甲氧嘧啶（或磺胺-6-甲氧嘧啶）注射液	按 0.2mL/kg 体重剂量肌内注射，每日 2 次，连用 3～5 天
磺胺-6-甲氧嘧啶	按 60～100mg/kg 体重，单独口服或配合甲氧苄氨嘧啶（TMP，14mg/kg 体重）口服，每日 1 次，连用 4 次
12％复方磺胺甲氧吡嗪注射液	按 50～60mg/kg 体重，每日 1 次肌内注射，连用 3～5 天
复方磺胺嘧啶钠注射液	按 70mg/kg 剂量（首次量加倍）肌内注射，每日 2 次，连用 3～5 天
磺胺嘧啶与甲氧苄氨嘧啶联合	前者 70mg/kg，后者 14mg/kg，每日 2 次，连用 3～5 天
磺胺嘧啶与乙胺嘧啶联合	前者 70mg/kg，后者 6mg/kg，每日 2 次，连用 3～5 天

（2）强化综合预防措施　由于本病感染源广、感染途径多，而且当前没有有效疫苗进行预防，因此必须采用综合防制措施进行预防控制。

① 猪场内禁止养猫，对野猫也要捕捉扑杀，及时杀虫灭鼠，以防滋养体、包囊或卵囊污染饲料、饮水和环境，造成感染。

② 做好日常卫生消毒工作。对病死猪、流产的胎儿和分泌物进行焚烧深埋处理，场地进行严格消毒，常用来苏儿或 0.5％氨水进行猪舍及用具的消毒。

③ 药物预防。规模化猪场要制定有效可行的预防措施，发病猪场在每年 10～11 月，在饲料中按 200～300mg/kg 的剂量添加磺胺-6-甲氧嘧啶，连用 3～5 天，停药 20 天后，再用 2～4 天，可有效预防本病的发生。

4. 规模化猪场猪附红细胞体病的控制与净化

猪附红细胞体的传播途径主要有接触性、血源性、垂直性及媒介昆虫传播等，其中垂直性及媒介昆虫传播为主要的传播途径。本病的控制与净化主要从以下两方面进行。

（1）及时治疗病猪 药物治疗的关键是发病早期用药，但不管是注射给药或是口服用药，都只能够缓解临床症状，让机体与病原处于一个相对平衡的状态而不继续发病，基本不能彻底根除病原。可选药物见表7-6。

表7-6 治疗猪附红细胞体的药物及使用方法

药物	使用方法
贝尼尔注射液	8mg/kg体重,深部肌内注射,2次/天,连用3天;同时在饲料中添加土霉素,按200~400μL/L混饲
新肿凡纳明(914)	15~45mg/kg体重,静脉注射,防止漏出血管
大蒜素	10~15mg/kg体重,用生理盐水稀释后静脉注射,连用3~5天
盐酸四环素注射液	5~10mg/kg体重+5%葡萄糖注射液200~300mL,静脉注射,连用3天
强力霉素注射液	1~3mg/kg体重,静脉或肌内注射,连用3天

（2）做好预防工作 预防本病的发生主要采取综合性措施，对于一个猪群而言，阻断感染的传播途径、增强机体抵抗力和减少应激反应的发生是很重要的。对于附红细胞体感染呈阴性的猪群，应着重搞好圈舍和饲养用具的卫生，并定期进行消毒。同时加强对吸血昆虫的杀灭，严防吸血昆虫叮咬而引起本病的传播；在实施诸如阉割、打耳号、注射等饲养管理程序时，应防止外科器械被血液污染而引起传播。对于呈隐性感染的猪群而言，发病的频率可能会增高，但是宿主与病原之间最终会达到某种平衡，如果这种平衡被打破，那么急性附红细胞体病会在任何时候发生。因此，应尽量减少对猪群的应激。

5. 规模化猪场等孢球虫病的控制与净化

随着养猪规模化和集约化生产的发展，仔猪球虫病的发生越来越常见，并有逐年上升的趋势，需要加强对该病的预防。本病的控制与净化主要从以下两方面着手。

（1）及时治疗病猪 使用百球清治疗发病仔猪，按照20mg/kg体重用药，加2mL水溶化后口腔灌服，连用5天，可以取得较好的治疗效果。

（2）强化综合预防措施 新生仔猪应以初乳喂养，保持幼龄猪舍清洁、干燥；饲槽和饮水器应定期消毒，防止粪便污染；尽量减少因断奶、饲料突变和运输产生的应激因素；加强未发病猪场猪群的定期检测和驱虫工作。

6. 规模化猪场蝇蛆的控制与预防

每个规模化猪场都在尽可能地想办法来解决此类问题，但大部分效果不理想。目前实用可行的控制办法分以下几类。

（1）喷雾灭蝇法 此法简单实用，成本低，使用安全。

（2）用糖或信息激素作诱导 拌杀虫剂进行诱杀，此法具经济、安全、高效的特性，多点放置效果佳。

（3）使用杀蛆药 在饲料中添加环丙氨嗪（5g/t，99%纯度），利用其绝大部分以原形及其代谢产物的形式随粪便排出体外的特性，将粪便蝇蛆杀灭。

（4）控制猪舍内湿度，对粪便进行处理 保持舍内干燥是控制苍蝇繁殖的最好方法，加速粪便干燥与湿化粪便的方法均可抑制苍蝇繁殖。

➢ 任务实施与评价

详见《学习实践技能训练工作手册》。

> 学习自测

一、选择题

1. 下列哪个区域内可以建设养猪场？（　　　）
A. 隔离的山区　　　B. 水源保护区　　　C. 人口集中区域　　　D. 旅游景区

2. 下面哪些物品不属于违禁品，可以带入猪场？（　　　）
A. 羊肉泡馍　　　B. 红油猪耳　　　C. 清真鸡肉肠　　　D. 风味牛肉干

3. 饲养员外出后至少需要在生活区隔离（　　　）h，方可进入生产区。
A. 8　　　B. 12　　　C. 24　　　D. 48

4. 进入园区的车辆冲洗消毒过程中，干燥时间为（　　　）。
A. 至少5min　　　B. 至少10min　　　C. 至少15min　　　D. 至少30min

5. 常用于圈舍、地面、排泄物、水的消毒药物是（　　　）。
A. 漂白粉　　　B. 高锰酸钾　　　C. 甲醛　　　D. 70%乙醇

6. 畜禽舍熏蒸消毒多选用的消毒剂为（　　　）。
A. 甲醇　　　B. 乙醇　　　C. 甲醛　　　D. 乙醛

7. 大多数冻干疫苗要求放在（　　　）下保存。
A. −15℃　　　B. −8℃　　　C. −6℃　　　D. 0℃

8. 油乳剂疫苗的保存温度一般在（　　　）下保存。
A. −20℃　　　B. 0~4℃　　　C. 2~8℃　　　D. 17~25℃

9. 以下哪种疫苗不可以使用？（　　　）
A. 没有标签　　　B. 没有批号　　　C. 包装瓶有破损　　　D. 以上全部

10. 猪场大门口消毒通道内消毒液更换频率为（　　　）。
A. 每天更换　　　B. 两天更换一次　　　C. 三天更换一次　　　D. 一周更换一次

11. 注射疫苗时，若出现出血或者倒流现象，应该（　　　）。
A. 擦干净　　　　　　　　　　B. 继续下一头猪注射
C. 做好记录并继续下一头猪只的注射　　D. 补注一次

12. 死淘猪只，（　　　）。
A. 丢在场外水沟里　　　　　　B. 低价出售给回收死淘猪只的客户
C. 应做深埋无害处理　　　　　D. 可以食用

13. 疫苗药品的验收过程中检查的项目包括（　　　）。
A. 药品的包装是否完好　　　　B. 药品的数量、生产日期和有效期
C. 疫苗的生产厂家是否属于集团供应商名录
D. 检查疫苗（油乳剂）是否有沉淀

14. 伊维菌素是一种（　　　）药。
A. 预防呼吸道病　　　B. 预防消化道病　　　C. 广谱驱虫　　　D. 预防猪只应激

15. 对线虫、吸虫和绦虫都有疗效的抗寄生虫药是（　　　）。
A. 左旋咪唑　　　B. 吡喹酮　　　C. 伊维菌素　　　D. 丙硫咪唑

二、综合测试

1. 猪场生物安全体系主要包括哪些内容？
2. 如何对猪场及场外人员的活动进行合理管理？
3. 如何对猪场的猪病进行疫病监测和疫病净化？
4. 请制定猪场的科学消毒制度。
5. 在猪群的免疫预防中，如何提高免疫的效果？
6. 试述规模化猪场寄生虫病的综合防治措施。

项目八 猪场经营管理

知识目标

- 认识猪场数据和表格的种类，理解猪场数据管理的重要性。
- 了解猪场各管理岗位的职责，以及猪场各岗位管理目标和操作规程。
- 了解猪场成本项目和费用种类，掌握猪场成本控制的途径。

技能目标

- 能在养猪现场收集数据，填写各类生产记录表格。
- 能操作某种猪场生产管理软件对猪场数据进行有效管理。
- 学会通过各类报表与技术指标的对比发现问题，掌握饲养成本的管理与控制。
- 能按猪场岗位和操作规程完成工作目标。

思政与职业素养目标

- 探索新技术、新方法的创新精神。
- 培养安全、高效、绿色的管理理念。

猪场经营管理的内容范围很大，涉及面广，就猪场内部的生产而言，其主要内容包括猪场的计划管理、劳动管理、财务管理、经济核算、技术及经济活动分析、市场预测、经济合同、保险业务和科学决策等。一个猪场能否以较低的成本实现高产、高效和优质计划，不仅取决于科学养猪技术的运用程度，也取决于管理水平，这是由猪生产的复杂性和社会性所决定的。

❖ 项目说明

■ 项目概述

猪场管理的目的是组织全场的人力、物力和财力，在满足猪生长、繁殖过程中对环境需要的前提下，最大限度地提高养猪经济效益。

■ 项目载体

猪场各类生产记录表、猪场生产管理软件、规模化猪场管理软件、猪场内实训室（配有多媒体）。

■ 技术流程

猪场数据管理 → 管理软件应用 → 岗位工作规范 → 控制猪场生产成本

任务一　猪场生产数据管理

➤ 任务描述

数据收集与分析在规模化猪场中占有重要地位，它是做好生产计划、确保生产井然有序的先决条件，也是猪场重大决策的支撑点。统计数据是一个很重要的环节，统计数据的作用在于及早、准确地发现生产、管理中存在的问题以及问题的严重程度并在问题变得明显之前及时采取措施，减少不必要的损失，同时，总结经验、不断提高猪场的管理水平和猪群的生产性能，从而提高集约化养猪的经济效益和企业竞争能力。

➤ 任务分析

生产基础数据是猪场管理的基石，没有数据就无从谈起管理；生产数据又是猪场数字化、信息化建设的前提和基础；通过数据统计分析，可以帮助管理者找出问题所在。集约化养猪是一项复杂的工作，管理难度也很大，想要取得好的成绩，必须有明确的目标和合理的计划。因此，好的生产数据记录是猪场不可或缺的宝贵资料，所有数据由专人负责统计，按照严格的职责要求来规范其工作，对数据的记录要求真实可靠，能及时反映猪场的实际生产情况。

➤ 任务资讯

一、猪场常用的数据

一般规模化猪场有后备舍、配种舍、妊娠舍、分娩舍、保育舍、生长育肥舍、公猪站等，现分述如下。

1. 后备舍

常用的数据有：

（1）后备猪隔离天数　为疾病控制需要，有时将后备舍作隔离之用，需要足够的隔离时间，通常需要 45 天以上。

（2）后备猪死淘率　以批次为单位计算引入的后备猪死亡、淘汰比例。

（3）10 月龄利用率　后备猪达到 10 月龄，已怀孕的比例，也是按批次计算，按每一头后备母猪 10 月龄以后的状态来统计。猪场可根据自己的标准调整为 8 月龄或 9 月龄利用率。

（4）超期未发情比例　以一定日龄（比如 300 天）为标准判定母猪是否为超期不发情母猪，统计此类母猪占引入（或者去掉死淘）的后备猪的比例。

2. 配种舍

常用的数据有：

（1）断奶 7 天发情率　同一批次断奶后 7 天内发情配种的比例。

（2）配种分娩率　某一时间段内配种的母猪最后分娩的比例。没有分娩的称为失配，可统计失配率。

（3）空怀返情流产率　统计某段时间内配种的母猪出现空怀、返情、流产的比例。

3. 妊娠舍

配种 60 天以后没有怀孕的母猪称空怀母猪，小于 60 天算返情。看到流产物视为流产。

（1）妊娠死亡淘汰率 以整个怀孕舍或某批猪为基础统计怀孕母猪死亡淘汰的比例。

（2）胎龄结构 以怀孕猪或基础母猪群统计各胎母猪所占的比例。本次配种完成至下次配种前为同一胎次。

（3）断奶、怀孕期料量 可统计整个配种前、怀孕期的平均料量或不同时间段的平均料量。

4. 分娩舍

常用的数据有：

（1）胎均总仔 某一段时间内所产总仔数（含死胎、木乃伊胎)/对应窝数。

（2）胎均健仔 某一段时间内所产健仔数（总仔去掉死胎、木乃伊胎、弱小仔、畸形仔)/对应窝数。

（3）胎均无效仔比例 某一段时间内所产死胎、木乃伊胎、弱小仔、畸形仔总数/总仔数。

（4）胎均断奶活仔 某一段时间内断奶仔猪数量/对应窝数。

（5）胎转保正品仔 某一段时间内转保加上市正品仔猪数量/对应窝数。正品苗指生长发育合格或达标。多数猪场软件均如此表示。

① 用繁殖周期来计算 繁殖周期＝母猪平均妊娠期＋产房平均哺乳期＋母猪断奶至配种平均天数。年分娩窝数（胎次）＝365/繁殖周期。

② 用计算机统计 计算机统计本年度总分娩窝数/生产母猪数（凡有配种、分娩记录的母猪都算）。

一般说来，用计算机统计的数值会比用繁殖周期计算的更低，因为前者包含了补充的后备母猪、提前淘汰的经产母猪，而它们常常只分娩了 1 次。但对于均衡生产的猪场，用计算机统计计算更有实际意义，可以体现空耗猪的影响。单头母猪年上市正品仔猪数＝每年上市正品仔猪数量/年基础母猪数量。

5. 保育舍

（1）仔猪（猪苗）上市正品仔率 同一批次上市正品仔猪数/当批次断奶或转保总数。

（2）产房仔猪死亡率 某段时间内产房死亡的仔猪数/同期产房仔猪存栏数。

（3）保育仔猪死亡率 某段时间内保育舍死亡的仔猪数/同期保育仔猪存栏数。

（4）哺乳母猪日均采食量 统计产房单元母猪每天平均采食量，可统计每条线整个产房，也可统计每一个单元。

（5）仔猪采食量 统计不同日龄阶段平均每头的仔猪采食量。

6. 生长育肥舍

常用的数据有：

（1）料肉比 饲料消耗量/增重。

（2）生长舍成活率 生长舍上市的猪只数/转生长舍猪只数。可以统计多栋猪舍，也可只统计一栋猪舍或某一批猪只。

（3）上市正品率 上市正品猪只数/（上市正品猪只数＋上市 B 级猪只数)。

（4）上市日龄 上市猪只的平均日龄，可以按猪舍或按批次统计。

（5）上市均重 上市猪只的平均体重，可以按猪舍或按批次统计。原种场、扩繁场关键数据还有各阶段窝均选留数，原种场还有测定比例、遗传指数等项目。

二、数据收集

1. 数据的收集过程

猪场员工、管理人员利用手机端 APP 录入数据，填写各类报表。

2. 常用的数据表格

（1）种猪的档案

① 公猪的档案　包括出生情况、断奶体重、外貌特征、血统记录、免疫记录、健康记录等。由配种舍负责人记录（表 8-1）。

② 母猪的档案　包括出生情况、断奶体重、外貌特征、耳号、配种记录、发情鉴定记录、产仔记录、断奶记录、免疫用药记录等。由配种舍负责人记录（表 8-2～表 8-5）。

③ 产仔记录　包括配种时间、与配公猪耳号、母猪耳号、胎次、母猪体况、配种方式、预产日期、分娩日期、产仔情况、出生窝重、初生活体均重等。每头仔猪出生后做好编号，输入档案，形成猪的系谱。断奶日期由产房负责人、接产人员记录（表 8-6、表 8-7）。

（2）疾病记录

① 病原的记录　记录本场存在哪些病原，即以往猪场内曾发生过疫病，根据其特点现在是否还有可能存在于猪场内，其一般感染何种猪群、感染的时间、该病原的抗药性、有何预防药物。由兽医室负责人记录（表 8-8）。

② 用药记录管理　记录好本场常用哪些药物，每种药物用药剂量，每次使用效果如何，是否做过药敏试验。由兽医室负责人记录。

③ 种猪的疾病管理　建立种猪的健康档案，记录其每次发病、治疗、康复情况，并对康复后公猪的使用价值进行评估。由兽医室负责人记录（表 8-3～表 8-8）。

记录种猪的免疫接种情况：每年接种的疫苗种类、生产厂家、接种时间、当时的免疫反应及抗体监测时的抗体水平。由兽医室负责人记录（表 8-9、表 8-10）。

记录母猪是否发生过传染病：是否有过流产、死胎、早产，是否有过子宫内膜炎，是否出现过产后不发情或屡配不孕及处理的情况记录。由配种舍负责人记录。

（3）猪群动态记录　记录各猪舍的猪群变动情况，包括出生、入栏、出栏、淘汰、出售和死亡等情况。由各猪舍饲养员负责记录（表 8-11、表 8-12）。

（4）配料记录　包括饲料品种、配料计划、配料日期、数量、投药情况、出仓记录等。由配料车间负责人记录（表 8-13、表 8-14）。

（5）生产报表　各生产线、各猪舍的猪群变动情况，包括存栏、入栏、出栏、淘汰、出售和死亡等情况。

母猪舍还包括产仔胎数、头数、仔猪情况等。由各生产线负责人统计。

每周、每月、每季、每年都要进行一次全面统计，具体参见表 8-15～表 8-18。

三、数据管理

规模化猪场的数据是十分庞大而复杂的，为了让数据发挥充分的作用，需要建立强大的数据管理体系，从而确保数据的真实性、及时性，以及分析方法的正确性。具体操作简述如下。

1. 真实性

（1）每类报表逐级层层核对。为此一些关键报表需要多联制，便于取出复写表格核对。

（2）组内现场核对。定期不定期进行现场盘点，抽查饲养员数据填写的真实性。

（3）组间关联数据核对，历史关联数据核对，场部从另一个侧面核对数据的真实性。

（4）分公司再次核对。分公司组织人力对一些关键数据进行盘点核对。

（5）总公司职能部门不定期抽查。

（6）计算机数据录入系统利用逻辑关系对数据真实性进行判定。

2. 及时性

（1）根据各类报表的及时性需求，对不同报表的录入时间进行规定，尤其是月底（或财务月末）及时录入。

（2）对数据录入人员进行规定，确保休假有人顶班。必要时设立专门数据录入人员。

3. 计算方法到位

在数据录入计算机系统以后，常常需要简单加工才能形成各类报表，有的甚至需要很复杂的关联计算才能得到最终结果，这些都需要系统的计算方法科学合理。需要不断对系统输出数据进行核对，对计算方法进行优化，甚至建立交叉检验方法验证数据处理结果的有效性。

当一个公司有多个猪场，情况也就有多种，技术人员应不断优化数据的计算与处理方法，做到客观公平反映各单位的生产情况。好的计算方法更易于发现隐性问题。

四、数据分析方法

通过计算机的帮助与处理，输出各类表格供从业者分析问题。而直接的数据常常只代表了一个时间点，并不能对数据的优劣做出判定，为了便于发现问题，需要建立一套数据分析对比的方法。常用的生产数据分析方法有很多，以下列举几个常用的方法供参考。

1. 与生产标准比较

将输出数据与标准比较，从而发现生产的优缺点，这是临床生产中最常用的方式。比如胎均总仔、胎均断奶活仔、产房死淘率、保育死淘率等建立标准预警范围，超出则视为异常。

2. 同比、环比

所谓同比，即与往年同月进行比较；所谓环比，即与本年度往期比较（常常比较上个月情况）。与往年同月比较，是考虑每年的气候相对恒定，理论上生产成绩受气候的影响是一致的，从而看出今年的生产水平优劣；与前几个月比较，是考虑生产的延续性，生产成绩通常有一个梯度变化的规律，分析这种规律，可以衡量气候的影响，也可以大致判断生产的走势，从而判定生产的状况。比如分析本月配种分娩率，可以与去年同期比，也可与上月比较。

3. 横向对比

即与兄弟单位对比。大家处于同样的气候条件下，同样的生产模式，生产成绩是否也一致，如果不同，查找原因。通过横向比较，常常容易发现本单位的不足，也能快速找到生产操作中存在的问题，明确未来努力的方向，并学习优秀单位的做法，快速改进本单位的生产成绩。

4. 分析数据变化趋势

比如逐周、逐月分析数据走势，预测未来生产可能的变化规律。常常可以借用往年同期或前几个月的数据变化规律，预测当前的生产状况。比如分析胎均总仔的变化趋势，根据往年逐月的变化规律，大致是6～9月份最低，其中7月为最低谷，然后逐步上升，至第二年3～4月份为最高峰。从这些情况可以判定一年的生产水平，进而分析出工作的主要矛盾。

表 8-1　公猪卡

基本信息	公猪耳号			系别		
	出生日期			进入生产群日期		
血统	父亲		祖父		祖母	
	母亲		外祖父		外祖母	
免疫记录	疫苗名称		免疫时间		剂量	备注
健康记录						

表 8-2　一种猪场种猪档案卡（正面）

编号：　　　　品种：　　　　耳号：

性别		出生日期		同窝头数		
出生重/kg		出生地		乳头数量	左	右
毛色		初配年龄		与配猪号		
断乳体重		进场日期		出场日期		
外形特征				级别		

	配种记录				产仔记录					断奶记录			留种头数
胎次	配种日期	与配公猪号	复配日期	预产日期	实产日期	正常头数	弱仔	死胎	成活	断奶日期	头数	窝重	
1													
2													
3													
4													
5													
6													
7													
8													
9													
10													

表 8-3 _____种猪场种猪档案卡（背面）
免疫用药记录

项目	猪瘟	蓝耳病	细小病毒	伪狂犬	喘气病	口蹄疫	丹肺二联	仔猪黄白痢	乙型脑炎
免疫时间									
剂量									
免疫时间									
剂量									
免疫时间									
剂量									
免疫时间									
剂量									
注苗时间									
剂量									

表 8-4 _____种猪场种猪系谱卡

编号：   品种：   耳号：

性别		出生日期		出生重/kg		
出生地		断乳体重		乳头数量	左	右
出生胎次		进场日期		级别		
外形特征				种畜禽许可证编号		

耳号：	父号：	父父号：	父父父号：
			父父母号：
		父母号：	父母父号：
			父母母号：
	母号：	母父号：	母父父号：
			母父母号：
		母母号：	母母父号：
			母母母号：

表 8-5 发情鉴定记录表

日期	时间		栏位		耳号	发情表现					备注
	上午	下午	舍	栏		爬跨其它猪	对公猪敏感	接受爬跨	静立反射	阴道分泌物	

表 8-6　猪场配种、产仔记录表　　　　　　　　　（单位：头、kg）

配种时间	与配公猪耳号	母猪耳号	胎次	配种方式	母猪体况	预产日期	分娩日期	产仔情况				出生窝重	初生活体均重	备注
								仔数	健仔	弱仔	死仔			

表 8-7　母猪批次生产计划分娩记录

年 月 日——　年 月 日　第（　）批次

序号	位置	分娩日期	母猪耳号	胎次	窝号	与配公猪	总产仔	活仔数	死亡					哺乳数	第一天			第三天			第十天	断奶日	头数	备注
									难产	死胎	木乃伊胎	畸形	弱仔		滴鼻	称重	耳缺	补铁	断尾	去势	支原体			
1																								
2																								
3																								
4																								
5																								
6																								
7																								
8																								
9																								
10																								

表 8-8　猪场疫病诊疗记录表

时间	生猪标识编码	圈舍号	日龄	发病数/头	病因	诊疗人员	用药名称	用药方法	诊疗结果

表 8-9　生猪养殖场防疫监测记录

采样日期	圈舍号	采样数量/头	监测项目	监测单位	监测结果	处理情况	备注

表 8-10 免疫记录表

圈舍号	免疫日期	猪只种类	疫苗种类	批号	产地	使用剂量	使用方法	免疫头数	技术员

表 8-11 保育、育肥猪转猪单

序号	转出猪舍			变动明细																						转入猪舍		
	阶段	舍号	正品头数	次品头数	公				母				自留公				自留母				肉猪	合计头数	重量/kg	日龄/天	阶段	舍号	正品头数	次品头数
					D	L	Y	F₂	D	L	Y	F₂	D	L	Y	D	L	Y	F₂								

注：D 表示杜洛克猪，L 表示长白猪，Y 表示大白猪，F₂ 表示杂交二代。

表 8-12 种猪转舍单

表 8-13　饲料加工量记录　　　　　　　　　　　单位：kg

栋号	颗粒料 20kg/包			保育料			小猪料			种猪料			育肥猪料			公猪料			妊娠料			哺乳料			备注
	加工	出库	库存	加工	出库	库存	加工	出库	库存	加工	出库	库存	加工	出库	库存	加工	出库	库存	加工	出库	库存	加工	出库	库存	

表 8-14　每栋每日耗料统计表　　　　　　　　　　单位：kg

栋号	存栏	大猪料	中猪料	保育料	后备料	小猪料	哺乳料	怀孕料	公猪料	合计	平均喂量
小计											

表 8-15　猪场月配种记录表

时间：　　年　月　日——　　月　日

(断奶)母猪编号	配种日期	胎次	断奶日期	发情间隔	1次公猪	方法	配种状态	2次公猪	方法	配种状态	第一次返情鉴定日期（+21天）	第二次返情鉴定日期（+42天）	妊娠诊断日期	预产期

表 8-16　月断奶记录表

时间：　　年　月　日——　　月　日

(断奶)母猪编号	胎次	断奶日期	分娩日期	断奶天数	健仔数	死亡	淘汰	腹泻	寄养	断奶头数	总体重/kg	平均体重/kg	断奶母猪体型指标	断奶方法	哺乳病例特记事项
合计/平均															

注：断奶母猪体型指标（BCS）：1～5；断奶方法：1.正常，2.早期断奶，3.哺乳期死亡，4.代母作用；哺乳病例特记事项：填投药程序。

表 8-17 猪场月分娩记录表

时间： 年 月 日———— 月 日

（断奶）母猪编号	胎次	分娩日期	配种日期	妊娠天数	体型指标BCS	诱导分娩	分娩状态	总产仔数	木乃伊胎	死胎	畸形	弱仔	哺乳开始头数	总体重/kg	平均/kg	断奶日期
合计/平均																

注：体型指标（BCS）：1~5；诱导分娩：有/无；分娩状况：1. 顺产，2. 难产，3. 早产。

表 8-18 猪只异常处理申请表

舍号： 第（ ）批 年 月 日

序号	阶段	数量/头	重量/kg	淘汰/死亡	处理原因	处理方式	备注
1				□淘汰□死亡			
2				□淘汰□死亡			
3				□淘汰□死亡			
合计							

情况说明：

饲养员： 日期：

批示：

主管： 日期：

批示：

场长： 日期：

注：1. 处理方式：A. 种猪转肉猪；B. 销售；C. 安乐死；D. 深埋；E. 其他。
2. 一式三联，饲养员、统计员、财务各持一联。

➤ 任务实施与评价

详见《学习实践技能训练工作手册》。

➤ 任务拓展

猪场管理软件

系统机构：

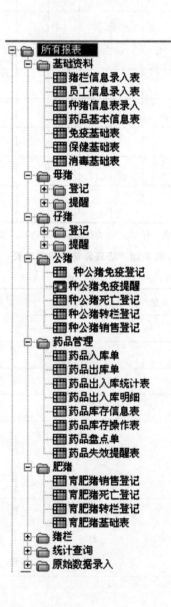

一、软件操作导航

1. 软件导航界面

导航界面：用填报精灵输入用户名和密码登录系统以后，首先进入软件的导航窗口，导航界面如下图：

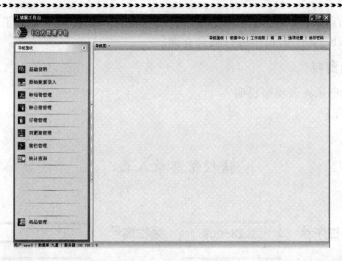

软件分九个模块，在导航栏左侧九个模块分别是基础资料、原始数据录入、种母猪管理、种公猪管理、仔猪管理、育肥猪管理、猪栏管理、统计查询、药品管理。

2. 数据中心——数据查看

进入数据中心查看数据：通过导航工具条的按钮点击进入数据中心，导航工具条数据中心按钮如下图：

点击数据中心按钮，进入数据中心界面如下图：

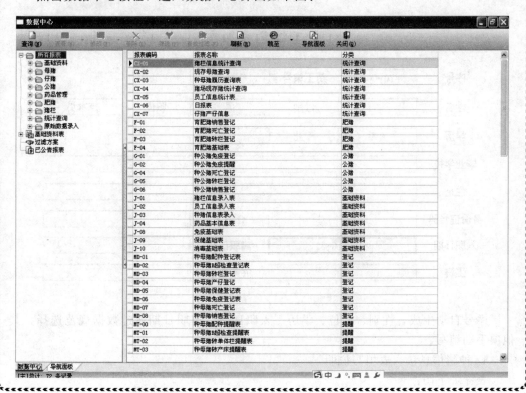

在数据中心点击查找过滤，弹出数据过滤项窗口，在窗口中显示了表中的所有字段数据项，可以对每个数据项进行组合查询。

二、基础资料

1. 猪栏信息录入表填写说明

表样如下图：

猪栏信息录入表

猪栏序号	ZLXH-009	猪栏编号	01
猪栏类别	空怀母猪栏	猪栏位置	
饲养员	张三		

猪栏序号自动生成，猪栏类别，饲养员通过数据规范选择，猪栏编号、猪栏位置手动填写。

2. 员工信息录入表填写说明

表样如下图：

员工信息录入表

序号	YG-004	员工编号			
姓名		性别	男	职位	技术员
学历	大专	专业			
毕业学校					
住址					
身份证号码		介绍人			
入职日期	2011-10-31	离职日期			
工资		联系电话			

序号自动生成，性别、职位、学历、入职日期、离职日期通过数据规范选择，其他项手动填写。

3. 种猪信息录入表填写说明

表样如下图：

种猪信息录入表

猪只ID：	YY1122	品种：	长白
个体号：	YY1122	品系：	
耳缺号：	YY1122	性别：	母猪
出生日期：	2011-10-31	出生重(公斤)：	
胎次：		70日龄重(公斤)：	
同窝仔猪数：		左乳：	
出生场：		右乳：	
父猪耳号：	QQ11111	母猪耳号：	09999
猪栏类别：	空怀母猪栏	猪栏编号：	01

　　出生日期、父猪耳号、母猪耳号、猪栏类别、猪栏编号通过数据规范选择，其他项手动填写。

　　4.药品信息表填写说明

　　表样如下图：

药品基本信息表

序号	YP-008	类别	免疫药品	名称	瘟疫
生产厂家				规格	
用途					
备注					

　　序号自动生成，类别通过下拉列表选择，其他项手动填写。

　　5.免疫程序基础表填写说明

　　表样如下图：

免疫程序基础表

猪类别　后备母猪

免疫时机	免疫天数	疫苗种类	方法	剂量	生成厂家	备注
205日龄	205	瘟疫	肌注	2头份	广东	脾淋苗
212日龄	212	伪狂犬	肌注	2ml	柏林格	基因缺失苗
219日龄	219	蓝耳病	肌注	2ml	柏林格	弱毒苗
233日龄	233	口蹄疫	肌注	3ml	兰州	
226日龄	226	细小病毒	肌注	2ml	上海	
226日龄	226	丹毒、肺疫	口服	2倍量		

　　猪类别通过下拉列表选择，录入对应的免疫基础信息。

6. 保健基础表填写说明

表样如下图：

保健基础表

猪类别   保育仔猪

保健时机	保健项目	方法	剂量	天数	备注
断奶第二周	氟苯尼考、强力霉素	拌料	按说明		5-7天
断奶第三周	康达	拌料	按说明		7天
断奶第五周	氟苯尼考、强力霉素、电解多维	拌料、饮水	按说明		5-7天

猪类别通过下拉列表选择，录入对应的免疫基础信息。

7. 消毒基础表填写说明

表样如下图：

消毒基础表

录入日期   2011-10-15

猪栏类别	消毒时机	药物	浓度	方法	备注	天数
产床	三天一次	戊二醛	0.5%	带猪喷洒		3
保育仔猪栏	三天一次	戊二醛	0.5%	带猪喷洒		3
空怀母猪栏	每周一次	戊二醛	0.5%	带猪喷洒		7
妊娠	每周一次	戊二醛	0.5%	带猪喷洒		7
育肥猪栏	每周一次	戊二醛	0.5%	带猪喷洒		7

三、原始数据的录入

1. 种公猪免疫原始信息录入表

表样如下图：

种公猪免疫原始信息录入表

录入日期   2011-10-21

序号	公猪品种	公猪耳号	猪栏编号	猪栏类别	疫苗种类	方法	剂量	生成厂家	免疫日期	备注
1	长白	66655	01	公猪栏	猪瘟	肌注	2头份	广东	2011-10-21	脾淋苗
2	长白	66655	01	公猪栏	丹毒、肺疫	口服	2ml		2011-10-21	
3	长白	66655	01	公猪栏	细小病毒	肌注	2ml	上海	2011-10-21	
4	长白	66655	01	公猪栏	蓝耳病	肌注	2ml	柏林格	2011-10-22	弱毒苗
5	长白	66655	01	公猪栏	伪狂犬	肌注	2ml	柏林格	2011-10-23	基因缺失苗

录入日期、免疫日期通过数据规范选择，公猪耳号通过数据规范选择，选择后公猪品种、猪栏编号、猪栏类别自动填充，选择疫苗种类后，疫苗其他信息自动填充。

2. 种母猪免疫原始信息录入表

表样如下图：

种母猪免疫原始信息录入表

录入日期　2011-10-18

序号	母猪品种	母猪耳号	猪栏编号	猪栏类别	疫苗种类	方法	剂量	日期	生成厂家	免疫日期	备注
1	大白	11	01	母猪单体栏	伪狂犬	肌注	2ml	4个月一次	柏林格	2011-10-18	基因缺失苗
2	大白	11	01	母猪单体栏	蓝耳病	肌注	2ml	3个月一次	柏林格	2011-10-20	弱毒苗，减少应激
3	大白	11	01	母猪单体栏	口蹄疫	肌注	3ml	3个月一次	兰州	2011-10-21	多肽
4	大白	11	01	母猪单体栏	丹毒、肺疫	口服	2倍量	春秋各一次		2011-10-22	

　　录入日期、免疫日期通过数据规范选择，母猪耳号通过数据规范选择，选择后母猪品种、猪栏编号、猪栏类别自动填充，选择疫苗种类后，疫苗其他信息自动填充。

四、种母猪管理

1. 种母猪配种登记

表样如下图：

种母猪配种登记表

配种编号　PZ-083　　配种员　张三

序号	母猪品种	产次	母猪耳号	猪栏编号	猪栏类别	公猪品种	公猪耳号	一次日期	二次日期	三次日期
1	大白		6	02	空怀母猪栏	杜洛克	rrrr	2011-10-30	2011-10-31	2011-10-31

　　配种编号自动生成，配种员通过数据规范选择，通过母猪耳号选择母猪信息，通过公猪耳号选择公猪信息，一次、二次、三次日期通过数据规范选择。填写完，点击左上角的保存按钮。

2. 种母猪产仔登记

表样如下图：

母猪产仔登记表

母猪耳号　6　　母猪品种　大白　　猪栏编号　02　　猪栏类别　产床　　胎次

与配公猪　rrrr　　分娩日期　2011-11-1　　仔猪窝号　r098　　总产仔数　10　　合格数量

软弱　　　头　　死胎　　　头　　木乃伊　　　头　　畸形　　　头　　憋死　　　头

公　5　头　　母　5　头　　合计　10　头　　活仔猪数

个体号	性别	出生重	仔猪耳号	猪栏类别	猪栏编号
1	公猪	2.3	r09801		
2	公猪	2.3	r09802		
3	公猪	2.3	r09803		
4	公猪	2.3	r09804		
5	母猪	2.3	r09805		
6	公猪	2.3	r09806		
7	母猪	2.3	r09807		

五、仔猪管理

1. 提醒

提醒包括：3 日龄打耳号、剪牙（剪犬齿）、断尾提醒，7 日龄去势提醒，28 日龄转群提醒，70 日龄转群提醒，仔猪保健提醒，仔猪免疫提醒。

3 日龄打耳号、剪牙、断尾提醒表样如下图：

3日龄仔猪打耳号、剪牙、断尾提醒

起始日期　2011-11-1　　截止日期　2011-11-4

序号	猪栏类别	猪栏编号	仔猪窝号	出生日期	操作提醒日期
1	产床	02	r098	2011-11-1	2011-11-4

2. 登记

登记包括：3 日龄仔猪打耳号、剪牙、断尾登记，28 日龄称重登记，28 日龄转群登记，70 日龄称重登记，70 日龄转群登记，仔猪断奶登记，仔猪保健登记，仔猪免疫登记，仔猪销售登记，仔猪死亡登记。

（1）3 日龄打耳号、剪牙、断尾登记表样如下图：

仔猪3日龄打耳号、剪牙、断尾登记

查询日期　2011-11-4

序号	猪栏类别	猪栏编号	仔猪窝号	操作提醒日期	完成状态
1	产床	02	r098	2011-11-4	已完成

选择查询日期，显示查询日期内需要登记的信息，完成状态选择已完成，点击左上角保存按钮。

（2）28 日龄称重登记表样如下图：

28日龄称重登记

单位：kg　查询日期　2011-11-29　称重日期　2011-11-1　统计员　张三

母猪耳号	分娩日期	仔猪窝号	个体号												头数	总重
			1	2	3	4	5	6	7	8	9	10	11	12		
6	2011-11-1	r098	23.2	23.2	23.2	23.2	23.2	23.2	23.2	23.2	23.2	23.2			10	232.0

选择查询日期，显示查询日期内需要登记的信息，填写重量，填写完点击左上角的保存按钮。

（3）28 日龄转群登记表样如下图：

28日龄仔猪转栏登记

查 询

| 查询日期 | 2011-11-30 | 转栏日期 | 2011-11-29 | 经办人 | 张三 | 转栏编号 | ZZZL-20111101001 |

序号		原栏类别	原栏编号	仔猪窝号	仔猪耳号	新栏类别	新栏编号	提醒日期	备注
☑	1	产床	02	r098	r09801	保育仔猪栏	01	2011-11-29	
☑	2	产床	02	r098	r09802	保育仔猪栏	01	2011-11-29	
☑	3	产床	02	r098	r09803	保育仔猪栏	01	2011-11-29	
☑	4	产床	02	r098	r09804	保育仔猪栏	01	2011-11-29	
☑	5	产床	02	r098	r09805	保育仔猪栏	01	2011-11-29	
☑	6	产床	02	r098	r09806	保育仔猪栏	01	2011-11-29	
☑	7	产床	02	r098	r09807	保育仔猪栏	02	2011-11-29	
☑	8	产床	02	r098	r09808	保育仔猪栏	02	2011-11-29	
☑	9	产床	02	r098	r09809	保育仔猪栏	02	2011-11-29	
☑	10	产床	02	r098	r09810	保育仔猪栏	02	2011-11-29	

（4）仔猪免疫登记表样如下图：

仔猪免疫登记

查 询

| 查询日期 | 2011-11-22 | 免疫日期 | 2011-11-22 |

序号		母猪耳号	猪栏类别	猪栏编号	仔猪窝号	免疫时机	疫苗种类	方法	剂量	生产厂家	批号	提醒日期
☑	1	6	产床	02	r098	21天	猪瘟、链球菌苗	肌注	2头份	广东		2011-11-22

任务二 猪场生产成本及其控制

➤ 任务描述

在养猪生产中要达到好的经济效益，掌握生产经营过程中各种消耗的增减变化规律以及资金流动规律才能有效地组织好养猪生产。成本核算对养猪场的经营效果、盈利多少具有决定性作用。善于经营的猪场，一方面从优良品种入手，提高瘦肉率、改善胴体品质；另一方面从各方面降低成本，尤其是饲料和仔猪成本（两项之和约占养猪成本的 90%），才能实现较高盈利。

➤ 任务分析

猪成本核算是猪场落实经济责任制、提高经济效益不可缺少的基础工作，猪场的耗费和支出，应符合经济有效的原则，只有从产品单位耗费水平的高低才可以反映出来。一般来讲，一个猪场的单位活重成本水平越低，其获利能力就越强；反之，其获利能力就差。及时正确地进行产品成本核算，可以反映和监督各项生产费用的发生和产品成本的形成过程，从而凭借实际成本资料，及与计划成本的差异，分析成本升降的原因，揭示成本管理中的薄弱环节，不断挖掘降低成本的潜力，做到按计划、定额使用人力、物力和财力，达到预期的成本目标。

➤ 任务资讯

从企业的角度看，经营猪场的最终目的是盈利。所以在猪场的经营管理过程中，不但要通过先进技术、先进装备和先进的管理使猪只的生产性能得到充分发挥，而且要高度重视成本管理，通过尽可能控制和降低成本，从而获得更多的利润。

一、成本核算

养猪生产中的各项消耗，有的直接与产品生产有关，这种开支叫直接生产成本，如饲养人员的工资和福利费、饲料、猪舍的折旧费等；另外还有一些间接费用，即管理费用（如场长等管理人员的工资和各项管理费等）、销售费用（销售人员费用、广告宣传等）、财务费用（利息等）。

1. 成本项目与费用

① 劳务费：指直接从事猪生产的饲养人员的工资和福利费。

② 饲料费：指饲养各类猪群直接消耗的各种精饲料、粗饲料、动物性饲料、矿物质饲料、多种维生素、微量元素和药物添加剂等的费用。

③ 燃料和电费。

④ 医药费：猪群直接消耗的药品和疫苗费用。

⑤ 固定资产折旧费。

⑥ 固定资产维修费。

⑦ 低值易耗品费：指当年报销的低值工具和劳保用品的价值。

⑧ 其他直接费：不能直接列入以上各项的直接费用，如接待费等。

⑨ 管理费：非直接生产费，即共同生产费，如管理人员的工资及其他管理费。

⑩ 财务费用：主要指贷款产生的利息费用。

2. 成本的计算

根据成本项目核算出各类猪群的成本后，并计算出各猪群头数、活重、增重、主副产品产量等数据，便可以计算出各猪群的饲养成本和产品成本。在养猪生产中，一般要计算猪群的饲养日成本、增重成本、活重成本和主产品成本等，其计算公式如下：

猪群饲养日成本＝猪群饲养费用/猪群饲养头日数

断乳仔猪活重单位成本＝断乳仔猪群饲养费用/断乳仔猪总活重

商品猪单位增重成本＝（肉猪群饲养费用－副产品价值）/肉猪群总增重

主产品单位成本＝（各群猪的饲养费－副产品价值）/各群猪主产品总产量

养猪生产中断乳仔猪和肉猪为主产品，副产品一般为粪肥、自产饲料等。

3. 盈亏核算

总利润（或亏损）＝销售收入－生产成本－销售费用－税金±营业外收支净额

➤ 任务实施与评价

详见《学习实践技能训练工作手册》。

➤ 任务拓展

成本是商品经济的价值范畴，是商品价值的组成部分。人们要进行生产经营活动或达到一定的目的，就必须耗费一定的资源（人力、物力和财力），其所耗费资源的货币表现及其对象化称之为成本。随着商品经济的不断发展，成本概念的内涵和外延都处于不断地变化发展之中。

二、生产成本支出与控制

1. 生产成本支出

规模化猪场的费用按其经济用途不同可分为生产成本（制造成本）和期间费用两类。

视频：生产成本
支出与控制

（1）生产成本 主要是指与养猪生产直接有关的费用。这类费用有的直接用于养猪生产，有的则用于管理与组织养猪生产。其划分的若干成本项目大致有：生产区内工作人员的工资、奖金及津贴；分别按工资总额按国家规定提取的福利费、工会费、教育费；各猪群耗用饲料费；兽药费；种猪费用摊销；生产区内能直接计入各猪群的猪舍和专用机械设备设施的固定资产折旧费；生产区内能直接计入各猪群的低值工具、器具和生产区人员劳保用品的摊销等低值易耗品费用；猪场耗用的全部燃料费；猪场耗用的全部水电费；零配件购置及修理费；办公费；生产用运费；差旅费等。

（2）期间费用 指猪场在生产经营过程中发生的，与养猪生产活动没有直接联系，属于某一时期耗用的费用。这些费用容易确定其发生期间和归属期间，但不容易确定它们应归属的成本计算对象。所以期间费用不计入养猪生产成本，不参与成本计算，而是按照一定期间（月份、季度或年度）进行汇总，直接计入当期损益。规模化猪场的期间费用包括管理费用、财务费用、销售费用。

将生产成本和费用合理划分为若干明细科目进行核算，能够反映猪场在一个时期内发生了哪些费用，数额各是多少，可用于分析猪场各个时期各种费用的支出水平，比同期升降的程度和因素，从而为猪场制定增收节支及成本与费用控制目标提供了可靠的依据。据了解，某万头猪场通过财务预算方案的控制，仅饲料费用一项开支，每年就可降低生产成本20万元，这是一个可观的数字。

2. 成本控制

（1）制订成本与费用控制目标，是提高猪场经济效益的有效手段 要对规模化猪场的成本及费用开支做到合理控制，年初就应根据本单位本年度的出栏商品猪头数和预期实现的销售收入，编制出详细的年度成本与费用开支的预算方案，该方案应该包括生产成本和期间费用的所有可列支的明细项目，制订的依据应该是猪场正常生产的情况下，本单位近两年来有关成本和费用支出的平均数值。在本年度的工作中，应根据月度成本与费用支出报表与预算方案进行对比分析，并通过对比分析，可及时发现在成本费用控制计划的执行过程中，哪些指标已经达到和超过以及存在什么问题等。这样，就可在有效使用现有资金、降低行息的同时，有利于抓好内部挖潜、堵塞各种漏洞和不合理的费用支出，从而达到促进增收节支的目的。

（2）制订生产监督与计划完成情况分析表，进一步降低生产成本

① 各环节的原始记录，是实行计划生产的参数和依据。这些参数应包括：哺乳成活率、保育成活率、情期受胎率、产活仔数、每年每头母猪断奶胎数、母猪淘汰率、饲料转化率、日增重、平均出栏天数等。这些参数应是近几年内正常生产的平均数值。在制订生产计划时，各环节的参数一定要齐全，否则所定的计划与实际生产情况差异较大，造成生产过程的堵塞和圈舍的浪费，不利于降低每头出栏猪所分摊的折旧费用。

② 生产组要确定饲料、确定药品、确定工具、确定能源消耗计划。不同环节、不同阶段的猪只对饲料、药品、工具、能源等的需要量也各有不同。把长期以来各环节的实际使用量平均分配到各头猪的数值作为参数，然后以这些参数为依据，计算出各环节的需要量，作为监督生产过程的控制指标。

③ 跟踪生产，适时检查，及时调整。全年生产计划制订以后，整个猪场都围绕这一目标按照生产周程序开展工作，但计划并不代表实际生产成绩，计划与实施往往存在着一定的差距。例如受胎率可随母猪的年龄、胎次、环境条件等的变化而变动较大，原计划每周配种的头数，则往往会出现不同程度的偏差，致使原定每周所产的窝数不一定能按时完成。因此，对猪场生产计划的执行与完成情况应有严格的监督和准确的统计分析，从中找出未完成任务的原因，提出解决问题的办法，以便在下周和以后的工作中予以弥补，确保年度生产计划的按时完成，进而降低养猪成本。

④ 注意捕捉市场信息，努力做到适时出栏，以降低饲料成本。日增重是影响养猪经济效益的主要性状之一。猪的日增重不是随时间的推移而呈直线上升的。随着体重的增加，猪体对自身生命活动所需的基本维持营养需要也相应增加。因此，为了取得养猪效益的最大化，猪场的经营者应以肥育猪的料重比为参考（因为在肥育后期投入的成本主要是饲料成本），与市场售价作比较，确定适宜的出栏体重。若肥育后期猪的料重比按 3.8 计算，在前段时间出栏猪卖价 13 元/kg、全价饲料 2.79 元/kg 的形势下，肥育猪每增重 1kg 需投入的饲料成本为 10.6 元，与 13 元/kg 的卖价相比，仍有 2.4 元/kg 的盈利空间。这样，将体重 95kg 的肥育猪延长至 100kg 出栏，就能多增加收益 12 元，一个万头猪场就能多收益 12 万元。相反，在市场售价降低的情况下，上述操作就有可能不赚钱甚至出现亏本。因此，在低价位下养大猪不合算时，就要适当降低肥育猪的出栏体重，这也是降低饲养成本的有效途径。

⑤ 选择使用优良种猪，降低养猪生产成本。使用优良种猪，确定理想的杂交组合模式是控制养猪生产成本的有效措施之一。好的品种和杂交组合与地方猪相比，具有生长快、耗料少、瘦肉率高、适应性强的特点，在相同饲养条件下即使生产成本相同，所得经济效果也明显不同。

在种猪的管理方面，要及时淘汰生产成绩不佳的母猪，提高生产成绩。这些母猪包括：胎次在 8 胎以上的、经常发病的（如母猪乳房炎、子宫炎、无乳综合征、呼吸道病综合征等）、产仔数少的（10 头以下/胎）、母乳不足的、有肢蹄病的、连续 3 个情期配不上种的、母性差的、习惯性流产的等。

⑥ 管好用好饲料，促进增收节支。根据本单位各生产猪群的存栏量，参照各类猪只的营养标准计算出全价饲粮的定额日喂量后，就可以计算出每日、每周和全年的饲料用量，在考虑到饲料运输、贮藏、加工过程中的正常损耗量后，应制订出月度（或季度）饲料供应和贮存计划，这样就能在筹资方面做到有的放矢，有利于降低行息和饲料因管理方面的原因导致的损耗。

a. 把好收购关：对无质量保证以及含水分较高的饲料，坚决不购；对于所购麸皮，为保证其质量，要与大型面粉厂建立长久的业务关系；在购买高蛋白饲料特别是鱼粉时，一定要先抽检、验质合格后再进货。

b. 把好储运关：饲料入库前，仓库要保证通风干燥，应有防雀设施；全场要定期灭鼠除虫，以减少不必要的饲料损失。在运输过程中，对包装和装卸的设施，力求严密，以免散失饲料。饲料入库时，保管员要先行入库核实，对饲料的含水量进行测定，超过规定的限度，必须晒干并散热后，方能储存，以防霉烂变质。

c. 把好饲料的配制和加工混合关：制订全价的饲料配方是促使猪只健康生长的可靠保证；同时，要严格按照所定的配方认真对原料过磅称重是保证饲料营养水平的关键。为此，猪场应选择工作责任心强的人员担负全场饲料的配制和加工混合工作，不提倡把料精分给饲养员让其自行加工配制混合的方法。

对种猪饲料的配制，应在考虑钙磷平衡的前提下，尽可能少使用或不使用棉籽饼、菜籽饼等饲料，以防脱毒不力带来繁殖障碍。

根据猪群的营养需要及气候特点制定饲粮配方。饲料成本占养猪总成本的60%～70%左右，是最具挖掘潜力的部分。为此，必须根据猪不同生长阶段的营养需要，科学地配制饲料，如专用哺乳仔猪料、断奶应激料、生长肥育猪料、哺乳母猪料等。另外，还要随季节变化调整饲料配方。一年四季的气温不同，猪对营养的需要也不同，不论饲料厂推荐的配方，还是专家设计的配方，都不可能在一年四季都适用。如冬季用高蛋白配方，会造成蛋白质的浪费，夏天用高能配方又会造成能量的浪费等。

（3）做好环境控制，是降低养猪成本的重要条件　育肥猪的最适宜温度为15～23℃。天气寒冷时猪的采食量加大，同时需要消耗更多的能量维持体温，饲料用于生产的效率不高。猪皮下脂肪厚，体内热能散发较慢，并且汗腺退化，不能以大量排汗方式散发体内热量，对热应激比较敏感，因此，在天气炎热的条件下，猪采食量少，消化功能减弱，饲料利用率不高。因此，努力做好猪舍的合理环境控制，确保猪只健康、快速生长，也是降低养猪成本的必要措施。

（4）采取有力措施，降低疾（疫）病损失

① 采取措施，防止外疫传入，包括谢绝外人参观、严格进场消毒、消灭老鼠和蚊蝇、对引进种猪实行严格隔离等。

② 应在认真做好抗体检测的基础上，制定出本场科学的免疫程序，要求免疫注射率达到100%，以增强猪只的抗病力。

③ 要根据各类猪只的具体情况，认真做好驱虫保健工作，以确保猪只体质健康。

④ 认真做好消毒灭源工作。

要求每转进一批猪只前，均要对设备及地面进行严格的高压冲洗和常规消毒，认真执行转出→清洗→消毒→干燥→再转进制度。消毒后的干燥时间不少于7天。

⑤ 应根据本场近年来（尤其是近两年来）疾（疫）病流行特点，做好猪群的群体药物预防工作，以防止疫病发生。

⑥ 确保生产区外环境的清洁卫生。圈舍周围的杂草、脏物要及时清除，以防躲藏鼠类和滋生蚊蝇；舍外的粪尿沟要定期进行消毒；职工食堂每周应用3%～4%氢氧化钠溶液消毒一次，场区每半个月应大消毒一次，消毒的重点区域是人、猪经常通行的道路。对病猪走、卧、排粪尿的地方，要反复进行消毒。

⑦ 及时处理饲养无价值的猪。无价值猪主要是一些病弱僵猪。南京农业大学吴增坚教授曾提出的"五不治"病猪都属无价值猪，即无法治愈的猪。治愈后经济价值不大的猪，治疗费工费时的猪，传染性强、危害性大的猪，治疗费用过高的猪等。

（5）重视购销环节的管理工作，减少不必要的经济损失。

任务三　制定猪场管理技术岗位工作规范

➤ 任务描述

岗位职责是企业实施标准化管理的基本制度，它明确了岗位的主要工作内容和基本要求。岗位责任分工以层层管理、分工明确、场长负责制为原则。具体工作专人负责；既有分工，又有合作；下级服从上级；重点工作协作进行，重要事情通过场领导班子研究解决。生产操作规程是各生产岗位的操作说明书，各岗位干什么、怎么干都由操作规程规定。生产操作规程是生产技术的集中体现，要将技术核心应用到生产中，将其变为生产操作规程。

➤ 任务分析

岗位责任制是对每个岗位的工作和所负责任做出的明确规定，是连接各部门、各环节的纽带。要求责任明确，可使用"负责""完成""协助完成"等字眼。如饲养员负责饲喂和卫生工作，协助转群工作。生产操作要求具体和程序化，有先后顺序、时间、地点和范围。如接产工作先准备保温设备，再准备接产用具；在开始分娩前清洗母猪的阴户和后躯；在仔猪娩出后，先擦干仔猪身上的黏液，迅速让其吃初乳等。再如，每天喂3次，每次2kg，每三天消毒一次等。生产操作规程要明确具体，要让新员工参考该规程也能马上开始工作。

➤ 任务资讯

一、猪场岗位设置与职责

岗位设置包括健全的劳动组织和劳动制度，贯彻生产岗位责任制，定出合理的劳动定额和劳动报酬，使每个人责任明确、工作有序，坚决杜绝互相推诿、生产窝工等现象。最终目的是调动每个人的积极性，提高劳动生产率和养猪经济效益。

视频：猪场岗位设置与职责

1. 健全的劳动组织和劳动制度

猪场的劳动组织根据猪场的各项工作性质进行分工，使干部、职工进行最佳组合，明确每个人的责任，使之相互独立又相互协作，达到提高劳动生产率的目的。各部门的基本职责如下。

（1）管理方面　包括场长、副场长等。职责是负责全场发展计划的制订，对生产经营活动具有决策权和指挥权，合理调配人力，做到人尽其才。对职工有按条例奖罚权；安排生产，指挥生产，检查猪群繁殖、饲养、疾病防治、生产销售、饲料供应等关键性大事，掌握财务收支的审批及对外经济往来，负责全场职工的思想、文化、专业技术教育及生活管理。

（2）技术方面　包括畜牧、兽医技术人员等，他们在场长的统一领导下负责全场的技术工作。职责是制订各种生产计划，掌握猪群变化、周转情况，检查饲养员工作情况以及各种防疫、保健、治疗工作，疫苗注射部位和操作规程必须准确熟练。同时，还要负责新技术推广、生产技术问题分析、生产技术资料统计等，及时向场长汇报。

（3）饲养方面　主要是饲养员。这类人员要实行责任制，按所饲养猪群制订生产指标、饲料消耗和奖罚制度。他们的职责是按技术要求养好猪，积极完成规定的生产指标，做好本猪群的日常管理、卫生清理工作，注意观察猪群，发现意外或异常情况及时报告。另外，要积极学习养猪技术知识，不断提高操作技能。

（4）后勤管理方面　主要包括财务管理、饲料加工供应及其他服务工作如供销、水电供应、房屋设备维修等。财务管理工作包括日常报账、记账、结账、资金管理与核算、成本管理与核算、生产成果的管理与核算等，并通过报表发现存在的财务薄弱环节，提供给场长，以便及时做出决策，避免造成不可挽回的损失。物资的供应及产品的销售，应本着降低成本、提高效益的原则进行。

猪场的劳动制度是合理组织生产力的重要手段。劳动制度的制定，要符合猪场劳动特点和生产实际，内容要具体化，用词准确，简明扼要，质和量的概念必须明确，经过讨论，领导批准后公布。一经公布，全场工作人员必须认真执行。

2. 确定合理的劳动定额

定额就是集约化猪场在进行生产活动时，对人力、物力、财力的配备、占用、消耗以及生产成果等方面遵循或达到的标准。定额包括以下几个方面的内容。

（1）劳动手段配备定额　即完成一定任务所规定的机械设备或其他劳动手段应配备的数量标准。如运输工具、饲料加工机具、饲喂工具和猪栏等。

（2）劳动力配备定额　即按照生产的实际需要和管理工作的需要所规定的人员配备标准。如每个饲养员应承担的各类猪头数定额、机务人员的配备定额、管理人员的编制定额等。

（3）劳动定额　即在一定质量要求条件下，单位工作时间内应完成的工作量或产量。如机械工作组定额、人力日作业定额等。

（4）物资消耗定额　即为生产一定产品或完成某项工作所规定的原材料、燃料、工具、电力等的消耗标准。如饲料消耗定额、药品使用定额等。

（5）工作质量和产品质量定额　如母猪的受胎率、产仔率、成活率、肉猪出栏率、出勤率、机械的完好率等。

（6）财务收支定额　即在一定的生产经营条件下，允许占用或消耗财力的标准，以及应达到的财力成果标准。如资金占用定额、成本定额、各项费用定额以及产值、收入、支出、利润定额等。

二、目标责任制的制定

目标责任制是进行有秩序的生产、养好各类猪和提高饲养人员积极性的重要措施。

1. 目标责任制

全面落实目标生产责任制，是搞好猪场的成功经验之一。猪场的生产责任制形式多种多样，可用"定、包、奖"来描述。"定"就是定目标、任务，如饲养人员就是定饲养任务、繁殖任务或上交生猪数量等；"包"就是包饲养费用，可以按照上年或前几年各类猪每头的物资消耗、定额平均数和平均价格，计算出各类猪全年的饲料、医药、水电、房舍折旧等费用，再加上管理费，一并包给承包者，实行超支不补、节约归己的原则，促使承包者不断降低生产成本；"奖"即奖罚制度，超额完成目标任务者，奖，反之则罚。这有利于调动承包者的生产积极性，发挥因地制宜的灵活性，最大限度地提高生产水平和经济效益。

目前，一般采用联产承包责任制（产量责任制）或利润承包责任制，即定出全年上缴利润总额，其他一切费用和经营活动由承包者自己安排。上述承包办法适于几年或更长期限的承包；对后勤或科室干部职工，应明确规定出不同岗位和人员在整个经营活动中的任务、责任以及利益和奖励办法，把各项工作都落实在每一个劳动者身上，并实行量化考核，以确保预期目标的实现。

下面列举常用的承包模式。

（1）种公猪饲养组

岗位责任：按要求饲喂、供水、清粪、调教、驱赶、刷拭公猪，与母猪饲养员协作进行试情、配种，做好各项记录。

考核项目：公猪体质、精液品质、母猪情期受胎率。奖惩办法：根据具体情况确定。

（2）空怀、妊娠母猪饲养组

岗位责任：按要求饲喂、供水、清粪。协作配种，母猪保胎，做好各项记录，协助其他人员工作。

考核项目：情期受胎率、产仔窝数、窝产活仔数、母猪体况。奖惩办法：根据具体情况确定。

（3）哺乳母猪饲养组

岗位责任：按要求饲喂、供水、清粪、接产、消毒、护理母猪及仔猪，操作有关设备，做好各项记录．协助有关人员进行防疫、治疗、称重、转群等工作。

考核项目：仔猪断奶成活头数、成活率、个体重、药费开支。奖惩办法：根据具体情况确定。

（4）幼猪培育组

岗位责任：按要求饲喂、供水、清粪、消毒，操作有关设备，做好各项记录，协助有关人员进行防疫、治疗、称重、转群等工作。

考核项目：日增重、成活率、饲料转化率、药费开支。奖惩办法：根据具体情况确定。

（5）生长肥育猪饲养组

岗位责任：按要求饲喂、供水、清粪、消毒，操作有关设备，做好各项记录，协助有关人员进行防疫、治疗、称重、转群与出栏称重等工作。

考核项目：日增重、成活率、饲料转化率、药费开支。奖惩办法：根据具体情况确定。

（6）技术室

岗位责任：协助场长制订生产计划、各项生产技术措施，组织安排好猪群周转，每月统计生产水平变化。对猪场存在的问题进行必要的调查、试验与研究，并提出改进技术管理的意见，制订并落实各项防疫计划与保健措施。治疗猪病、节省药费开支。

考核项目：产活仔总数及各阶段成活率、增重速度、饲料转化率，出栏周期、药费开支。奖惩办法：根据具体情况确定。

（7）财务室

岗位责任：账目日清月结，每月做出成本核算，管理好各项资金，对生产成本及资金周转、使用情况每季度做出书面报告，并提出降低成本、提高资金利用率的措施，及时向场长汇报。

考核项目：账目清楚、准确、及时，成本核算准确，能提出成本与资金运用状况的评价，提出增加效益的具体措施。奖惩办法：根据具体情况确定。

（8）场长

岗位责任：在上级部门领导下，负责猪场的全面经营管理活动的决策、组织、实施工作。主持制订各种制度、计划，保证各种生产经营活动的基本条件，组织技术培训，提高职工素质，组织考核、讲评，调动职工积极性。

考核项目：出栏数、出栏率、全群饲料转化率、盈利额、总投资利润率、职工工作条件及生活条件的改善、群众评议等。奖惩办法：根据具体情况确定。

2. 合理地兑现劳动报酬

依照按劳分配为主、效益优先、兼顾公平的原则，结合猪场生产特点及时地兑现劳动报酬，这是调动工作人员生产积极性和进一步落实目标责任制的重要手段和有效措施。目前，一些养猪企业采用结构工资，工资总额包括基础工资、职务工资、奖励工资三大部分，每一部分所占工资总额的比例可根据具体情况而定。在猪场经营管理中，要充分利用和发挥这个手段，把生产和效益搞上去，要制定合理的计酬办法和标准，按劳动数量和质量给予报酬。

三、猪场饲养管理岗位操作规程

1. 隔离舍（后备猪）饲养管理技术操作规程

（1）工作目标　保证后备母猪使用前合格率在 90% 以上，后备公猪使用前合格率在

80％以上。

（2）操作规程

① 按进猪日龄，分批次做好免疫计划、限饲优饲计划、驱虫计划并予以实施。后备母猪配种前驱体内外寄生虫一次，进行乙脑、细小病毒等疫苗的注射。

② 日喂料两次。母猪 6 月龄以前自由采食，7 月龄适当限制，配种使用前一个月或半个月优饲。限饲时喂料量控制在 2kg 以下，优饲时 2.5kg 以上或自由采食。

③ 做好后备猪发情记录，并将该记录移交配种舍人员。母猪发情记录从 6 月龄时开始。仔细观察初次发情期，以便在第二至第三次发情时及时配种，并做好记录。

④ 后备公猪单栏饲养，圈舍不够时可 2～3 头一栏。后备母猪小群饲养，5～8 头一栏。

⑤ 引入后备猪头一周，饲料中适当添加一些抗应激药物如维生素 C、多维、矿物质添加剂等。同时饲料中适当添加一些抗生素药物如强力霉素、利高霉素、土霉素、卡那霉素。

⑥ 外引猪的有效隔离期约为六周（40 天），即引入后备猪至少在隔离舍饲养 40 天。若能周转开，最好饲养到配种前一个月，即母猪 7 月龄、公猪 8 月龄时。转入生产线前最好与本场老母猪或老公猪混养两周以上。

⑦ 后备猪每天每头喂 2.0～2.5kg，根据不同体况、配种计划增减喂料量。后备母猪从第一个发情期开始，要安排喂催情料，一般比常规喂料量多 1/3，配种后料量减到 1.8～2.2kg。

⑧ 进入配种区的后备母猪每天用公猪试情检查。以下方法可以刺激母猪发情：调圈；和不同的公猪接触；尽量靠近发情的母猪；进行适当的运动；限饲与优饲；应用激素。

⑨ 凡进入配种区后超过 60 天不发情的小母猪应淘汰。对患有喘气病、胃肠炎、肢蹄病的后备母猪，应隔离单独饲养在一栏内；此栏应位于猪舍的最后。观察治疗一个疗程仍未见有好转的，应及时淘汰。

⑩ 后备猪每天分批次赶到运动场运动 1～2h。

⑪ 后备母猪在 6～7 月龄转入配种舍，小群饲养（每栏 5～6 头）。后备母猪的配种月龄须达到 8 月龄，体重要达到 110kg 以上。公猪单栏饲养，配种月龄须达到 9 月龄，体重要达到 130kg 以上。

2. 配种妊娠舍饲养管理技术操作规程

（1）工作目标

① 按计划完成每周配种任务，保证全年均衡生产。

② 保证配种分娩率在 85％以上。

③ 保证窝平均产活仔数在 10 头以上。

④ 保证后备母猪合格率在 90％以上（转入基础群为准）。

（2）操作规程

① 发情鉴定　发情鉴定最佳方法是当母猪喂料后半小时表现平静时进行，每天进行两次发情鉴定，上、下午各一次，检查采用人工查情与公猪试情相结合的方法。配种员所有工作时间的 1/3 应放在母猪发情鉴定上。

母猪的发情表现：阴门红肿，阴道内有黏液性分泌物；在圈内来回走动，频频排尿；神经质，食欲差；压背静立不动，互相爬跨，接受公猪爬跨。

也有发情不明显的，发情检查最有效的方法是每日用试情公猪对待配母猪进行试情。

② 配种

配种程序：先配断奶母猪和返情母猪，然后根据满负荷配种计划有选择地配后备母猪，后备母猪和返情母猪需配够三次。目前规模化猪场全部采用人工授精。

不同阶段母猪的配种间隔如下所述。

经产母猪：上午发情，下午配第一次，次日上、下午配第二、三次；下午发情，次日早配第一次，第三日上、下午配第二、三次，经产母猪两日内配完。断奶后发情较迟（7天以上）的母猪及复发情的母猪，要早配（发情即配）。

初产母猪：当日发情，次日起配第一次，随后每间隔8～12h配第二、三次，一般来说，两日内配完；个别的三日内配完（一、二次配种情况不稳定时，其后配种间隔时间拉长）。超期发情（8.5月龄以上）的后备母猪，要早配（发情即配）。

3. 人工授精技术操作规程

具体见项目三中的任务二相关内容。

4. 分娩舍饲养管理技术操作规程

（1）工作目标

① 按计划完成母猪分娩产仔任务。

② 哺乳期成活率在95％以上。

③ 仔猪3周龄断奶平均体重不少于6.0kg，4周龄断奶平均体重不少于7kg。

（2）操作规程

产前准备：

① 空栏彻底清洗，检修产房设备，之后用消毒药连续消毒2次，晾干后备用。第二次消毒最好采用火焰消毒或熏蒸消毒。

② 产房温度最好控制在22～25℃左右，湿度65％～75％。

③ 检验清楚预产期，母猪的妊娠期平均为114天。

④ 产前、产后3天母猪减料，以后自由采食，产前3天开始投喂小苏打或芒硝，连喂1周，分娩前检查乳房是否有乳汁流出，以便做好接产准备。

⑤ 准备好5％碘酊、0.1％$KMnO_4$消毒水、抗生素、催产素、保温灯等药品和工具。

⑥ 分娩前用0.1％$KMnO_4$消毒水清洗母猪的外阴和乳房。

⑦ 临产母猪提前一周上产床，上产床前清洗消毒，驱体内外寄生虫一次。

判断分娩：

① 阴道红肿，频频排尿。

② 乳房有光泽、两侧乳房外涨，用手挤压有乳汁排出，初乳出现后12～24h内分娩。

接产：

① 要求有专人看管，接产时每次离开时间不得超过半小时。

② 仔猪出生后，应立即将其口鼻黏液清除、擦净，用抹布将猪体抹干，发现假死猪及时抢救，产后检查胎衣是否全部排出，如胎衣不下或胎衣不全可肌注催产素。

③ 断脐用5％碘酊消毒。

④ 把初生仔猪放入保温箱，保持箱内温度在30℃以上。

⑤ 帮助仔猪吃上初乳，固定乳头，初生重小的放在前面、大的放在后面。仔猪吃初乳前，每个乳头的最初几滴奶要挤掉。

⑥ 有羊水排出、强烈努责后1h仍无仔猪排出或产仔间隔超过1h，即视为难产，需要人工助产。

5. 保育舍饲养管理技术操作规程

（1）工作目标

① 保育期成活率在95％以上。

② 60 日龄转出体重在 20kg 以上。

（2）操作规程

① 转入猪前，空栏要彻底冲洗消毒，空栏时间不少于 3 天。

② 每周有一批次的猪群转入、转出，猪栏的猪群批次清楚明了。

③ 刚转入小猪的猪栏里，要用木屑或棉花将饮水器乳头撑开，使其有小量流水，诱导仔猪饮水和吃料。经常检查饮水器。

④ 头两天注意限料，以防消化不良引起下痢。以后自由采食，勤添少添，每天添料 3~4 次。

⑤ 及时调整猪群，强弱、大小分群，保持合理的密度，病猪、僵猪及时隔离饲养。注意链球菌病的防治。

⑥ 保持圈舍卫生，加强猪群调教，训练猪群吃料、睡觉、排便"三定位"。尽可能不用水冲洗有猪的猪栏（炎热季节除外），注意舍内湿度。

⑦ 头一周，饲料中适当添加一些抗应激药物如维生素 C、多维矿物质添加剂等。同时饲料中适当添加一些抗生素药物如强力霉素、利高霉素、土霉素、卡那霉素等。一周后驱体内外寄生虫一次。

⑧ 清理卫生时注意观察猪群排粪情况；喂料时观察食欲情况；休息时检查呼吸情况，发现病猪，对症治疗。严重病猪隔离饲养，统一用药。

⑨ 按季节温度的变化，做好通风换气、防暑降温及防寒保温工作。注意舍内有害气体浓度。

⑩ 分群、合群时，为了减少相互咬架而产生应激，应遵守"留弱不留强""拆多不拆少""夜并昼不并"的原则，可对并圈的猪喷洒药液（如来苏儿），清除气味差异，并后饲养人员要多加观察（此条也适合于其他猪群）。

⑪ 每周消毒两次，每周消毒药更换一次。

6. 生长育肥舍饲养管理技术操作规程

（1）工作目标

① 育成阶段成活率≥99%。

② 饲料转化率（15~90kg 阶段）≤2.7:1。

③ 日增重（15~90kg 阶段）≥650g。

④ 生长育肥阶段（15~95kg）饲养日龄≤119 天。

（2）操作规程

① 转入猪前，空栏要彻底冲洗消毒，空栏时间不少于 3 天。

② 转入、转出猪群每周一批次，猪栏的猪群批次清楚明了。

③ 及时调整猪群，强弱、大小、公母分群，保持合理的密度，病猪及时隔离饲养。

④ 小猪 49~77 日龄喂小猪料，78~119 日龄喂中猪料，120~168 日龄喂大猪料，自由采食，喂料时参考喂料标准，以每餐不剩料或少剩料为原则。

⑤ 保持圈舍卫生，加强猪群调教，训练猪群吃料、睡觉、排便"三定位"。

⑥ 干粪便要用车拉到化粪池，然后再用水冲洗栏舍，冬季每隔一天冲洗一次，夏季每天冲洗一次。

⑦ 清理卫生时注意观察猪群排粪情况；喂料时观察食欲情况；休息时检查呼吸情况；发现病猪，对症治疗。严重病猪隔离饲养，统一用药。

⑧ 按季节温度的变化，调整好通风降温设备，经常检查饮水器，做好防暑降温等工作。

⑨ 分群、合群时，为了减少相互咬架而产生应激，应遵守"留弱不留强""拆多不拆少""夜并昼不并"的原则，可对并圈的猪喷洒药液（如来苏儿），清除气味差异，并后饲养人员要多加观察（此条也适合于其它猪群）。

⑩ 每周消毒一次，每周消毒药更换一次。

⑪ 出栏猪要事先鉴定合格后才能出场，残次猪特殊处理出售。

➤ 任务实施与评价

详见《学习实践技能训练工作手册》。

➤ 任务拓展

一、猪场饮用水管理制度

① 严格执行 NY 5027—2008 规定的饮用水质量标准，场内一律使用经检验合格的水，严禁使用其他未经检验的水源。

② 经常清洗消毒饮水器、水池等饮水设备，避免细菌滋生。

③ 各栏舍安装安全可靠的送水、饮水装置，避免饮用水受外界污染。

④ 保持排水、排污渠道畅通，防止积水。污水必须经厌氧发酵处理后方能排放或用于农业使用。

⑤ 定期对水源进行质量监测，掌握用水质量情况。

⑥ 有专人负责养殖场用水管理工作。

二、卫生消毒制度

① 消毒剂的选择要考虑人畜安全，应选择对设备没有破坏性，既要效果好，又要毒性小的消毒剂，所选用的消毒剂必须符合 NY 5030—2016 的规定。

② 本场工作人员进入生产区必须更衣、换鞋、用紫外线消毒等；严格控制外来人员进入生产区，必须进入的，要更衣、换鞋，并经过严格的消毒程序。

③ 定期带猪消毒。

④ 定期对猪舍、保温箱、补料槽、饲料车、料箱及其他用具进行消毒。

⑤ 猪转群或销售后的栏舍要进行彻底消毒，猪转群时猪体要进行冲洗消毒。

⑥ 产房内的母猪产前要进行一次全身消毒和栏内消毒；产后要及时清理产栏，并进行消毒。

⑦ 定期对场、舍周围及场内污水池、排粪坑、下水道口等进行消毒；在大门口、猪舍入口设消毒池，定期更换消毒药，出入车辆、人员必须进行消毒。

三、猪场引种制度

① 坚持自繁自养的原则。

② 需要引种时，应从具有种猪经营许可证的种猪场引进，并按照国家相关标准进行检疫。

③ 引进的种猪，隔离观察 15～30 天，经兽医检疫确定为健康合格后，方可供繁殖使用。

④ 引种前应调查产地是否为非疫区，不得从疫区引进种猪。

⑤ 猪只在装运及运输过程中严禁接触其他偶蹄动物，运输车辆要进行装前、卸后彻底清洗消毒。

四、猪场免疫制度

① 使用的疫苗必须符合《兽用生物制品质量标准》，到有资格经营生物制品的供应点选购，禁止从非法渠道购买疫苗。

② 疫苗必须按有关规定保存、运输和使用。

③ 根据本场实际情况，制定科学的免疫程序，并在生产过程中严格执行。

④ 免疫用具在免疫前后应彻底消毒。

⑤ 剩余或废弃的疫苗以及使用过的疫苗瓶要集中进行无害化处理，不得乱扔。

五、猪场疫病防治制度

① 坚持"预防为主"，按时做好计划免疫接种。

② 猪场环境布局合理，设施符合防疫的要求。场内生产区和生活区分开，并建有消毒室、兽医室、隔离室、病死畜无害化处理间。出入生产区要更衣换鞋，进行消毒或淋浴。场内定期灭蚊、灭鼠等。

③ 猪场内严禁饲养与本场防疫要求相关的畜禽和犬、猫等其他动物；猪场职工及食堂不得外购生鲜肉品及副产品。本场兽医、配种人员不准对外诊疗动物疾病和对外开展配种工作。

④ 开展疫病监测工作。猪场应定期对口蹄疫、猪传染性水疱病、猪瘟、猪繁殖与呼吸综合征、伪狂犬、乙型脑炎、布鲁氏菌病、猪囊虫病和弓形虫病等进行监测。

⑤ 疫病控制和扑灭。当发生猪口蹄疫、炭疽、猪水泡病时，必须立即报告当地畜牧兽医行政管理部门，并立即采取封锁和扑灭措施，扑杀和销毁病畜。发生猪瘟、伪狂犬病、猪繁殖与呼吸综合征时应采取清群和净化措施，全场进行彻底消毒，病死或淘汰的猪尸体按国家相关规定进行无害化处理。

⑥ 饲养员必须注意观察、检查猪群，发现病猪及时报告，并协助兽医做好日常治疗工作。

⑦ 兽医要经常深入猪舍，发现疾病及早治疗，疑难病例要及时组织会诊，采取相应的防制措施，做好诊断、治疗等记录。

六、猪场饲料、添加剂使用管理制度

① 饲料原料和饲料添加剂符合 NY 5032—2006 的规定要求。

② 使用的饲料、添加剂必须来自具有生产许可证和产品批准文号的生产企业。

③ 禁止使用国家停用、禁用或者淘汰的饲料、添加剂以及未经审定公布的饲料、添加剂。

④ 禁止使用未经国家批准的进口饲料、添加剂。

⑤ 禁止使用失效、霉变或超过保质期的饲料、添加剂。

⑥ 禁止在饲料、饮用水中添加激素药物及国家规定的其他禁用药品。

⑦ 禁止在饲料中添加"瘦肉精"等国家禁用的药品。

⑧ 使用的添加剂必须严格遵守国家制定的安全使用规范。

⑨ 在猪的不同生长期和生理阶段，根据营养需求，配制不同的配合饲料，不同阶段的饲料，包装、标识要有所区别。

⑩ 禁止用制药工业副产品作饲料原料，不给育肥猪使用高铜、高锌日粮。

⑪ 使用含有抗生素的添加剂时，在商品猪出栏前，按准则严格执行休药期。

七、兽药使用管理制度

① 保持良好的饲养管理，尽量减少疾病的发生，减少药物的使用量。

② 仔猪、生长猪必须治疗时，药物的使用应符合 NY 5030—2006 的规定要求。

③ 所用兽药必须来自具有"兽药生产许可证"和产品批准文号的生产企业，或者具有"进口兽药许可证"的供应商。所用兽药的标签符合《兽药管理条例》的规定。

④ 优先使用疫苗预防动物疫病，使用的疫苗应符合《兽用生物制品质量标准》。

⑤ 禁止使用人用药。

⑥ 禁止使用麻醉药、镇痛药、镇静剂、中枢兴奋药、化学保定药及骨骼松弛药。禁止使用未经国家畜牧兽医行政管理部门批准的用基因工程生产的兽药。禁止使用未经农业农村部批准或已淘汰的兽药。

⑦ 药物购回后，保管员应对其进行验收（包括厂家、批准文号、有效期、是否是禁用药等），合格者登记入库，不合格者上报有关负责人进行处理，禁止入库。

⑧ 凭处方领取药物，处方由兽医开具，所领取的药物按领取部门及药物名称分类进行严格登记。按疗程用药，杜绝药物的滥用和浪费。

⑨ 育肥后期的商品猪，尽量不使用药物，必须治疗时，根据所用药执行停药期（未规定停药期的品种，停药期不应少于 28 天）。

⑩ 建立并保存全部用药记录。治疗用药记录包括生猪编号、发病时间及症状，治疗用药名称（商品名及有效成分），给药途径、给药剂量、疗程、康复情况等。

八、病死猪、废弃物的处理制度

① 淘汰、处死的可疑病猪，应采取无血液和浸出物散播的方法进行扑杀，传染病猪尸体按国家规定进行处理。

② 不得出售病猪、死猪。

③ 有治疗价值的病猪应隔离饲养，由兽医进行诊治。

④ 猪场废弃物处理实行减量化、无害化、资源化原则。

⑤ 粪便经堆积发酵后作农业用肥。

⑥ 猪场污水应经发酵、沉淀后才能作为液体肥使用。

九、资料记录制度

① 认真做好日常生产记录，记录内容包括引种、配种、产仔、哺乳、断奶、转群、饲料消耗等。

② 种猪要有来源、特征、主要生产性能记录。

③ 做好饲料来源、配方及各种添加剂使用情况记录。

④ 兽医做好免疫、用药、发病和治疗情况记录。

⑤ 每批猪出场应有销售地记录，以备查询。

⑥ 资料应尽可能长期保存，最少保留两年。

十、猪场工作人员管理制度

① 必须定期体检，取得健康合格证后方可上岗。

② 生产人员进入生产区时应更换衣鞋、按程序消毒。工作服保持清洁、定期消毒。

③ 猪场兽医不准对外诊疗动物疾病，猪场配种人员不准对外开展猪的配种工作。

④ 非生产人员一般不允许进入生产区，特殊情况下，需经更换衣鞋、按程序消毒后方可入场，并遵守场内的一切防疫制度。

十一、猪场主管领导岗位责任制

① 全面负责猪场生产、示范、培训工作，制订计划、管理制度，组织实施，督促检查。

② 严格按养殖业无公害产品标准（畜牧——＊＊系列）组织猪场生产、科技示范工作，确保上市的猪肉符合无公害猪肉标准。

③ 审查、批准猪场科研、生产示范的技术方案，督促、检查实施情况。

④ 对猪场经营状况承担责任，做到财务收支平衡，努力开发市场，增加收入，严格控制支出，降低成本。

⑤ 严格监督、检查各部门工作，发现问题须及时组织有关人员解决。

十二、猪场技术员岗位责任制

① 严格按养殖业无公害产品标准开展猪场的生产示范工作。

② 禁止在生产过程中使用违禁药物，控制兽药的使用范围及使用量，严格执行休药期制度。

③ 须对饲料、兽药等投入品的使用情况进行登记，建立生产管理档案。

④ 制订生产计划，报技术负责人审核后，组织实施并对生产中出现的各种情况及时向技术负责人做好汇报。

⑤ 根据技术负责人的安排，协助完成猪场对外接待及技术培训工作。

➤ 任务拓展

养猪业未来的发展方向——智能猪场

智能养殖是先进技术在畜牧业中的应用，用于监控、管理模式和动物生产。通过使用智能养殖技术，养殖人员可以更好地监测个体动物的需求，减少与猪只的接触，并相应地调整其管理做法，从而防止健康、福利和管理问题，提高群体健康。

随着移动互联网、物联网、大数据、人工智能等技术的不断成熟，智能猪场成为行业热点，建设智能化猪场的目标是在保证生物安全的基准下，设计场内智能监控的全覆盖，并对人员、物资的进场、出场流程全把控；对保育、育肥猪只的生长情况进行实时监测；同时对基础母猪进行智能膘情检测、智能测孕以及智能化饲喂，提升猪只精准营养管理。

可用于养猪业的各种智能养殖技术，包括传感和监测技术，如加速计、压力垫和测力板、麦克风、摄像头和无线射频识别（RFID）如表 8-19。

表 8-19　智能化养殖技术手段

智能化技术手段	功能
传感器	监测环境变量，如湿度、温度、氨、二氧化碳、粉尘等的传感器；此外，还有料塔称重、监测用水量、检查精液储存单元温度、检测设备故障等的传感器
摄像头（二维和三维）	清点动物到估计体重；通过评估运动模式以检测跛行或异常静止的动物等问题；识别攻击性行为，如打架、拱腹或咬尾等
麦克风	自动监测猪的咳嗽，以及评估承压状态下的发声（如被压仔猪）
加速度感应器	监测动物活动。监测休息和活动时间，并将其与病理和/或生理过程联系起来。例如，通过嵌入耳标的加速度传感器预测分娩时间
测温设备	持续监测或更简单、更准确、即时获得动物实时体温读数，因为温度的显著变化可能与病理问题的出现、对疫苗接种的反应或生理变化有关。体温监测在许多公猪站中是常规操作，是早期诊断疾病的关键参数。有的是皮肤上有接触式温度传感器，也有是红外摄像机
机器人	洗涤设施或卡车等

　　在大多数情况下，猪场上实施的实际解决方案由几个要素组合而成。例如，使用人工智能的麦克风能够识别小猪被挤压时的尖叫声，并向放置在母猪身上的传感器发送振动，让母猪站起来。

　　基于大数据分析进食情况，智能设备可实现精准饲喂；电子耳标快速检测畜禽身体状况；环境检测系统实时监测温湿度、硫化氢等有害气体浓度、光照强度等环境因素……这些控制系统都可集成到一个手机中，让养殖场管理者及时获取异常信息，实现远程精准控制，并根据监测结果，控制相关设备。

　　在人工智能养殖中，单点技术和系统并不能解决生猪产业的效率问题，需要将这些技术、设施设备及信息等集成起来，比如在猪舍建筑规划、设计时就需要考虑到人工智能实施情况，实现顶层养殖工艺设计、运行一体化。

➤ 学习自测

一、选择题

1. 初生仔猪登记要求（　　）三方到场签字确认。

A. 场长、统计员、配种员　　　　B. 技术员、统计员、配种员

C. 统计员、配种员、产房饲养员　D. 技术员、统计员、产房饲养员

2. 场内猪只转群时，统计员到场清点头数、称重量，填写（　　），并要求转出、转入方饲养员签字确认。

A.《猪只转群报告单》　　　　　B.《生产周报表》

C.《育肥猪生产统计表》　　　　D.《配种产仔通用报表》

3. 猪生产中的各项消耗，有的直接与产品生产有关，这项开支叫（　　）。

A. 管理费用　　　　　　　　　B. 直接生产成本

C. 间接成本　　　　　　　　　D. 期间费用

4. 猪场生产例会由（　　）主持。

A. 生产主管　　　　　　　　　B. 技术员

C. 饲养员　　　　　　　　　　D. 场长

5. 配种程序：先配（　　），然后根据满负荷配种计划有选择地配后备母猪，后备母猪和返情母猪需配够三次。

A. 断奶母猪和返情母猪　　　　B. 断奶母猪

C. 返情母猪　　　　　　　　　D. 后备母猪

二、综合测试

1. 谈谈猪场数据管理的重要性。

2. 怎样开好生产例会？

3. 试述分娩舍饲养管理技术操作规程。

4. 如何管理和控制饲料成本？

5. 在养猪生产实践中，需要记录成本的项目有哪些？

三、案例分析

1. 小李是养殖专业户，他养殖了10头种母猪，主要靠卖仔猪取得经济效益，如果仔猪卖不出去，他就自己育肥。但是，他的经济效益总是不如周围只养育肥猪或只养种母猪专业户的经济效益。请为小李分析原因。

2. 在猪场经营管理中，如何把科学技术和养猪生产有效地结合起来？

参 考 文 献

[1] 何若钢. 种猪选育与饲养管理技术. 北京：化学工业出版社，2012.

[2] 张庆如. 养猪实用技术. 北京：北京理工大学出版社，2013.

[3] 陈宗刚. 种猪精细饲养管理技术. 北京：科学技术文献出版社，2010.

[4] 刘作华. 规模化健康养殖关键技术. 北京：中国农业出版社，2009.

[5] 李伟，董国忠，周艳等. 浅析机器人在猪生产中的应用前景. 中国畜牧杂志，2022.

[6] 催尚金. 断乳仔猪饲养管理与疾病控制专题 20 讲. 北京：中国农业出版社，2009.

[7] 唐新连. 实用养猪技术. 上海：上海科学技术出版社，2011.

[8] 赵鸿璋. 猪场经营与管理. 郑州：中原出版传媒集团中原农民出版社，2011.

[9] 杨公社. 猪生产学. 北京：中国农业出版社，2002.

[10] 朱宽佑，潘琦. 养猪生产. 2 版. 北京：中国农业大学出版社，2011.

[11] 杨公社. 绿色养猪新技术. 北京：中国农业出版社，2004.

[12] 赵希彦，邓翠芝. 畜禽环境卫生. 2 版. 北京：化学工业出版社，2019.

[13] 俞美子，赵希彦. 畜牧场规划与设计. 第 2 版. 北京：化学工业出版社，2016.

[14] 王艳丽，李军. 猪生产. 3 版. 北京：化学工业出版社，2021.

[15] 郭宗义，王全勇. 现代实用养猪技术大全. 北京：化学工业出版社，2010.

[16] 代广军，吴志明，苗连叶. 规模养猪精细管理及新型疫病防控技术. 北京：中国农业出版社，2006.

[17] 刘作华. 猪规模化健康养殖关键技术. 北京：中国农业出版社，2009.

[18] 张雷，杜俊成，张代涛等. 规模化猪场生物安全体系建设要点. 贵州畜牧兽医，2012，36（1）：59-62.

[19] 张户，王黎. 规模化养猪场的数据管理. 养猪，2013，（1）：84-88.

[20] 亦戈. 养猪管理智能化. 中国畜牧业，2013，（1）：60-63.

[21] 刘廷科，黄学斌. 现代规模猪场管理要点浅析. 中国猪业，2012，（3）：14-15.

[22] 魏刚才等. 养殖场消毒技术. 北京：化学工业出版社，2007.

[23] 富相奎. 提高猪场免疫效果的几点措施. 黑龙江农业科学，2006，（2）：57-58.

[24] 邢军. 养猪与猪病防治. 2 版. 北京：中国农业大学出版社，2017.

[25] 徐旺生. 中国古代猪的品种类型及其对世界猪品种育成的贡献. 猪业科学，2011，28，（01）：114-117.

[26] 罗运兵. 中国古代猪类的驯化、饲养与仪式性使用. 北京：科学出版社，2012.

猪生产 第二版

学习实践技能训练工作手册

《猪生产》
学习实践技能训练工作手册

学生工作页 1-1　猪场场址选择与规划布局

班级：　　　　　　　组别：　　　　　　　姓名：　　　　　　　　　指导教师：

时间		地点	
组长		成员	

工作任务 分析	养猪场场址选择的正确与否,与猪群的健康状况、生产性能以及生产效率等有着密切的关系;养猪场科学合理的规划布局,可以减少建场投资、方便生产管理、利于卫生防疫、降低生产运行成本
资讯	①建猪场有哪些基本要求? ②猪场场区布局规划的基本原则是什么?

制订方案 并实施	①结合当地实际,科学选择猪场场址,制订猪场场区布局与规划设计方案。 ②根据场址实际情况对场区进行布局与规划。 ③对照分析基地猪场的各项设计规划方案(含草图)
完成效果综合 评价 (指导教师)	

学生工作页 1-2 确定猪场经营类型、生产工艺

班级： 组别： 姓名： 指导教师：

时间		地点	
组长		成员	
工作分析	规模化养猪场类型的划分因采用的划分标准不同而异，可根据养猪场年出栏商品肉猪的生产规模或根据猪场的生产任务和经营性质的不同进行划分。猪场的工艺设计是现代猪场设计的重要组成部分，它是建筑设计和技术设计的依据，也是投产后用以指导养猪场各项生产的纲领。确定养猪生产工艺流程是工艺设计的核心，它决定了猪场其他配套设施的合理与否		
资讯	①我国目前存在哪些猪场类型和生产工艺？ ②比较各生产工艺的优缺点。		

制订方案 并实施	①根据猪场场址选择的实际情况确定猪场的经营类型、生产规模,并选择与其相适应的生产工艺。 ②调查基地猪场的生产规模、经营类型及生产工艺
完成效果综合 评价 (指导教师)	

4

学生工作页 1-3 猪舍类型、设备的确定

班级：　　　　　　组别：　　　　　姓名：　　　　　　指导教师：

时间		地点	
组长		成员	

工作分析	猪舍的设计与建筑,首先要符合养猪生产工艺流程,其次要考虑各自的实际情况。而猪舍内配备合理的养猪设备,能保证猪群正常健康的生长和猪场生产效率的提高
资讯	①我国目前存在哪些猪舍类型？比较各种类型猪舍的优缺点。 ②建设猪场应准备哪些配套设备？

	①结合当地的实际情况,并根据猪场的经营类型、生产规模选择与其相适应的猪舍类型。 ②确定使用哪些设备。 ③根据修改后的方案,评价基地猪场的现有设备选择是否合理。 ④根据方案分组对基地现有设施(采光设施、通风设施、保温设施、粪便干化处理设施、固液分离设施)进行使用分析
制订方案 并实施	
完成效果综合 评价 (指导教师)	

学生工作页 1-4 猪舍环境控制

班级:　　　　　　　组别:　　　　　　　姓名:　　　　　　　指导教师:

时间		地点	
组长		成员	
工作 分析	猪舍的环境控制是养猪安全生产的重要内容,是养猪业可持续发展不可缺少的重要技术环节。养猪无害化处理废弃物的目的就是要确保养猪安全生产,确保养猪业的可持续发展和养殖业与其他行业的和谐发展		
资讯	①影响猪舍环境的因素有哪些?生产中各应控制在什么范围? ②养猪场环境保护的主要措施有哪些? ③猪舍夏季防暑降温与冬季防寒保温的措施各有哪些? ④获得养猪无害化处理废弃物的资料:养猪粪便、污水的固液分离过程、干化过程,以及处理和再利用基本方法等资料。		

制订方案 并实施	①制订猪舍环境控制方案。 ②制订猪场废弃物无害化处理方案。 ③根据方案分组帮助工人进行堆肥操作。 ④完成猪舍环境控制、猪场废弃物无害化处理方案报告
完成效果综合 评价 （指导教师）	

学生工作页 2-1　品种识别与评价

班级：　　　　　　组别：　　　　　　姓名：　　　　　　指导教师：

时间		地点	
组长		成员	
工作 分析	选择猪品种及其杂交组合是养猪技术最简单、最基础的技术环节。选择猪品种的目的就是为生产选择生长周期短、饲喂饲料少、获得数量多肉质好的猪肉提供优良养殖对象,从而提高养殖效益		
资讯	①目前养猪生产中使用的猪种有哪些? ②我国地方品种有哪些共同特点,生产中应怎样利用? ③引入品种有哪些共同特点,生产中应怎样利用? ④列举我国培育的主要品种,生产中应怎样利用?		

9

资讯	⑤获得与猪品种有关的资料： 国内、外优良猪品种外部特征、生产性能资料,猪杂交组合及生产性能,选择的标准和原则。 ⑥获得校内基地种猪场相关品种、杂交组合基本资料。
制订方案 并实施	①根据不同猪种的特性制订出生产中利用地方品种、引入品种的计划。 ②查阅我国猪品种的相关资料,制作成幻灯片,讲解所查阅品种的外貌特征、来源、适应性、生产性能和主要优缺点
完成效果综合 评价 (指导教师)	

学生工作页 2-2　杂交优势利用

班级：　　　　　　组别：　　　　　　姓名：　　　　　　指导教师：

时间		地点	
组长		成员	
工作 分析	杂交的目的,就是为了加速品种的改良和利用杂种优势,在短时间内生产出高性能的商品育肥猪。杂交已成为现代化养猪生产的重要手段,对提高猪的生产性能及经济效益具有十分重要的作用		
资讯	①杂交亲本的选择应考虑哪些因素? ②杂交母本和父本的选择都有哪些要求? ③怎样才能获得较高的杂种优势? 在理论上与实践上有哪些规律? ④举例说明当地常用的杂交方式。		

11

	①为以生产商品猪为主要经营方向的猪场设计几种杂交方案。 ②根据方案进行猪杂交组合的现场选优,结合结果进行评价
制订方案 并实施	
完成效果综合 评价 (指导教师)	

学生工作页 2-3　种猪评定

班级：　　　　　　组别：　　　　　　姓名：　　　　　　指导教师：

时间		地点	
组长		成员	
项目工作 分析	种猪的品质评定一般在 2 月龄、6 月龄和 24～36 月龄（初配和初产后）三个阶段进行，采用分阶段独立评分法，用百分制计分。也可根据个体体型外貌、生长发育、生产性能等分项目进行评定		
资讯	①种公猪、种母猪的外貌评定要点有哪些？ ②种猪生产性能评定指标有哪些，怎样进行测定？ ③种猪个体生长发育评定的指标有哪些？ ④查阅大白、长白、杜洛克的外貌鉴定标准。		

13

制订方案 并实施	①制订种猪外貌鉴定的方法和程序。 ②根据猪的外貌鉴定标准对校实习基地的不同品种的种公猪和种母猪进行评分,并确定等级
完成效果综合 评价 (指导教师)	

学生工作页 3-1 猪的繁殖

班级：　　　　　　组别：　　　　　　姓名：　　　　　　指导教师：

时间		地点	
组长		成员	
工作 分析	准确鉴定母猪发情，及时实施配种是提高繁殖力的重要措施，是种猪养殖的重要技术环节。这次学习的主要任务是对母猪进行发情的判定，会确定最佳的输精（配种）适期，并能给母猪进行人工输精操作		
资讯	①获得与母猪发情鉴定有关的资料：母猪的发情期、母猪的发情机理、母猪发情的特点、发情鉴定的方法等相关知识。 　　②获得校内基地后备母猪月龄及体重、经产母猪断奶再发情资料（课外搜集）。		

15

	①制订鉴定母猪发情及实施配种方案。 ②根据方案用外部观察法鉴定母猪发情、确定母猪的发情时间。 ③根据方案用试情法鉴定母猪发情、确定母猪的发情时间。 ④根据方案对母猪发情实施配种(人工授精操作)
制订方案 并实施	
完成效果综合 评价 (指导教师)	

学生工作页 3-2　母猪妊娠诊断

班级：　　　　　　组别：　　　　　姓名：　　　　　　指导教师：

时间		地点	
组长		成员	
工作 分析	母猪配种后尽早诊断出母猪是否妊娠，并对空怀母猪及时补配。诊断母猪妊娠是提高母猪繁殖力的重要措施。生产实践中采取外部观察法、公猪查情法、妊娠诊断仪检查法等三种方法对母猪进行妊娠诊断		
资讯	①获得与母猪妊娠有关的资料：母猪妊娠生理、妊娠后母猪的行为及表现等知识。 ②获得校内基地母猪配种记录（课外收集）。		

制订方案 并实施	①制订母猪妊娠诊断的方案。 ②根据方案分组用外部观察法、公猪查情法对母猪进行妊娠诊断。 ③根据方案分组用妊娠诊断仪检查法对母猪进行妊娠诊断
完成效果综合 评价 （指导教师）	

学生工作页 4-1　种公猪的饲养管理

班级：		组别：	姓名：		指导教师：	

时间			地点	
组长			成员	
工作 分析	种公猪担负着整个猪场母猪的配种任务,保证良好的体况、保持旺盛的配种力,是完成配种任务的保障,所以生产中应正确饲养种公猪,精心管理种公猪,合理使用种公猪。为降低养殖成本,减少公猪的饲养数量,采用人工授精技术是最有效的措施,作为饲养员应熟练操作采精、处理精液等人工授精技术			
资讯	①过肥和过瘦对种公猪有什么影响,生产中怎样克服? ②种公猪的营养提供应注意哪些问题? ③怎样科学管理种公猪?			

资讯	④获得公猪的生理特点、种公猪的淘汰标准、能正确饲养种公猪、种公猪的管理日程、公猪采精、精液处理、种公猪使用等资料。 ⑤获得校内基地种公猪饲养与采精相关记录资料。
制订方案 并实施	①制订种公猪饲养管理日程与利用的方案。 ②根据方案在现场以"师傅带徒弟"的教学法对种公猪进行采精调教。 ③分组在现场对种公猪进行试采精操作。 ④分组对猪栏内所采精液进行检验
完成效果综合 评价 （指导教师）	

学生工作页 4-2 种母猪的饲养管理

班级：　　　　　　组别：　　　　　姓名：　　　　　　　指导教师：

时间		地点	
组长		成员	
工作分析	种母猪饲养的好坏直接关系到种猪的繁殖力水平,进而影响全场的规模扩大与繁殖效益。母猪的生理周期分为空怀期、妊娠期、哺乳期三个时期,根据各时期的特点饲养管理好母猪,是提高母猪繁殖力的重要手段。这次学习的主要任务是如何保证空怀期母猪正常发情排卵、妊娠期母猪的保胎、哺乳期母猪的正常泌乳等内容		
资讯	①获得与种母猪三个饲养时期有关的资料: 　空怀期、妊娠期、哺乳期三个时期的生理特点及营养需求,保证空怀期母猪正常发情排卵、妊娠期母猪的保胎、哺乳期母猪的正常泌乳的资料。 　②获得校内基地种猪场种母猪三个时期的饲养管理资料。		

21

制订方案 并实施	①制订种母猪三个时期的饲养管理方案。 ②根据方案分别到空怀母猪舍、妊娠母猪舍、哺乳母猪舍进行三个生理时期的现场饲喂。 ③根据方案结合"承包"教学法在现场对种母猪进行饲养管理
完成效果综合 评价 （指导教师）	

22

学生工作页 4-3 后备种猪的饲养管理

班级：　　　　　　　组别：　　　　　　姓名：　　　　　　　指导教师：

时间		地点	
组长		成员	
工作 分析	根据种猪生长发育的特点做好后备猪的选育工作,适时掌握配种月龄,并制定后备猪的免疫程序是该阶段的中心工作。从仔猪育成阶段到初次配种前,是后备猪的培育阶段。培育后备猪的任务是获得体格健壮、发育良好、具有品种典型特征和种用价值高的种猪		
资讯	①后备猪的日粮配制应注意哪些问题？ ②怎样进行后备公猪的调教？ ③后备猪的初次配种应注意哪些问题？		

制订方案 并实施	①结合后备猪的饲养管理特点制订后备猪的饲养管理方案。 ②根据修改后的方案,完成后备猪的饲养管理工作
完成效果综合 评价 (指导教师)	

学生工作页 5-1 初生仔猪的管理

班级：　　　　　　组别：　　　　　　姓名：　　　　　　指导教师：

时间		地点	
组长		成员	
工作 分析	初生仔猪处于抵抗力最弱的时期，也是幼猪培育的最关键环节。仔猪由母体产出的一瞬间，即发生了一系列的变化。正是由于这些应激变化，使仔猪从出生到断乳时的死亡率高达 10％～25％，特别是生后 7 日龄内的死亡数最多，占断乳前死亡数的 65％左右。因此，要想提高养猪生产的经济效益就必须做好初生仔猪的管理工作		
资讯	①仔猪出生后应准备哪些用具，做好哪些工作？ ②初生仔猪有哪些生理特点？ ③仔猪耳号的编法有哪些？		

制订方案 并实施	①结合初生仔猪的生理特点制订初生仔猪第一周护理的方案。 ②根据修改后的初生仔猪第一周护理的方案,完成初生仔猪的护理工作(初生仔猪的保暖、防压护理、固定奶头、吃初乳、开食)
完成效果综合 评价 (指导教师)	

学生工作页 5-2　哺乳仔猪的管理

班级：　　　　　　组别：　　　　　　姓名：　　　　　　指导教师：

时间			地点	
组长			成员	
工作分析	在养猪生产中,搞好哺乳仔猪培育是生产的关键环节,而科学的饲养管理将直接影响到哺乳仔猪的成活率和今后的生产性能,进而影响到育成率、断乳体重,甚至影响生产效益。要想养好哺乳仔猪,首先应养好妊娠母猪,然后根据哺乳仔猪的特点,进行科学的饲养管理,以减少仔猪的死亡率,提高断奶个体重,避免不必要的损失,保障养猪生产的经济效益			
资讯	①如何预防仔猪下痢？ ②怎样做好哺乳仔猪的补饲工作？ ③哺乳仔猪的诱食方法有哪些？			

制订方案 并实施	①制订出哺乳仔猪阶段的工作方案。 ②根据修改后的哺乳仔猪工作方案,完成哺乳仔猪的饲养管理工作
完成效果综合 评价 (指导教师)	

学生工作页 5-3　断奶仔猪的管理

班级：　　　　　　　组别：　　　　　　　姓名：　　　　　　　指导教师：

时间		地点	
组长		成员	
工作分析	断奶仔猪阶段饲养管理是猪场能否取得经济效益的一个关键时期,这个阶段不但要保证仔猪安全稳定地完成断奶转群,还要为育成育肥打下一个良好基础,同时也是猪群的一个易患易感病菌的高发期		
资讯	①仔猪早期断奶的优点有哪些? ②断奶的方法有哪些? ③如何降低断奶仔猪的死亡率?		

资讯	④生产中怎样防止僵猪的产生？ ⑤获得断奶仔猪养育的基本知识及技能资料：断奶最佳时间的确定、断奶最佳方式的确定、断奶仔猪合理养育、断奶仔猪的调教及断奶综合征的预防等资料。
制订方案 并实施	①制订出仔猪断奶及过渡养育方案。 ②根据修改后的工作方案，完成断奶仔猪的饲养管理工作
完成效果综合 评价 （指导教师）	

学生工作页 6-1　分析影响肉猪生产力的因素

班级：　　　　　　　组别：　　　　　　姓名：　　　　　　　指导教师：

时间		地点	
组长		成员	
工作分析	饲养肉猪的目的,是在尽可能短的时间内获得成本低、数量多、质量好的猪肉,为消费者提供优质价廉的猪产品,并使生产者获得较好的经济效益。为此,必须掌握和利用肉猪的生产发育规律,有效地控制营养和环境		
资讯	影响肉猪生产力的因素有哪些?		

制订方案 并实施	①制订提高肉猪生产力的方案。 ②结合方案分析校内基地肉猪生产存在哪些问题
完成效果综合 评价 （指导教师）	

班级：　　　　　　组别：　　　　　　姓名：　　　　　　指导教师：

时间		地点	
组长		成员	
工作 分析			

工作 分析	从分娩到育肥整个过程中,生长育肥猪消耗了 $70\%\sim75\%$ 的饲料。因此按照肉猪的营养需求,根据当地的饲料资源选择合适的饲料类型,掌握饲料配制、加工方法,制订饲料配方、合理为肉猪提供营养尤为重要
资讯	①获得与筹备猪饲料有关的资料:肉猪的营养要求,常见饲料类型,当地主要饲料,预混料、浓缩料、全价饲料的主要成分及其大致成本。 ②获得校内基地饲料加工厂饲料原料及其配制、加工、使用记录。 ③获得不同阶段肉猪的营养要求,并推算肉猪的采食量。

制订方案 并实施	①根据不同阶段肉猪的营养要求和饲料用量制订饲料筹备方案。 ②结合校内基地饲料加工厂,观察饲料配制、加工、使用过程,并参与拌制饲料
完成效果综合 评价 (指导教师)	

学生工作页 6-3 肉猪的饲养管理

班级：　　　　　　组别：　　　　　姓名：　　　　　　　　指导教师：

时间		地点	
组长		成员	

工作分析	肉猪的饲养是养猪生产中的最后一个环节。饲养肉猪占用的资金多、耗料多，因此对整个养猪生产经济效益影响重大。只有采用综合的饲养管理措施，才能在短时间内获得成本最低、数量最多、质量最好的猪肉，也才能提高肉猪的出栏水平
资讯	①获得与肉猪生产有关的资料：猪舍的清理与消毒工具和药物、仔猪调教的方法、饲喂方式与方法、饲养管理模式、出栏体重的确定等。 　②获得校内基地肉猪的饲养管理相关记录资料。

制订方案 并实施	①制订肉猪育肥方案。 ②根据方案结合"师傅带徒弟"教学法在现场对肉猪进行模拟育肥管理。 ③分组对猪栏内肉猪进行"三点定位"试调教操作。 ④分组对猪栏内肉猪进行饲料投喂
完成效果综合 评价 （指导教师）	

学生工作页 7-1 猪场卫生与消毒

班级：   组别：   姓名：   指导教师：

时间		地点	
组长		成员	

工作分析	消毒是减少和杀灭生产环境中病原体的一项重要技术措施,也是防止动物疫病侵人和流行的一项重要防疫措施,是当前养猪生产中不可忽视的重要环节
资讯	①猪场常用的消毒方法有哪些? ②影响消毒效果的因素有哪些?

	①制订猪场的消毒计划。 ②根据修改后的消毒计划对基地猪场实施定期消毒
制订方案 并实施	
完成效果综合 评价 （指导教师）	

学生工作页 7-2　猪群免疫接种

班级：　　　　　　组别：　　　　　　姓名：　　　　　　指导教师：

时间		地点	
组长		成员	
工作分析	猪场的防疫是养猪过程中必须高度重视的一项工作,不仅直接关系到猪场的经济效益,而且还关系到猪场的生存和发展,在猪只市场流通较大且猪病流行新特点的今天,做好猪场的防疫工作显得尤为重要,猪场要采取严格的综合防疫措施。规模化养猪实践中,对于大多数疫病主要采取预防的办法来控制,因此,任何一个养猪场都必须根据自身的生产情况和当地疫病的流行特点进行积极的预防,制订周密可行的猪场防疫计划		
资讯	①获得与猪场防疫有关的资料:猪场防疫措施内容、制订免疫计划的原则、猪场免疫程序。 ②获得校内基地猪场或其他养殖基地的防疫方案相关资料。 ③猪群免疫失败的原因有哪些?		

制订方案 并实施	①根据基地猪场的实际情况，制订猪场的免疫计划。 ②根据方案现场分组对猪只进行疫苗注射操作
完成效果综合 评价 （指导教师）	

班级：　　　　　　　组别：　　　　　　姓名：　　　　　　　　　指导教师：

时间		地点	
组长		成员	
工作 分析	猪的寄生虫病对养猪业的危害主要表现在由于寄生虫慢性消耗所造成的经济损失，国外新近文献资料上也开始称寄生虫病为"亚临床症状"，当然也可以像传染病一样引起母猪的流产(如弓形虫病、附红细胞体病)、猪只死亡。在规模化猪场流行并造成危害的寄生虫虽不至于造成猪只的死亡，但会发生难治愈、易多发及场内流行率很高的现象		
资讯	①猪场常见的寄生虫病及常见的驱虫药物有哪些？ ②获得校内基地猪场的驱虫方案。		

制订方案 并实施	①制订猪场的驱虫计划。 ②根据方案现场分组对猪只进行拌药驱虫操作
完成效果综合 评价 （指导教师）	

学生工作页 8-1　猪场数据管理

班级：　　　　　　组别：　　　　姓名：　　　　　指导教师：

时间		地点	
组长		成员	
工作分析	养猪生产的技术数据是一个猪场的基本。记录并保存下来的数据能提醒人们猪场发生了什么，为什么发生，并且能告诉人们发生疫情、生长迟缓、母猪繁殖力低下、猪群种质下降、生产成本增加等问题的情况下，做什么能阻止它的发生。记录还能从过去的实施中提示将来要发生什么。如：母猪的繁殖能力（产仔数、育成数、年产窝数、年育成仔猪数等）、公猪的繁殖力、肉猪的肥育能力（生长速度、耗料增重比）等数据都能告诉人们养猪的经济效益是从哪里得来的，还有哪些不足需要改进，从而总结经验，通过取长补短，使养猪的技术和经济效益不断向更高的目标迈进，因此猪场数据的管理非常重要		
资讯	①一个猪场应记录好哪些内容？ ②获得与猪场数据管理有关的资料。 ③收集猪场使用的各类记录卡。		

制订方案 并实施	①根据收集的资料,设计一套适应基地猪场实际情况的记录卡。 ②利用记录卡记录基地猪场的数据
完成效果综合 评价 (指导教师)	

学生工作页 8-2　管理软件的应用

班级：　　　　　　组别：　　　　　　姓名：　　　　　　　　指导教师：

时间		地点	
组长		成员	
工作分析	规模化猪场实行计算机管理正逐步得到业内认可。使用者通过在专用软件上准确地录入生产、销售发生的数据,然后通过对录入数据的统计分析,帮助用户及时发现问题、分析问题、解决问题,便于管理者对猪场进行宏观控制,从而提高生产效率、管理水平和经营业绩,并可获取对今后生产、销售工作的指导。猪场管理软件汉化推广后,旨在使猪场现有的管理水平得到提高,创造更好的经济效益和社会效益,促进我国养猪业的发展		
资讯	目前国内使用的猪场管理软件有哪些?		

	①制订猪场管理软件的选择方案。 ②利用管理软件进行数据记录和管理
制订方案 并实施	
完成效果综合 评价 （指导教师）	

学生工作页 8-3 制订猪场管理技术岗位工作规范

班级：　　　　　　组别：　　　　　　姓名：　　　　　　指导教师：

时间		地点	
组长		成员	

工作分析	制订猪场的岗位职责、饲养管理技术操作规程,使每个人责任明确、工作有序,坚决杜绝互相推诿、生产窝工等现象。最终目的是调动每个人的工作积极性,提高劳动生产率和养猪经济效益
资讯	①一个猪场应设定哪些岗位? ②各工作岗位的岗位职责是什么? ③收集猪场使用的各类记录卡。

制订方案 并实施	①根据收集的资料,制订猪场的岗位职责。 ②根据方案结合"案例教学法"分组对基地猪场的岗位职责、饲养管理技术操作规程做出对照分析
完成效果综合 评价 (指导教师)	

学生工作页 8-4　猪场的生产成本及其控制

班级：　　　　　　组别：　　　　　　姓名：　　　　　　指导教师：

时间		地点	
组长		成员	
工作 分析	从企业的角度看,经营猪场的最终目的是赢利。所以在猪场的经营管理过程中,不但要通过先进技术、先进装备和先进的管理使猪只的生产性能得到充分发挥,而且要高度重视成本管理,通过尽可能控制和降低成本,从而实现更多的利润		
资讯	①什么是成本？一个猪场的生产成本包括哪些项目？ ②获得当地主要饲料,以及预混料、浓缩料、全价饲料的主要成分及其大致成本。养猪生产中,如何减少饲料浪费？ ③养猪生产成本控制过程中,应把好哪些关键环节？		

制订方案 并实施	①根据收集的资料,结合基地猪场的生产成本情况,制订一套减少饲料浪费的方案。 ②根据修改后的方案,管理和控制基地猪场的饲料成本
完成效果综合 评价 (指导教师)	

ISBN 978-7-122-42849-3

9 787122 428493 >

定价: 49.80元